普.通.高.等.学.校
计算机教育“十三五”规划教材
立体化精品系列

Photoshop CC 平面设计教程

微课版

黎珂位 肖康 主编
陈显 于婷 副主编

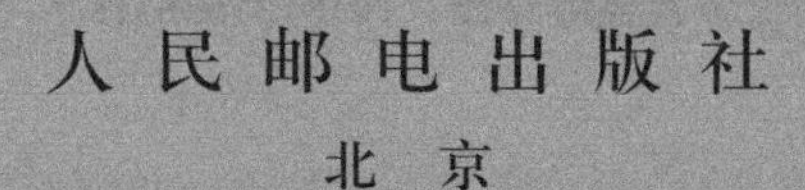

人民邮电出版社
北京

图书在版编目（CIP）数据

Photoshop CC平面设计教程 ：微课版 / 黎珂位，肖康主编. -- 北京 ：人民邮电出版社，2019.1
普通高等学校计算机教育“十三五”规划教材
ISBN 978-7-115-49082-7

Ⅰ. ①P… Ⅱ. ①黎… ②肖… Ⅲ. ①平面设计－图象处理软件－高等学校－教材 Ⅳ. ①TP391.413

中国版本图书馆CIP数据核字(2018)第181741号

内容提要

本书详细地介绍了Photoshop CC的基础知识与操作方法，结合平面设计和图像处理的特点，以图片色彩调整、人像处理、广告设计、海报设计、电商网页设计等为例，系统讲述了Photoshop CC的应用，包括Photoshop CC 的基本操作，图像处理基础，创建和编辑选区，绘制和修饰图像，调整图像色彩，使用图层编辑图像，使用文字、形状与路径完善图像，使用通道和蒙版，使用滤镜制作特效图像等内容。

本书内容翔实、图文并茂，每章均通过理论知识、课堂案例、课堂练习、拓展知识的结构详细讲解相关知识点的应用，并通过课后习题强化训练读者对知识点的掌握能力，使用大量的案例和练习引导读者快速、有效地学习实用技能。

本书可作为普通高等院校本科、独立院校及高职院校图像处理相关课程的教材，也可作为相关行业及专业工作人员的学习和参考资料。

◆ 主　　编　黎珂位　肖　康
副 主 编　陈　显　于　婷
责任编辑　许金霞
责任印制　彭志环

◆ 人民邮电出版社出版发行　　北京市丰台区成寿寺路11号
邮编　100164　　电子邮件　315@ptpress.com.cn
网址　http://www.ptpress.com.cn
北京捷迅佳彩印刷有限公司印刷

◆ 开本：787×1092　1/16
印张：16.5　　　　2019年1月第1版
字数：414千字　　　　2024年9月北京第13次印刷

定价：49.80元

读者服务热线：(010)81055256　印装质量热线：(010)81055316
反盗版热线：(010)81055315

前言 FOREWORD

Photoshop CC 作为主流的图形图像处理软件，在实际的工作中有非常广泛的用途，也成为学校教学过程中选用频率最高的 Photoshop 版本之一。本书将介绍 Photoshop CC 基础功能的使用，使读者认识 Photoshop CC，并使用其进行图像处理，包括图像颜色调整、图像修补、平面设计、电商网页设计等。

本着“学用结合”的原则，本书在教学方法、教学内容、教学资源 3 个方面体现出了相应特色，以让教师更好教，学生更好学。

教学方法

本书精心设计“学习要点和学习目标→知识讲解→课堂练习→拓展知识→课后习题”5 段教学法，激发学生的学习兴趣，细致、巧妙地讲解理论知识，对经典案例进行分析，训练学生的动手能力，通过课后练习帮助学生强化并巩固所学的知识和技能，提高实际应用能力。

◎ **学习要点和学习目标**：以列举的方式归纳章节重点和主要的知识点，以帮助学生重点学习相关知识，并了解其必要性和重要性。

◎ **知识讲解**：深入浅出地讲解理论知识，注重实际训练，理论内容的设计以“必需、够用”为度，强调“应用”，配合经典实例介绍如何在实际工作中灵活应用这些知识。

◎ **课堂练习**：紧密结合课堂讲解的内容给出操作要求，并提供适当的操作思路以及专业背景知识供学生参考，要求学生独立完成操作，以充分训练学生的动手能力，并提高其独立完成任务的能力。

◎ **拓展知识**：精选相关拓展知识，学生可以进行深入的学习并拓宽视野。

◎ **课后习题**：结合每章内容给出大量难度适中的上机操作题，学生可通过上机练习，强化巩固每章所学知识，温故而知新。

教学内容

本书的教学目标是循序渐进地帮助学生掌握 Photoshop CC 的相关操作，以及图像处理、平面设计、电商网页设计的相关知识。全书共 10 章，内容安排如下。

◎ **第 1 章**：概述 Photoshop CC 的基本操作以及图像处理的基础。

◎ **第 2 章～第 3 章**：主要讲解 Photoshop CC 中的图像处理与选区基础。

◎ **第 4 章～第 5 章**：主要讲解图像的绘制与色彩调整的操作。

◎ **第 6 章～第 7 章**：主要讲解图层与文字、路径、形状的相关知识。

◎ **第 8 章～第 9 章**：主要讲解通道、蒙版，以及滤镜的使用方法。

◎ **第 10 章**：以一个售卖婚纱的淘宝网店首页设计为例，从制作店铺店招、产品海报、产品展示区、定制专区和尾页几方面，讲解网店首页的制作流程。

◎ **附录**：在附录中列出 4 个实训，便于读者复习和综合运用本书的学习内容。

FOREWORD

 教学资源

提供立体化教学资源，使教师方便地获取各种教学资料，丰富教学手段。本书的教学资源包括以下3方面的内容。

（1）配套资源

本书配套资源主要包括3个方面。一是图书中实例涉及的素材与效果文件；二是文中与操作相关的内容均提供了视频演示，扫描对应的二维码可立即查看；三是模拟试题库，其中包含大量关于Photoshop平面设计的相关试题，如填空题、单项选择题、多项选择题、判断题、操作题等多种题型，读者可自动组合成不同的试卷进行测试。

（2）教学资源包

本书配套精心制作的教学资源包，包括PPT教案和教学大纲等，以便教师顺利开展教学工作。

（3）教学扩展包

教学扩展包中包含便于教学的拓展资源以及每年定期更新的拓展案例。其中拓展资源包含图片设计素材、笔刷素材、形状样式素材和Photoshop图像处理技巧等。

本书由黎珂位、肖康担任主编，陈显、于婷担任副主编。黎珂位编写第1章、第3章和第10章，肖康编写第2章和第4章，陈显编写第5章～第7章，于婷编写第8章和第9章。作者在本书的编写过程中，参考大量资料和文献，在此对相关资料和文献的作者表示感谢。

编者

2018年10月

目录 CONTENTS

CONTENTS

CONTENTS

CONTENTS

CONTENTS

CONTENTS

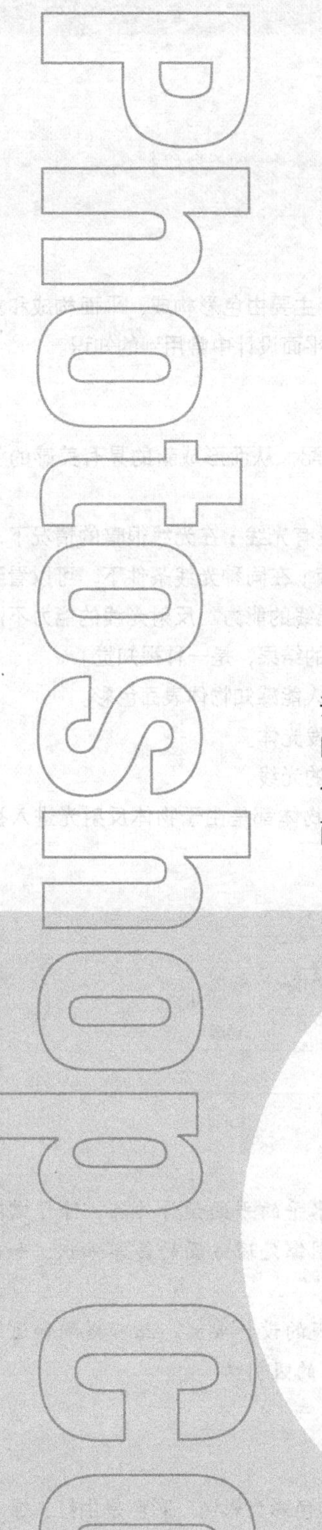

Chapter

1

第1章 Photoshop CC的基本操作

使用 Photoshop CC 进行平面设计前，首先需要学习并熟练掌握其基本操作方法。本章将从平面设计基础、认识 Photoshop CC、图像文件的基本操作和辅助工具的使用来介绍平面设计入门基础知识。读者通过本章的学习能够掌握平面设计的相关知识和 Photoshop CC 的基本操作。

学习要点

- 平面设计基础
- 认识Photoshop CC
- 图像文件的基本操作
- 辅助工具的使用

学习目标

- 熟悉平面设计基础的相关内容
- 掌握Photoshop CC的基本操作

1.1 平面设计基础

Photoshop 是一个常用的图像处理及平面设计工具。平面设计主要由色彩构成、平面构成和立体构成组成。本节主要介绍色彩构成和平面构成的相关知识，这也是平面设计中常用到的知识。

1.1.1 色彩构成概述

色彩构成是指将两个色彩要素按照一定的规则进行组合和搭配，从而形成新的具有美感的色彩关系。

在完全黑暗中，人们看不到周围景物的形状和色彩，是因为没有光线；在光线很暗的情况下，有人看不清色彩，是因为视觉器官不正常，如色盲或是眼睛过度疲劳；在同种光线条件下，可以看到物体呈现不同的颜色，是因为物体表面具有不同的吸收光线与反射光线的能力。反射光线的能力不同会呈现不同的色彩。因此，色彩的发生是光对人视觉和大脑发生作用的结果，是一种视知觉。

由此可知，光通过光源色、透射光、反射光进入人的视觉，使人能感知物体表面色彩。

◎ 光源色是指本身能发光的色光，如各种灯、蜡烛、太阳等发光体。

◎ 透射光是指光源穿过透明或半透明的物体之后再进入视觉的光线。

◎ 反射光是光进入眼睛的最普通形式，眼睛能看到的任何物体都是由于物体反射光进入视觉所致。

图 1-1 所示为色彩在人眼中的形成过程示意图。

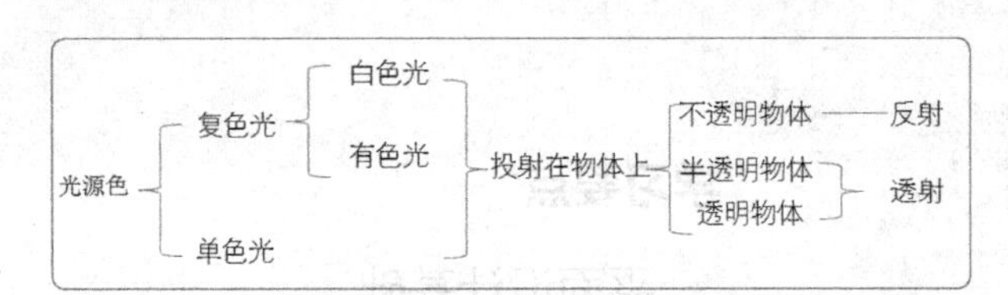

图1-1 色彩在人眼中的形成过程示意图

行业知识

要使用计算机进行平面设计，并且制作出高水平的平面设计作品，除了需熟练掌握平面设计软件的使用外，还必须掌握平面图像处理方面的美学知识，如色彩构成和平面构成等。

在平面设计中，色彩一直是设计师们最为重视的设计要素。正确搭配和运用色彩可以赋予作品良好的视觉效果，同时增强作品的吸引力。

1. 色彩构成的分类

色彩分为非彩色和彩色两类，其中黑、白、灰为非彩色，其他色彩为彩色。彩色是由红、绿、蓝 3 种基本的颜色互相组合而成的，如图 1-2 所示。这 3 种颜色又称为三原色，可以按照一定比例合成其他颜色，如图 1-3 所示。

◎ 近似色：可以是其本色外的任何一种颜色。如选择红和黄，得到它们的近似色橙色，如图 1-4 所示。

◎ 补充色：在色环中位置相对的颜色，如图 1–5 所示。补充色可使色彩强烈突出。如组合柠檬色图片时，用蓝色背景将使柠檬色更加突出。

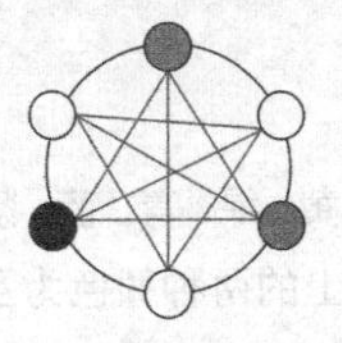
图1–2　彩色组成基本色

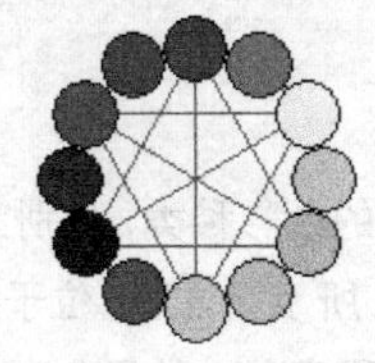
图1–3　12种组合颜色

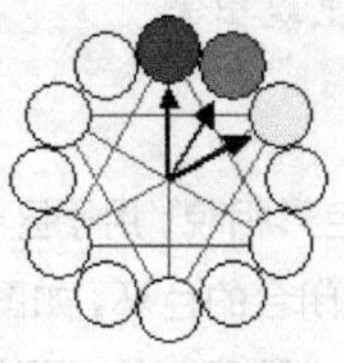
图1–4　近似色

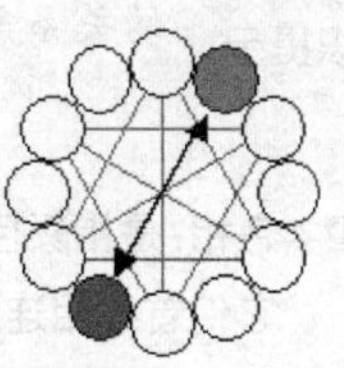
图1–5　补充色

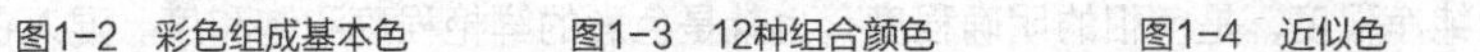

◎ 分离补色：由 2~3 种颜色组成。当选择一种颜色后，它的补色在色环中相对的一面，如图 1–6 所示。

◎ 组色：是色环上距离相等的任意 3 种颜色，如图 1–7 所示。当组色被用作一个色彩主题时，会使浏览者产生紧张的情绪。

◎ 暖色：通常以红色为主色调，如红色、橙色、黄色，如图 1–8 所示。它们具有温暖、舒适、充满活力的特点，也产生了色彩向浏览者显示或移动，并在页面中突出显示的可视化效果。

◎ 冷色：通常以蓝色为主色调，如蓝色、青色和绿色，如图 1–9 所示。这些颜色将对色彩主题起到冷静的作用，有一种视觉收缩的效果，适用于页面的背景。

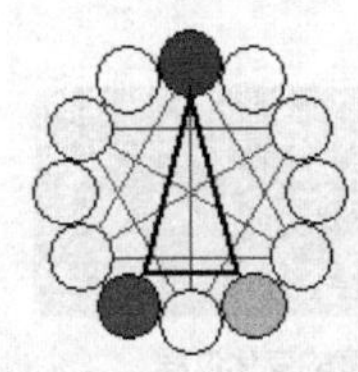
图1–6　分离补色

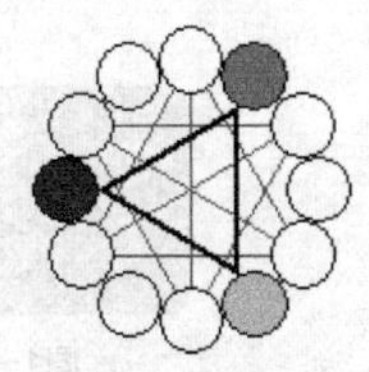
图1–7　组色

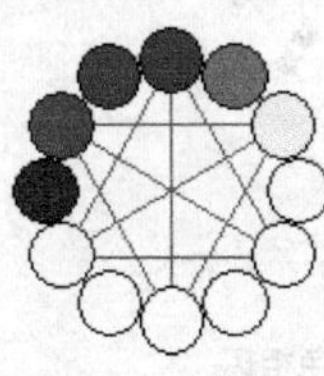
图1–8　暖色

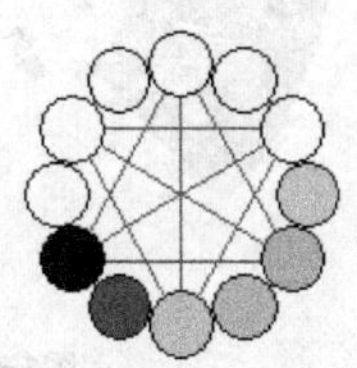
图1–9　冷色

2. 色彩构成的属性

视觉所能感知的一切色彩现象，都具有明度、色相、纯度 3 种属性，这 3 种属性是色彩最基本的构成要素。

◎ 明度：是指色彩的明暗程度。色彩中添加的白色越多，图像明度就越高；色彩中添加的黑色越多，图像明度就越低。图 1–10 所示的图像适当添加白色后，图像明度提高了，效果如图 1–11 所示。

图1–10　原始明度

图1–11　提高明度后的效果

明度在三要素中具有较强的独立性，可以不带任何色相的特征而通过黑白灰的关系单独呈现出来。

◎ 色相：是指颜色的色彩相貌，用于区分不同的色彩种类，分别为红、橙、黄、绿、青、蓝、紫 7 色，它们首尾相连形成闭合的色环，如图 1-12 所示。注意，位于圆环直径上的两种颜色为互补色。

◎ 纯度：指彩色的纯净程度，是色相的明确程度，也就是色彩的鲜艳程度和饱和度。混入白色，鲜艳度升高，明度变亮；混入黑色，鲜艳度降低，明度变暗；混入明度相同的中性灰，纯度降低，明度没有改变。如图 1-13 所示为色彩纯度的变化过程。

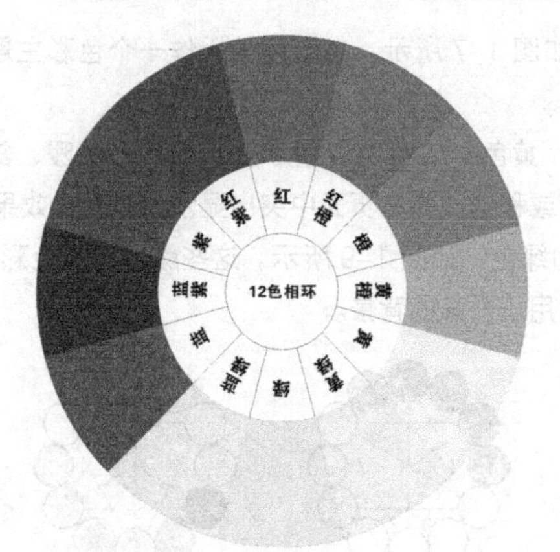

图1-12 色相环

图1-13 色彩纯度的变化过程

3. 色彩对比

色彩对比是指两种或两种以上的色彩，在空间或时间关系上相比较会出现明显的差别，并产生比较作用。同一色彩被感知的色相、明度、纯度、面积、形状等因素相对固定，且处于孤立状态，无从对比。因为对比有成双成对比较的含义，所以色彩的对比现象是发生在两种或两种以上的色彩间。色彩对比从色彩的基本要素上，可以分为色相对比、明度对比、纯度对比。

◎ 色相对比：色彩并置时因色相的差别而形成的色彩对比称为色相对比。将相同的橙色放在红色或黄色上，会发现在红色上的橙色有偏黄的感觉。因为橙色是由红色和黄色调成的，当它与红色并列时，相同的成分被调和而相异的成分被增强，所以看起来比单独时偏黄，其他色彩比较也会有这种现象。当对比的两色具有相同的纯度和明度时，两色越接近补色，对比效果越明显。图 1-14 所示为不同情况下的色相对比示意图。

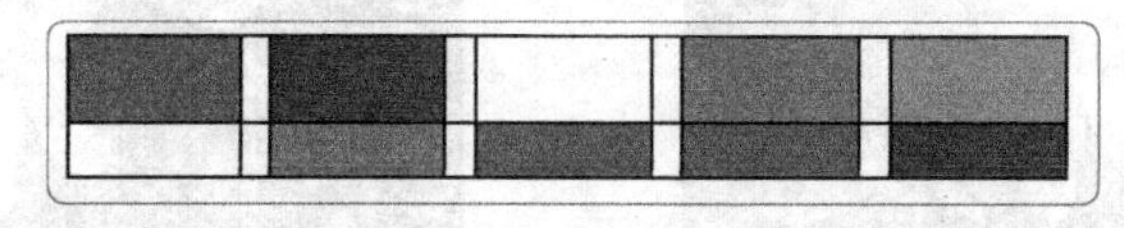
图1-14 色相对比示意图

◎ 明度对比：色彩并置时因明度的差别而形成的色彩对比称为明度对比。将相同的色彩放在黑色和白色上比较色彩的感觉，会发现放在白色上的色彩感觉比较暗，放在黑色上的色彩感觉比较亮，明暗的对比效果非常明显。图 1-15 所示为不同情况下的明度对比示意图。

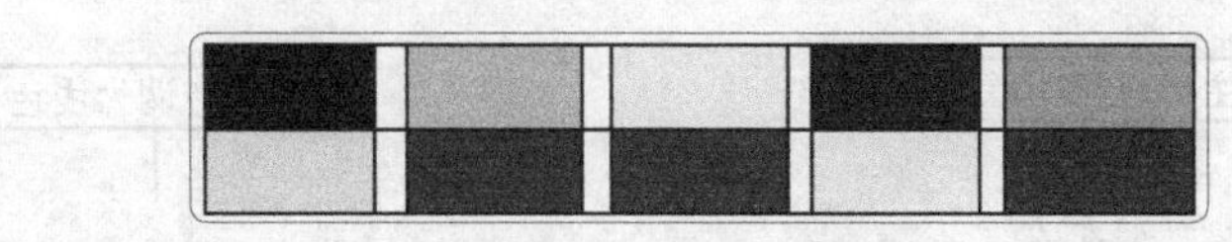

图1-15　明度对比示意图

◎　纯度对比：色彩并置时因纯度的差别而形成的色彩对比称为纯度对比。纯度对比可以体现在单一色相的对比中，同色相可以因为含灰量的差异而形成纯度对比；也可以体现在不同色相的对比中，红色是色彩系列中纯度最高的，其次是黄、橙、紫等，蓝绿色系纯度偏低。当其中一色混入灰色时，也可以明显地看到它们之间的纯度差。图 1–16 所示为不同情况下的纯度对比示意图。

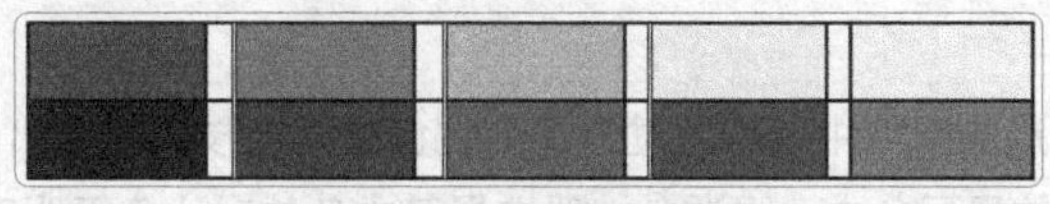

图1-16　纯度对比示意图

4．色彩构图原则

在平面设计中，不能凭感觉任意搭配色彩，要运用审美的原则安排和处理色彩间的关系，即在统一中求变化、在变化中求统一。色彩构图原则大致可以从对比、平衡、节奏 3 个方面概括。

◎　对比：是指比较色彩某一特征的程度，如明暗色调对比，一幅优秀的作品必须具备明暗关系，以突出作品的层次。

◎　平衡：是以重量来比喻物象、黑白、色块等在一个作品画面分布上的审美合理性。人们在长期的实践中已习惯于重力的平衡和稳定，在观察事物时总要寻找最理想的视角和区域，反映在构图上就要求平衡。

◎　节奏：是指色彩在作品中的合理分布。一幅好作品的精华位于视觉中心，是画面中节奏变化最强且视觉上最有情趣的部分，而色彩的变化最能体现这一节奏。

1.1.2　色彩搭配技巧

不同的色相组合可以表现出不同的感情，而同一种感情也可以用不同的色彩组合方式来体现。下面列举常见的表达感情的色彩组合方式。

1．有主导色相的配色

有主导色相的配色是指由一种色相构成的统一配色，体现整体统一性，强调展现色相的印象。若不是同一种色相，那么色相环上相邻的类似色也可以形成相近的配色效果，这种配色会给人自然和谐的印象，但也容易形成单调乏味的感觉。图 1–17 所示为有主导色相的同色系配色案例。

2．有主导色调的配色

有主导色调的配色是指由一种色调构成的统一配色，深色调和暗色调由类似色调搭配也可以形成同样的配色效果。即使出现多种色相，只要保证色调一致，画面也能体现出整体统一性。但在暗色调或深色调的配色中，不同色相的色彩如果不能体现变化，画面就会出现孤寂或清冷的感觉。图 1–18 所示为有主导色调的同色系配色案例。

图1-17 有主导色相的配色

图1-18 有主导色调的配色

3. 强调色配色

在同色系色彩搭配构成的配色中，可通过添加强调色的配色技巧来突出画面重点，这种方法适用于明度、纯度相近的朦胧效果配色中。强调色一般选择基本色的对比色等明度和纯度差异较大的色彩，或白色和黑色，关键在于将强调色限定在小面积内予以展现。图 1-19 所示为强调色配色案例。

4. 同色深浅搭配配色

同色深浅搭配配色是由同一色相的色调差构成的配色类型，属于单一色彩配色的一种，色相相同的配色可展现和谐的效果。需要注意的是，若没有色调差异，则画面会陷入缺乏张弛的呆板感觉。图 1-20 所示为同色深浅搭配配色案例。

图1-19 强调色配色

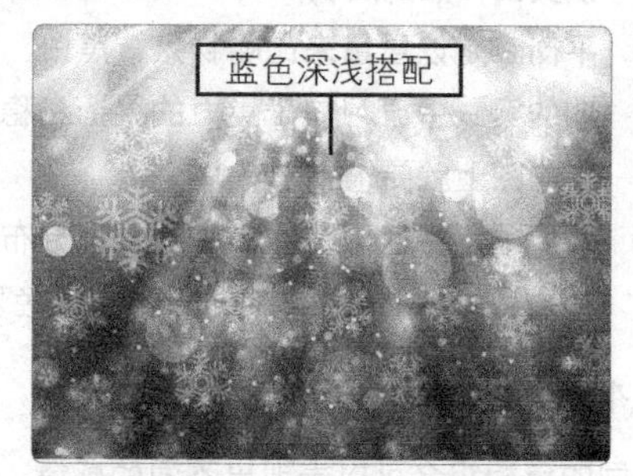

图1-20 同色深浅搭配配色

5. 感受性别的配色

通常情况下，暖色系常用于表示女性，冷色系常用于表示男性。需要注意的是，在实际配色过程中并不单是色相重要，色调也非常重要。明度差异小的配色在淡雅、清新的色调中常常代表女性，对比度较强的配色在暗色调或深色调等强有力的色调中常常代表男性。图 1-21 所示为男性配色和女性配色案例。

6. 感受温度的配色

通常在表现湿热、酷暑、寒冷、清凉等温度感时，会采用冷色调色彩和暖色调色彩。暖色调色彩是指能够使情绪高涨的兴奋色，在视觉上有优先识别性，适用于设计吸引眼球的作品；冷色调色彩是指在纯度和明度都低的色调下，能够呈现出比实际画面更加收缩的效果，俗称“后褪色”。图 1-22 所示为暖色调色彩配色案例。

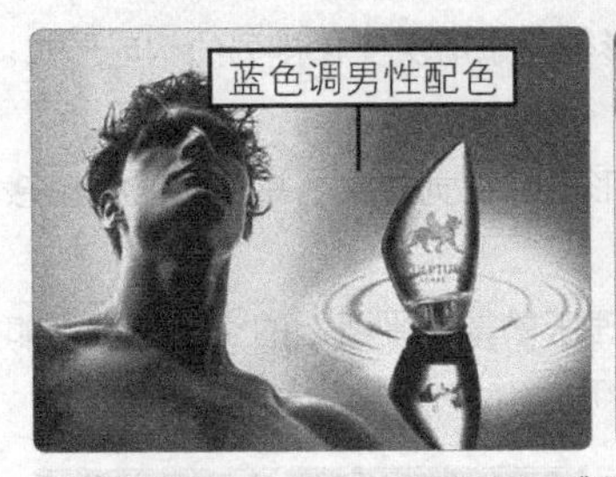

图1-21　感受性别的配色

图1-22　暖色调色彩配色

7. 感受年龄的配色

年龄不同，与之相称的色彩也会有所变化。把握年龄相称的配色重点在于捕捉色调，而不单独是色相本身。通常在体现年龄小时，应选择高明度和高纯度的原色搭配不浑浊的色调；而体现年龄大时，应选择低明度和低纯度的色彩搭配深色调或中间色搭配单一色调。图 1-23 所示为感受年龄的配色案例。

8. 感受季节的配色

通常表现春天应该选择明快或柔和的色调；表现夏天应该选择高纯度的暖色调色彩或体现清凉感的冷色调色彩；表现秋天应该选择中间色调的色彩；表现冬天则应该选择冷色调的色彩或灰色调的色彩。图 1-24 所示为表现春季的配色案例。

图1-23　感受年龄的配色

图1-24　表现春季的配色

1.1.3 平面构成视觉对比

在平面设计过程中，平面的不同构成会给人不同的视觉感，优秀的平面作品会使人过目不忘，不好的作品则会使人产生不安的感觉。下面介绍几种常用的平面构成。

◎ **基本构成形式**：平面构成的基本形式大体分为 90° 排列格式、45° 排列格式、弧线排列格式、折线排列格式，如图 1-25 所示。

◎ **重复构成形式**：以一个基本单形为主体在基本格式内重复排列，排列时可做方向和位置变化，具有很强的形式美感，如图 1-26 所示。

◎ **近似构成形式**：是具有相似之处的形体之间的构成，如图 1-27 所示。

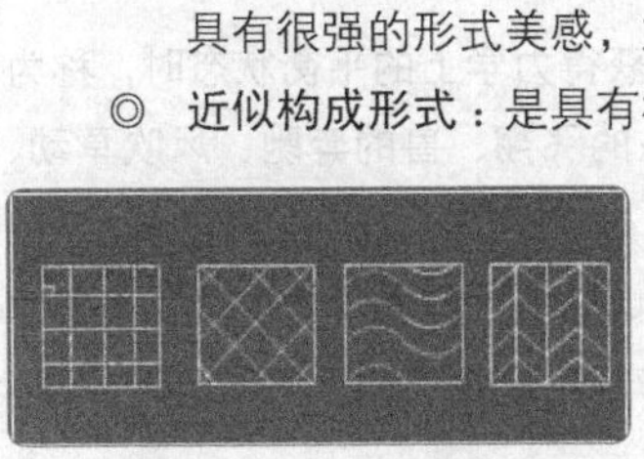

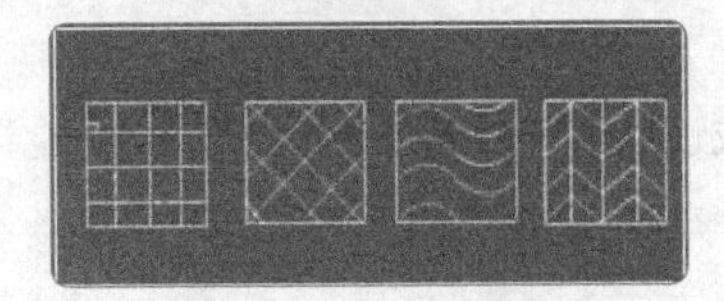

图1-25　基本构成形式

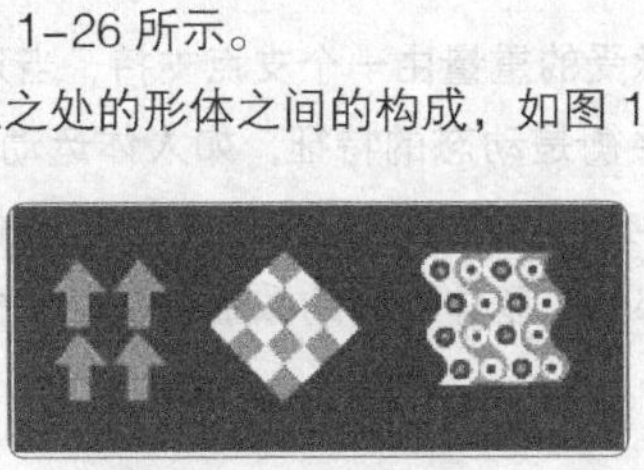

图1-26　重复构成形式

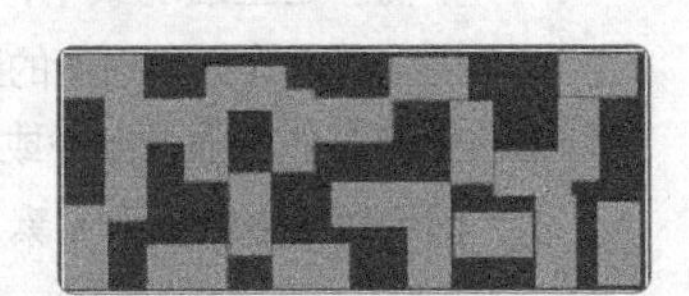

图1-27　近似构成形式

◎ **渐变构成形式**：是指将基本形体按大小、方向、虚实、色彩等关系渐次变化排列的构成形式，如图 1-28 所示。

◎ **发射构成形式**：以一点或多点为中心，向周围发射或扩散形成的视觉效果，具有较强的动感及节奏感，如图 1-29 所示。

◎ **空间构成形式**：利用透视学中的视点、灭点、视平线等原理所求得的平面上的空间形态，如图 1-30 所示。

图1-28 渐变构成形式

图1-29 发射构成形式

图1-30 空间构成形式

◎ **特异构成形式**：在一种较为有规律的形态中进行小部分的变异，以突破较为单调的构成形式，如图 1-31 所示。

◎ **分割构成形式**：将不同的形态分割成较为规范的单元，以得到比例一致、灵活自由的视觉感，如图 1-32 所示。

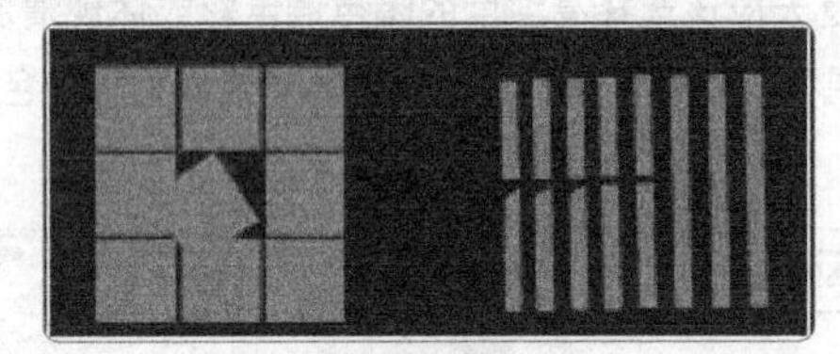
图1-31 特异构成形式

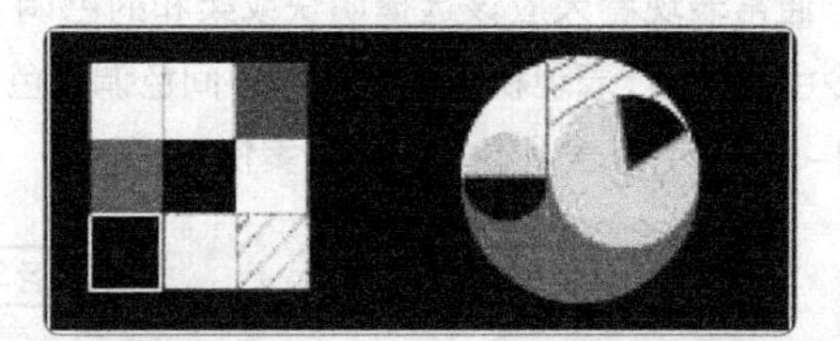
图1-32 分割构成形式

1.1.4 平面构图原则

在平面构图过程中，为了让作品最终得到受众的认可，应使作品构图符合以下原则。

◎ **和谐**：单独的一种颜色或单独的一根线条无所谓和谐，几种要素具有基本的共同性和融合性才称为和谐。和谐的组合也可能保持部分的差异性，但当差异性表现强烈和显著时，和谐的格局就向对比的格局转化。

◎ **对比**：又称对照，把质或量反差甚大的两个要素进行组合，使人产生强烈的视觉感触，但仍具有统一感的现象称为对比。它能使主题更加鲜明，作品更加活跃。

◎ **对称**：假定在某一图形的中央设一条垂直线，将图形划分为左右完全相等的两部分，这个图形就是左右对称的图形，这条垂直线称为对称轴。对称轴的方向如由垂直转换成水平方向，则称为上下对称；如垂直轴与水平轴交叉组合为四面对称，则两轴相交的点为中心点，这种对称形式称为“点对称”。

◎ **平衡**：在平衡器上两端承受的重量由一个支点支持，当双方获得力学上的平衡状态时，称为平衡。在生活现象中，平衡是动态的特征，如人体运动、鸟的飞翔、兽的奔驰、风吹草动、流水激浪等都是平衡的形式，因而平衡的构成具有动态性。

◎ **比例**：是部分与部分或部分与整体之间的数量关系，是构成设计中一切单位大小以及各单位间编排组合的重要因素。

1.2 认识Photoshop CC

使用 Photoshop CC 处理图像之前，需先认识 Photoshop CC 图像处理软件，包括 Photoshop CC 的工作界面，以及面板和工具的使用，然后进行图像处理。

1.2.1 认识Photoshop CC的工作界面

在“开始”菜单中选择 Photoshop CC 选项，或者双击桌面上的 Photoshop CC 图标，都可以启动该软件，并打开如图 1–33 所示的工作界面。Photoshop CC 的工作界面主要由标题栏、菜单栏、工具箱、工具属性栏、面板组、图像窗口和状态栏组成。下面讲解 Photoshop CC 工作界面的各组成部分。

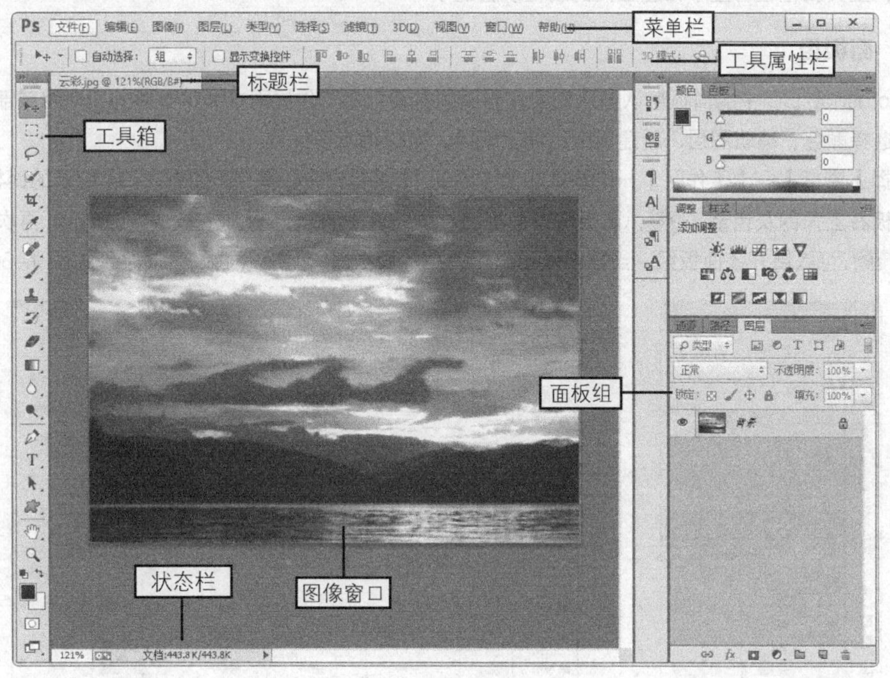

图1–33　工作界面

1. 菜单栏

菜单栏由“文件”“编辑”“图像”“图层”“类型”“选择”“滤镜”“3D”“视图”“窗口”“帮助” 11 个菜单项组成，每个菜单项有多个菜单命令。菜单命令右侧标有 ▸ 符号，表示该菜单命令还有子菜单；若某些命令呈灰色显示，则表示没有激活，或当前不可用。

2. 标题栏

标题栏左侧显示了 Photoshop CC 的程序图标 Ps 和一些基本模式设置，如缩放级别、排列文档、屏幕模式等，右侧的 3 个按钮分别用于对图像窗口进行最小化（ ）、最大化 / 恢复（ ）、关闭（ ）操作。

3. 工具箱

工具箱中集合了在图像处理过程中使用最频繁的工具，可以用于绘制图像、修饰图像、创建选区、调整图像显示比例等。工具箱的默认位置在工作界面左侧，将光标移动到工具箱顶部，可将其拖动到界面中的其他位置。

单击工具箱顶部的折叠按钮▸▸，可以将工具箱中的工具以双列方式排列。单击工具箱中对应的图标按钮，即可选择该工具。工具按钮右下角有黑色小三角形时，表示该工具位于一个工具组中，其下还包含隐藏的工具。在该工具按钮上按住鼠标左键不放或单击鼠标右键，即可显示该工具组中隐藏的工具。

4. 工具属性栏

工具属性栏用于设置当前所选工具的参数，工具栏默认位于菜单栏的下方。选择工具箱中的某个工具时，工具属性栏将显示相应工具的属性设置选项。

5. 面板组

Photoshop CC 中的面板默认显示在工作界面的右侧，是工作界面中非常重要的一个组成部分，用于进行选择颜色、编辑图层、新建通道、编辑路径、撤销编辑等操作。

选择【窗口】→【工作区】→【基本功能（默认）】菜单命令，将打开如图 1-34 所示的面板组合。单击面板右上角的灰色箭头◂◂，面板将以面板名称的缩略图方式显示，如图 1-35 所示。再次单击灰色箭头▸▸，可以展开该面板组。当需要显示某个单独的面板时，单击该面板名称即可，如图 1-36 所示。

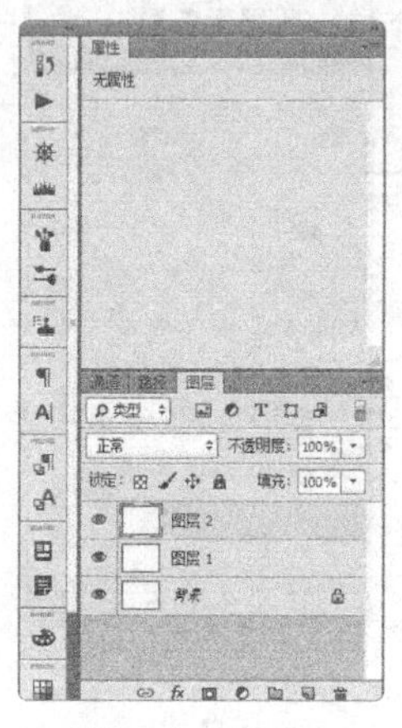

图1-34 面板组

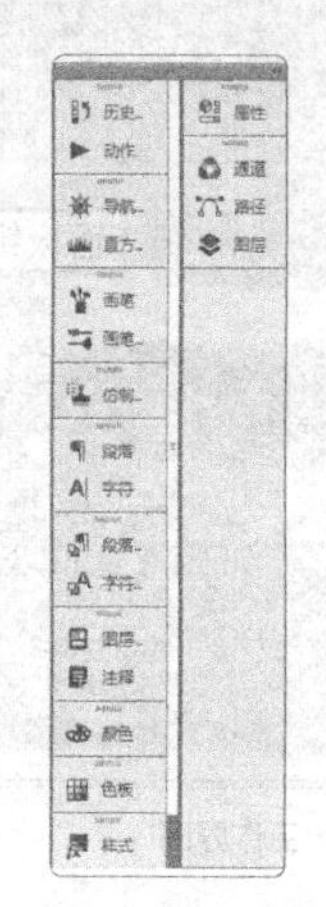

图1-35 面板组缩略图

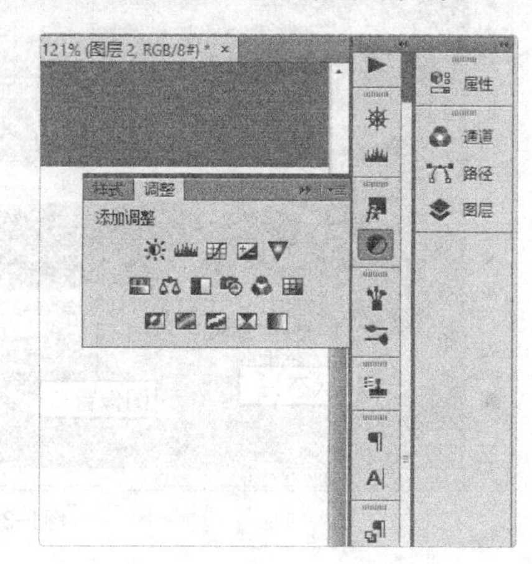

图1-36 显示面板

6. 图像窗口

图像窗口是浏览和编辑图像的主要场所，所有的图像处理操作都是在图像窗口中进行的。图像窗口的上方是标题栏，标题栏用于显示当前文件的名称、格式、显示比例、色彩模式、所属通道、图层状态。如果该文件未进行存储，则标题栏中以“未命名”加上连续的数字作为文件的名称。图像的各种编辑都是在图像窗口中进行的。另外，在 Photoshop CC 中打开多个图像文件时，可用选项卡的方式排列显示，以便切换查看和使用。

7. 状态栏

状态栏位于图像窗口的底部，最左端显示当前图像窗口的显示比例，在其中输入数值并按 Enter 键可改变图像的显示比例，中间将显示当前图像文件的大小。

1.2.2 认识工具

进行绘制图像、修饰图像和创建选区、填充颜色等操作时，将会频繁使用工具箱中的工具，这些工具是平面设计的基础。工具箱中各工具的作用如表 1-1 所示。

表 1-1 工具箱中的工具及解析

工具类别	工具名称	作用
移动工具	移动工具	用于移动图层、参考线、形状或选区中的像素
选框工具组	矩形选框工具	用于创建矩形选区和正方形选区
	椭圆选框工具	用于创建椭圆选区和正圆选区
	单行选框工具	用于创建高度为1像素的选区，一般用于制作网格效果
	单列选框工具	用于创建宽度为1像素的选区，一般用于制作网格效果
套索工具组	套索工具	用于自由地绘制不规则形状的选区
	多边形套索工具	用于创建转角比较强烈的选区
	磁性套索工具	能够通过颜色上的差异自动识别对象的边界
选择工具组	快速选择工具	用于快速绘制的选区
	魔棒工具	使用该工具在图像中单击可快速选择颜色范围内的区域
裁剪工具组	裁剪工具	以任意尺寸裁剪图像
	透视裁剪工具	使用该工具可以在需要裁剪的图像上制作出带有透视感的裁剪框
	切片工具	用于为图像绘制切片
	切片选择工具	用于编辑、调整切片
吸管与测量工具组	吸管工具	用于吸取图像中的任意颜色作为前景色，按住[Alt]键吸取时，可将吸取颜色设置为背景色
	3D材质吸管工具	该工具用于快速吸取3D模型中各部分的材质
	颜色取样器工具	在“信息”面板中显示取样的RGB值
	标尺工具	在“信息”面板中显示拖动对角线的距离和角度
	注释工具	用于在图像中添加注释
	计数工具	用于计算图像中元素的个数，也可自动对图像中的多个选区进行计数
修复工具组	污点修复画笔工具	不需要设置取样点，自动对所修饰区域的周围进行取样，消除图像中的污点和某个对象
	修复画笔工具	用于以图像中的像素作为样本进行绘制
	修补工具	利用样本或图案来修复所选图像区域中不理想的部分
	内容感知移动工具	用于移动选区中的图像时，智能填充物体原来的位置
	红眼工具	用于去除闪光灯导致的瞳孔红色反光

续表

工具类别	工具名称	作用
画笔工具组	画笔工具	使用该工具可通过前景色绘制出各种线条，也可使用它快速修改通道和蒙版
	铅笔工具	与画笔工具类似，但绘制的线条边缘比较硬实
	颜色替换工具	用于将选定的颜色替换为其他颜色
	混合器画笔工具	可以像传统绘制过程中混合颜料一样混合像素
图章工具组	仿制图章工具	按[Alt]键取样，将图像上的一部分绘制到另一个位置上，或者将其绘制到具有相同颜色模式的其他图像中
	图案图章工具	使用预设图案或载入的图案进行绘画
历史画笔工具组	历史记录画笔工具	将标记的历史记录状态或快照用作源数据对图像进行修改
	历史记录艺术画笔工具	将标记的历史记录状态或快照用作源数据，并以风格化的画笔进行绘制
橡皮擦工具组	橡皮擦工具	使用类似画笔描绘的方式将像素更改为背景色或透明
	背景橡皮擦工具	基于色彩差异的智能化擦除工具
	魔术橡皮擦工具	用于清除与取样区域类似的像素范围
填充工具组	渐变工具	以渐变的方式填充指定范围，在其渐变编辑器内可设置渐变模式
	油漆桶工具	可以在图像中填充前景色或图案
	3D材质拖放工具	选择一种材质，再在选择模型上单击可为其填充该材质
模糊工具组	模糊工具	用于柔化图像边缘或减少图像中的细节
	锐化工具	增强图像中相邻像素之间的对比，以提高图像的清晰度
	涂抹工具	模拟手指划过湿油漆时产生的效果。可以拾取鼠标单击处的颜色，并沿着拖动方向展开这种颜色
色调工具组	减淡工具	用于对图像进行减淡处理
	加深工具	用于对图像进行加深处理
	海绵工具	用于增加或降低图像中某个区域的饱和度。如果是灰度图像，该工具将通过灰阶远离或靠近中间灰色来增强或降低对比度
钢笔工具组	钢笔工具	以锚点方式创建区域路径，常用于绘制矢量图像或选区对象
	自由钢笔工具	用于绘制比较随意的图像
	添加锚点工具	将鼠标光标移动到路径上，单击即可添加一个锚点
	删除锚点工具	将鼠标光标移动到路径上的锚点，单击即可删除该锚点
	转换点工具	用于转换锚点的类型
文字工具组	横排文字工具	用于创建水平文字图层
	直排文字工具	用于创建垂直文字图层
	横排文字蒙版工具	用于创建水平文字形状的选区
	直排文字蒙版工具	用于创建垂直文字形状的选区

续表

工具类别	工具名称	作用
路径选择工具组	路径选择工具	用于在"路径"面板中选择路径，显示出锚点
	直接选择工具	用于移动两个锚点之间的路径
形状工具组	矩形工具	用于创建长方形路径、形状图层或填充像素区域
	圆角矩形工具	用于创建圆角矩形路径、形状图层或者填充像素区域
	椭圆工具	用于创建正圆或椭圆形路径、形状图层或填充像素区域
	多边形工具	用于创建多边形路径、形状图层或填充像素区域
	直线工具	用于创建直线路径、形状图层或填充像素区域
	自定形状工具	用于创建预设的形状路径、形状图层或填充像素区域
抓手工具组	抓手工具	用于移动图像显示区域
	旋转视图工具	用于移动或旋转视图
缩放工具	缩放工具	用于放大、缩小显示的图像
前景色与背景色	前景色/背景色	单击色块，可设置前景色/背景色
	切换前景色和背景色	单击该按钮可置换前景色和背景色
	默认前景色和背景色	用于恢复默认的前景色和背景色
更改编辑模式	以快速蒙版模式编辑	切换快速蒙版模式和标准模式
更改屏幕模式	标准屏幕模式	用于显示菜单栏、标题栏、滚动条和其他屏幕元素
	带有菜单栏的全屏模式	用于显示菜单栏、50%的灰色背景、无标题栏和滚动条的全屏窗口
	全屏模式	只显示黑色背景和图像窗口，如果要退出全屏模式，可按【Esc】键。按【Tab】键，可以切换到带有面板的全屏模式

1.2.3 认识面板

在 Photoshop CC 中，用户可以通过控制面板进行选择颜色、编辑图层、新建通道、编辑路径和撤销编辑等操作。它是工作界面中非常重要的一个组成部分。Photoshop CC 中除了默认显示在工具界面中的控制面板外，还可以通过"窗口"菜单打开所需的各种控制面板。单击控制面板区左上角的扩展按钮，可打开隐藏的控制面板组；再次单击可还原为最简洁的方式显示。Photoshop CC 中的控制面板有很多，常用的控制面板的作用如下。

◎ "颜色"面板：用于调整混色色调。在其中拖动滑块或者设置颜色值，可以设置前景色和背景色。如图 1-37 所示。

◎ "色板"面板：该面板中的所有颜色都是预设好的，单击颜色即可选择该颜色，如图 1-38 所示。

◎ "样式"面板：在其中显示各种各样预设的图层样式。如图 1-39 所示。

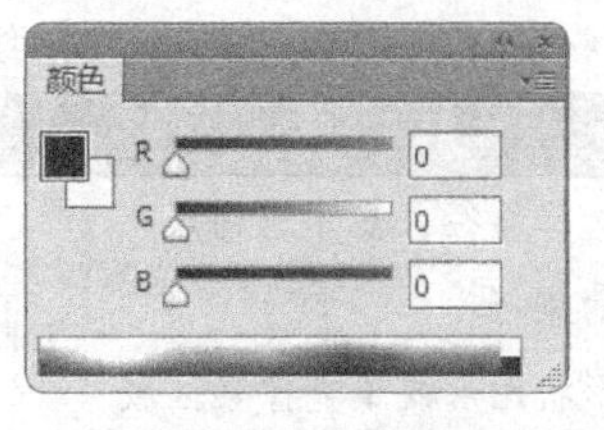

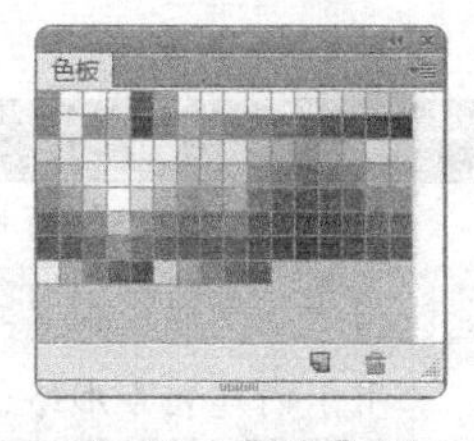

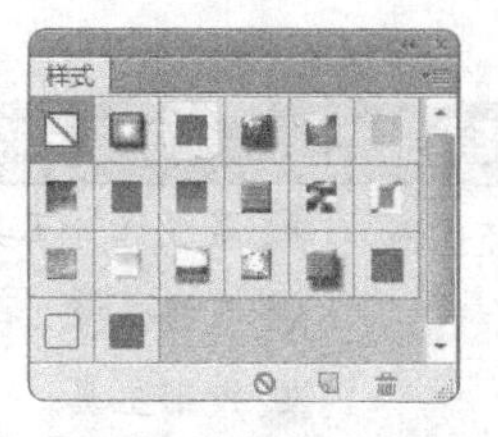

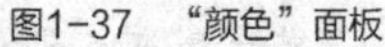
图1-37 “颜色”面板　　图1-38 “色板”面板　　图1-39 “样式”面板

◎ “字符”面板：用于设置文字的字体、大小和颜色等属性，如图 1-40 所示。

◎ “段落”面板：用于设置文字的段落、位置、缩排、版面，以及避头尾法则和字间距组合，如图 1-41 所示。

◎ “字符样式”面板：用于创建、设置字符样式，并可将字符属性存储在“字符样式”面板中，如图 1-42 所示。

◎ “段落样式”面板：用于创建段落样式，可将段落属性存储在“段落样式”面板中。

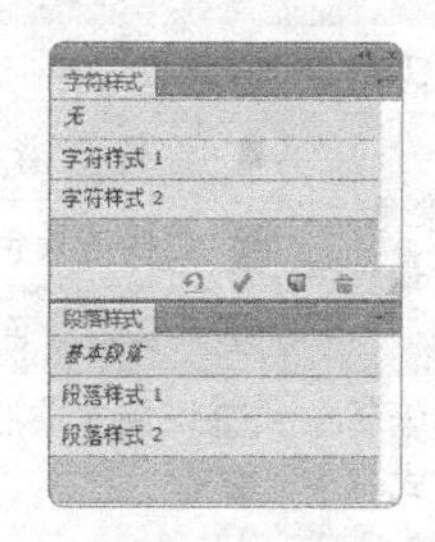

图1-40 “字符”面板　　图1-41 “段落”面板　　图1-42 “字符样式”和“段落样式”面板

◎ “图层”面板：用于创建、编辑和管理图层。在该面板中列出所有的图层、图层组和图层效果，如图 1-43 所示。

◎ “路径”面板：用于保存和管理路径，面板中显示了每条存储的路径、当前工作路径、当前矢量名称和缩览图，如图 1-44 所示。

◎ “通道”面板：用于创建、保存和管理通道，如图 1-45 所示。

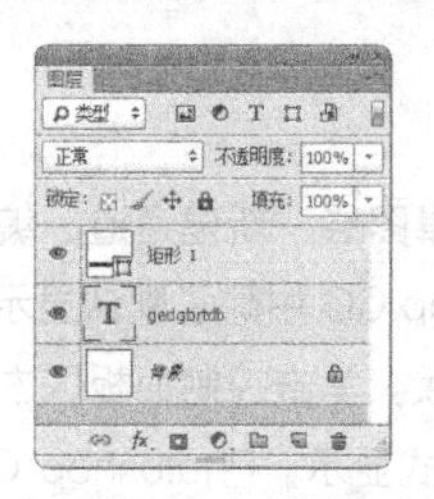

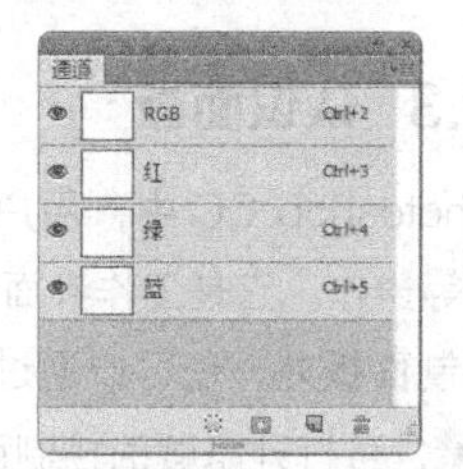

图1-43 “图层”面板　　图1-44 “路径”面板　　图1-45 “通道”面板

◎ “调整”面板：单击对应调色命令的按钮，可调整颜色和色调，如图 1-46 所示。

◎ “信息”面板：用于显示和图像有关的信息，如光标位置、光标位置的颜色、选区大小等，如图 1-47 所示。

◎ “属性”面板：用于调整多选择的图层蒙版属性和矢量蒙版属性、光照效果滤镜和图层参数等。图 1-48 所示为椭圆图层的“属性”面板。

图1-46　“调整”面板

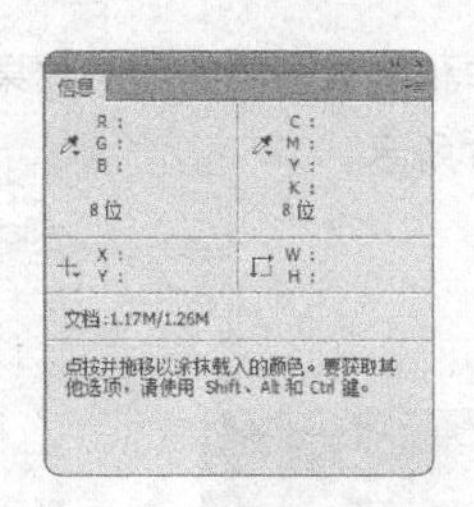

图1-47　“信息”面板

图1-48　“属性”面板

◎ “画笔”面板：用于设置绘制工具以及修饰工具的笔尖种类、画笔大小和硬度，还可以创建自己需要的特殊画笔，如图 1-49 所示。

◎ “画笔预设”面板：用于显示提供的各种预设的画笔，如图 1-50 所示。

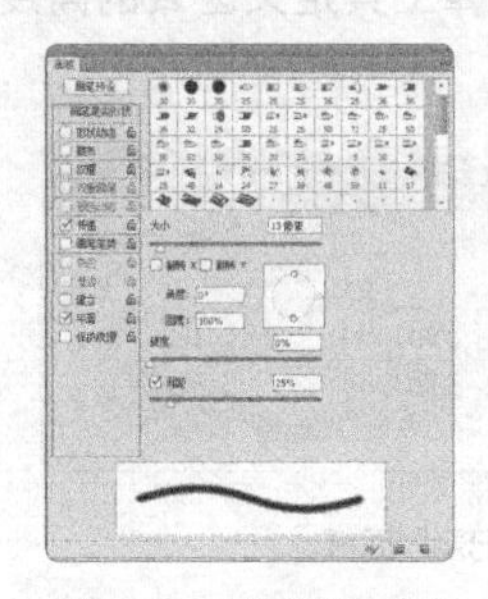

图1-49　“画笔”面板

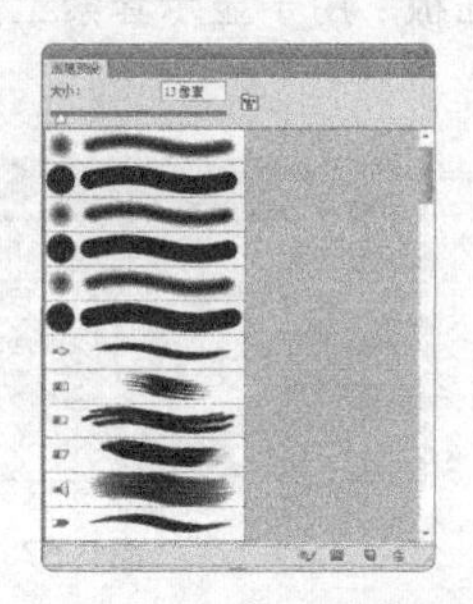

图1-50　“画笔预设”面板

◎ “导航器”面板：用于显示图像的缩览图和各种窗口缩放工具，如图 1-51 所示。

◎ “直方图”面板：用于显示图像中每个亮度级别的像素数量，以展示像素在图像中的分布情况，如图 1-52 所示。

◎ “注释”面板：用于在静止的图像上新建、存储注释文字，如图 1-53 所示。

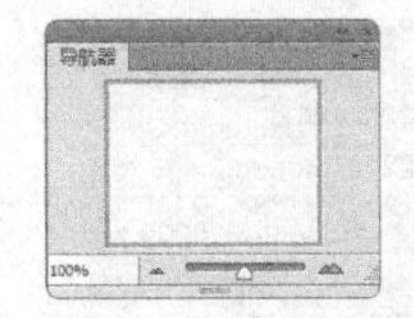

图1-51　“导航器”面板

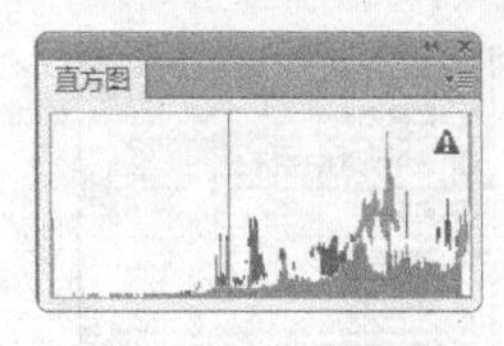

图1-52　“直方图”面板

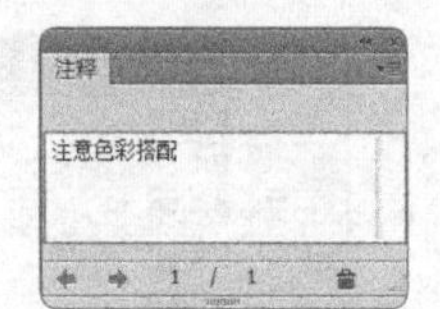

图1-53　“注释”面板

◎ “仿制源”面板：在使用修复工具，如仿制图章工具和修复画笔工具时，可通过该面板设置不同的样本源，如图 1-54 所示。

◎ “3D”面板：3D 面板中显示与之关联的 3D 文件组件和选项，如图 1-55 所示。

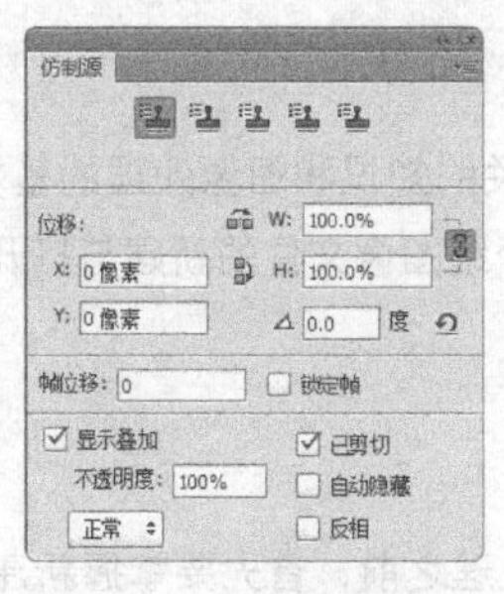

图1-54　“仿制源”面板

图1-55　“3D”面板

◎ “时间轴”面板：用于制作和编辑图像的动态效果，制作动画后，可通过“帧”和“时间轴”两种方式查看，如图 1-56 所示。

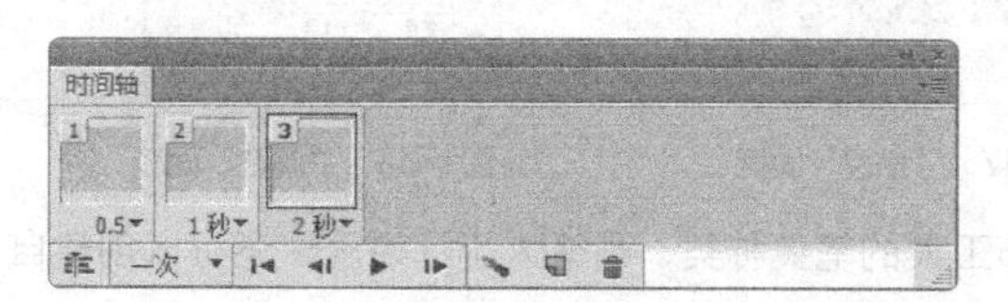

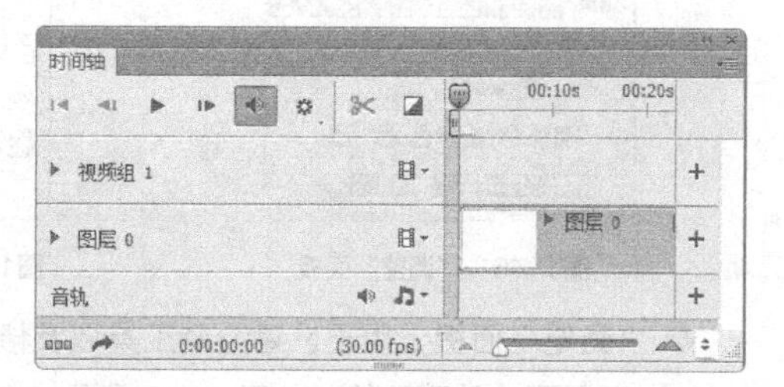

图1-56 “时间轴”面板

◎ “测量记录”面板：用于显示套索工具和魔棒工具定义区域的高度、宽度和面积等，如图 1-57 所示。

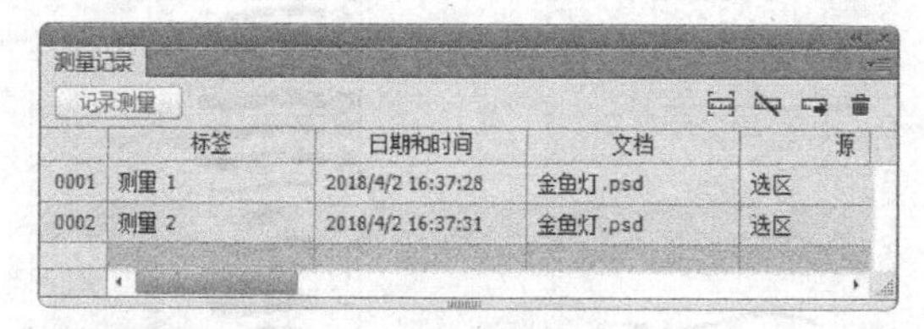

图1-57 “测量记录”面板

◎ “历史记录”面板：当编辑图像时，Photoshop CC 会将每步操作都记录在“历史记录”面板中。通过该面板，可将操作恢复到之前的某一步，如图 1-58 所示。

◎ “工具预设”面板：用于存储工具的各项设置或创建工具预设库，如图 1-59 所示。

◎ “图层复合”面板：用于保存图层状态，在该面板中可新建、编辑、显示图层复合等，如图 1-60 所示。

图1-58 “历史记录”面板

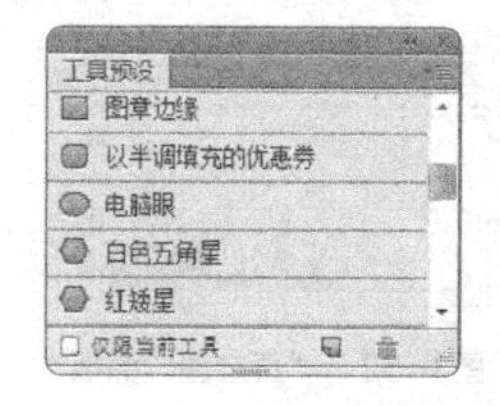

图1-59 “工具预设”面板

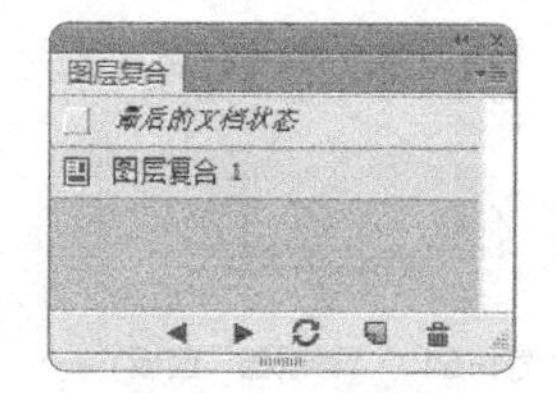

图1-60 “图层复合”面板

1.3 图像文件的基本操作

在进行平面设计前，除了要掌握平面设计相关的知识和图像处理的基本概念外，还要掌握图像文件的基本操作，这是进行平面设计的基础，本节将介绍图像文件的新建与打开、导入与导出、保存和关闭，以及打印输出的方法。

1.3.1 新建与打开图像文件

在学习使用 Photoshop CC 对图像进行美化处理之前，首先要掌握新建与打开图像文件的方法。

1. 新建图像文件

制作图像文件前，首先需要新建一个空白文件。选择【文件】→【新建】菜单命令或按【Ctrl+N】组合键，打开如图 1-61 所示的“新建”对话框，其中各个选项含义如下。

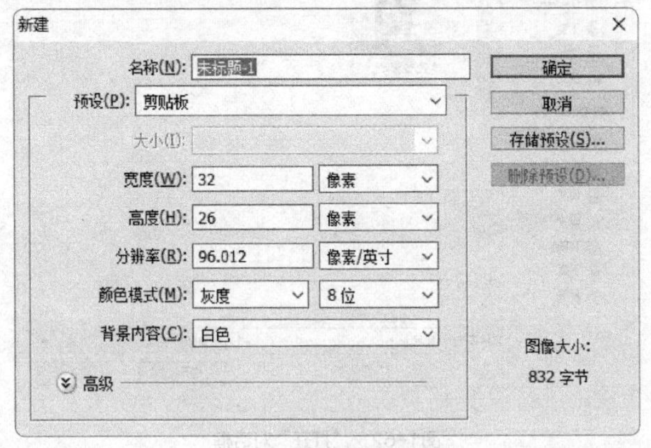

图1-61　“新建”对话框

- ◎ “名称”文本框：用于设置新建文件的名称，其中默认文件名为“未标题－1”。
- ◎ “预设”下拉列表框：可以选择各种文档类型，如剪贴板、各种标准纸张、移动设备等，每种类型对应默认的尺寸，也可以选择“自定义”选项，自定义宽度、高度、分辨率等参数。
- ◎ “宽度”/“高度”文本框：用于设置新建文件的宽度和高度，在右侧的下拉列表框中可以设置度量单位。
- ◎ “分辨率”文本框：用于设置新建图像的分辨率，分辨率越高，图像品质越好。
- ◎ “颜色模式”下拉列表框：用于选择新建图像文件的色彩模式，在右侧的下拉列表框中还可以选择图像位数。
- ◎ “背景内容”下拉列表框：用于设置新建图像的背景颜色，系统默认为白色，也可设置为背景色和透明色。
- ◎ “高级”选项栏：单击该栏，在“新建”对话框底部会显示“颜色配置文件”和“像素长宽比”两个下拉列表框。
- ◎ 储存预设：用于储存预设的文档，储存后，在“预设”下拉列表框中将显示预设的文档选项。

2. 打开图像文件

在 Photoshop 中编辑一个图像，如拍摄的照片或素材等，需要先将其打开。文件的打开方法主要有以下几种。

- ◎ 使用“打开”命令打开：选择【文件】→【打开】菜单命令，或按【Ctrl+O】组合键，打开“打开”对话框，如图 1-62 所示。在“查找范围”下拉列表框中选择文件存储位置，在中间的列表框中选择需要打开的文件，单击 打开(O) 按钮即可。
- ◎ 使用“打开为”命令打开：对于无法识别格式的文件，不能使用“打开”命令打开。此时可选择【文件】→【打开为】菜单命令，打开“打开”对话框。在其中选择需要打开的文件，并为其指定打开的格式，然后单击 打开(O) 按钮。

图1-62 “打开”对话框

◎ 拖动图像文件启动程序：在没有启动 Photoshop 的情况下，将一个图像文件直接拖动到 Photoshop 应用程序的图标上，可直接启动程序并打开图像。

◎ 打开最近使用过的文件：选择【文件】→【最近打开文件】菜单命令，在打开的子菜单中可选择最近打开的文件。若要清除该目录，可选择菜单底部的“清除最近的文件列表”命令。

1.3.2 导入与导出图像文件

使用导入导出功能，可以将一些特殊格式的文件导入 Photoshop 当中，同时可以将文件导出为一些特定格式的文件。

1. 导入图像文件

在 Photoshop 中，可以将变量组、视频帧、注释和 WIA 支持的其他格式文件导入进行编辑，其操作方法是：选择【文件】→【导入】菜单命令，选择相应选项导入文件。

2. 导出图像文件

选择【文件】→【导出】菜单命令，选择相应选项可将图像导出为 PNG、PDF、Web 等格式的文件，并且在导出时，可对图像进行各种编辑操作。

1.3.3 保存和关闭图像文件

图像制作完成后需要保存，同时可将暂时不需要操作的图像文件关闭。

1. 保存图像文件

新建文件或对文件进行编辑后，必须保存文件。选择【文件】→【存储】菜单命令，打开“另存为”对话框，选择存储文件的位置，在“文件名”文本框中输入存储文件的名称，在“保存类型”下拉列表中选择存储文件的格式，单击 保存(S) 按钮保存图像，如图 1-63 所示。

知识提示

若对保存后的图片再次进行了编辑，可按【Ctrl+S】组合键直接保存；若需要将处理后的图片以其他名称保存在其他位置，可选择【文件】→【存储为】菜单命令，在打开的对话框中设置保存参数。

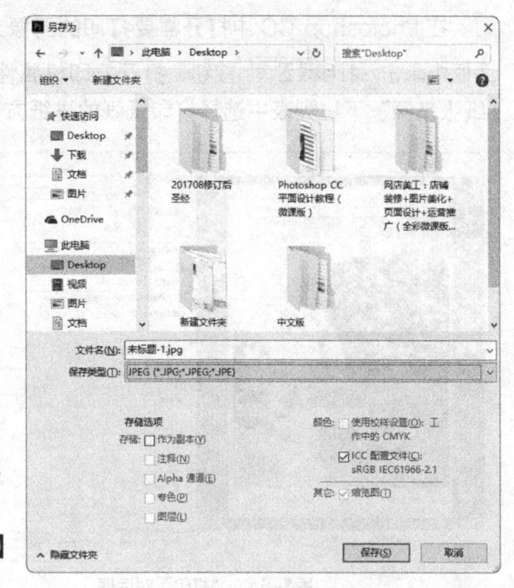

图1–63 “另存为”对话框

2. 关闭图像文件

关闭图像文件的方法有以下几种。

◎ 单击图像窗口标题栏最右端的“关闭”按钮 ✕ 。

◎ 选择【文件】→【关闭】菜单命令或按【Ctrl+W】组合键。

◎ 按【Ctrl+F4】组合键。

1.3.4 打印输出图像

图像处理完成后，接下来的工作就是打印输出。为了获得良好的打印效果，掌握正确的打印方法很重要。只有掌握打印输出的操作方法，才能将设计好的图像作品作为室内装饰品和商业广告等。下面介绍图像的打印输出操作。

1. 打印预览

在打印图像文件前，为防止打印出错，一般会通过打印预览功能预览打印效果，以便在发现问题时及时改正。选择【文件】→【打印】菜单命令，在打开的“打印”对话框中可查看到打印效果，如图 1–64 所示。

2. 设置打印选项

在打印预览窗口的右侧，是设置打印页面的一些选项，其中相关选项的含义如下。

◎ “打印机设置”栏：选择并设置打印机，同时可设置打印份数和方向。

◎ 色彩管理：用来处理图片颜色，还可设置图片渲染方法。

◎ “位置”栏：用来设置打印图像在图纸中的位置，系统默认在图纸居中位置，撤销选中“图像居中”复选框，可以在激活的选项和数值框中手动设置其位置。

◎ “缩放后的打印尺寸”栏：用来设置打印图像在图纸中的缩放尺寸，单击选中“缩放以适合介质”复选框后，系统会自动优化缩放。

◎ 打印标记：用于为打印的图像添加标记。

◎ 函数：为图像设置“药膜朝下”“负片”“背景”等函数效果。

3. 打印机设置

打印的常规设置包括选择打印机的名称、设置“打印范围”“份数”“纸张尺寸大小”“送纸方向”等参数，设置完成后即可打印。

在 Photoshop CC 中打开需要打印的图像文件，选择【文件】→【打印】菜单命令，在打开的对话框中单击 打印设置... 按钮，打开打印机属性设置对话框，如图 1-65 所示。在“基本”选项卡下的“纸张来源”下拉列表中选择打印纸张的进纸方式，并可设置纸张的尺寸等内容。

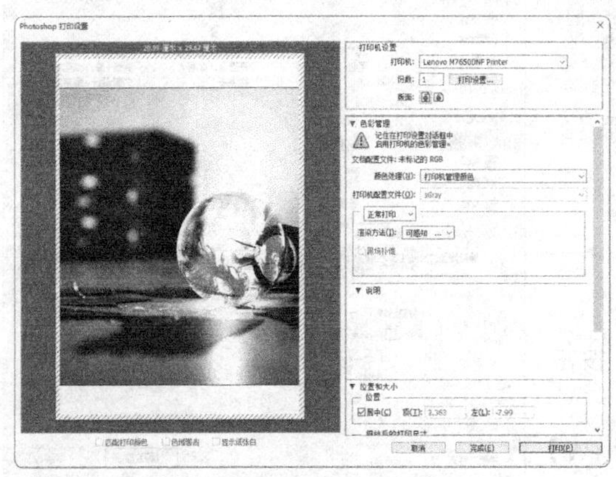

图1-64 “打印”对话框

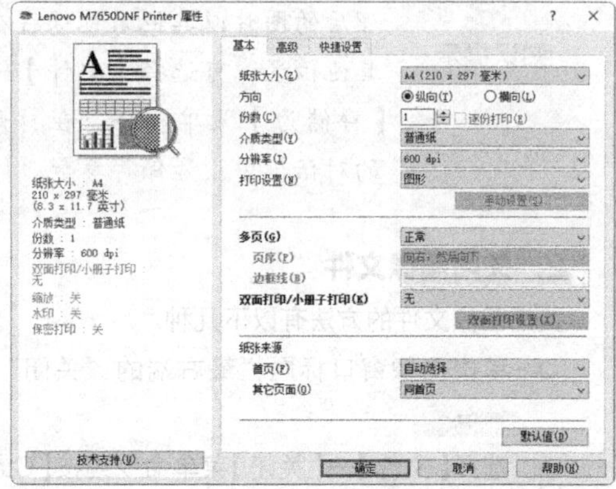

图1-65 打印设置

4. 打印图层设置

默认情况下，Photoshop CC 打印的是一个包含了所有可见图层的图像。若只需要打印一个或多个图层，将其设置为一个单独可见的图层，然后打印即可。

5. 打印选区

在 Photoshop CC 中不仅可以打印单独的图层，还可以打印图像选区。方法是使用工具箱中的选区工具在图像中创建所需的图像选区，在打开的“打印”对话框中选中“打印选定区域”复选框进行打印即可。

6. 打印图像

在系统默认情况下，当前图像中所有可见图层上的图像都属于打印范围，因此图像处理完成后不必做任何改动，若“图层”面板中有隐藏的图层，则该图层不能被打印输出，如要将其打印输出，需显示“图层”面板中的所有图层，然后设置要打印的图像的页面和打印预览后，单击 打印(P) 按钮将其打印输出。

1.4 辅助工具的使用

Photoshop CC 中提供了多个辅助用户处理图像的工具，这些工具大多位于“视图”菜单中。这些工具对图像不起任何编辑作用，仅用于测量或定位图像，使图像处理更精确，并可提高工作效率。本节将介绍 Photoshop CC 的辅助工具的使用方法。

1.4.1 使用标尺

选择【视图】→【标尺】菜单命令或按【Ctrl+R】组合键，即可在打开的图像文件左侧边缘和顶部显示或隐藏标尺，如图 1-66 所示。通过标尺可查看图像的宽度和高度。

标尺 x 轴和 y 轴的 0 点坐标在左上角，在标尺左上角相交处按住鼠标左键不放，此时光标变为十形状，拖动到图像中的任意位置，如图 1–67 所示。释放鼠标左键，此时拖动到的目标位置即为标尺的 x 轴和 y 轴的 0 点相交处。

图1–66　标尺

图1–67　标尺0点坐标

1.4.2　使用网格线

在图像处理中，设置网格线可以让图像处理更精准。选择【视图】→【显示】→【网格】菜单命令或按【Ctrl+'】组合键，可以在图像窗口中显示或隐藏网格线，如图 1–68 所示。

按【Ctrl+K】组合键打开“首选项”对话框，选择“参考线、网格和切片”选项，在右侧的“网格”栏中可设置网格的颜色、样式、网格线间距、子网格数量等，如图 1–69 所示。

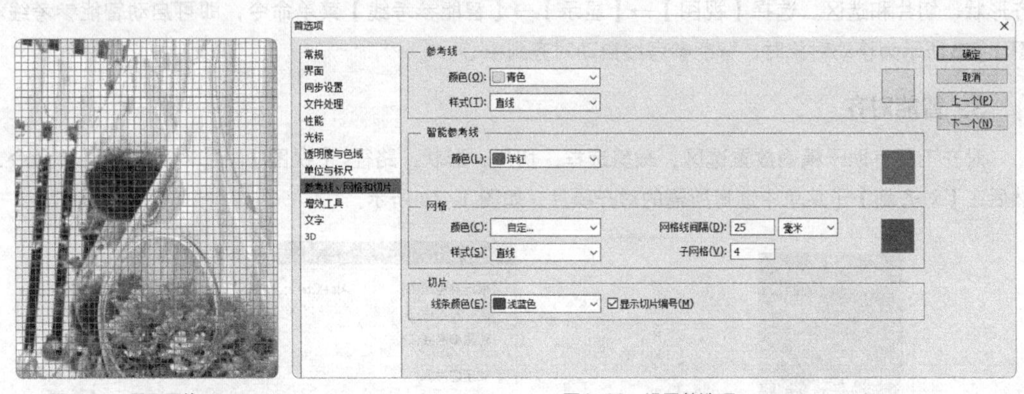

图1–68　显示网格　　　　图1–69　设置首选项

1.4.3　使用参考线

参考线是浮动在图像上的直线，分为水平参考线和垂直参考线。它用于给设计者提供参考位置，不会被打印出来。

1. 创建参考线

创建参考线的具体操作如下。

（1）选择【视图】→【新建参考线】菜单命令，打开“新建参考线”对话框，在“取向”栏中选择参考线类型，在“位置”文本框中输入参考线位置，如图 1-70 所示。

（2）单击 确定 按钮即可在相应位置创建一条参考线，如图 1-71 所示。

知识提示

通过标尺也可以创建参考线，将光标置于窗口顶部或左侧的标尺处，按住鼠标左键不放并向图像区域拖动，这时光标呈或形状，同时在右上角显示当前标尺的位置。释放鼠标后，即可在释放鼠标处创建一条参考线，如图 1-72 所示。

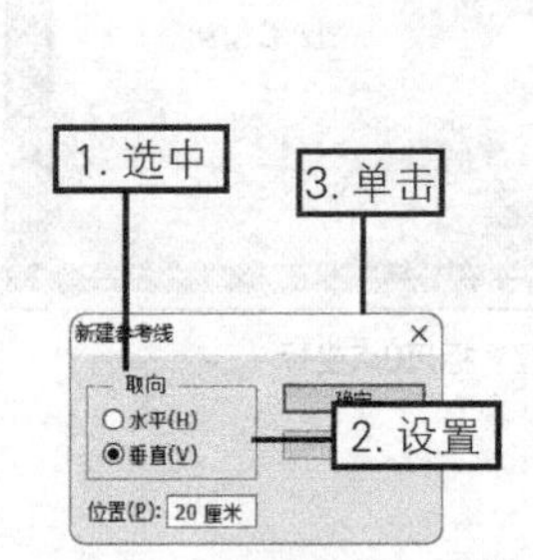

图1-70 “新建参考线”对话框

图1-71 创建参考线

图1-72 用标尺创建参考线

2. 创建智能参考线

启用智能参考线后，会在需要时自动出现。当使用移动工具移动对象时，可通过智能参考线对齐形状、切片和选区。选择【视图】→【显示】→【智能参考线】菜单命令，即可启动智能参考线。图 1-73 所示为移动对象时，智能参考线自动对齐到中心。

3. 智能对齐

对齐工具有助于精确放置选区，裁剪选框、切片、形状、路径。【视图】→【对齐到】菜单命令，然后在【对齐到】子菜单中选择所需的对齐项目，如图 1-74 所示。

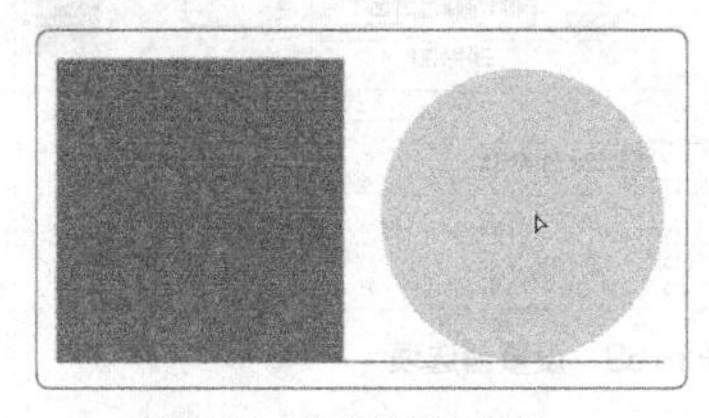

图1-73 使用智能参考线

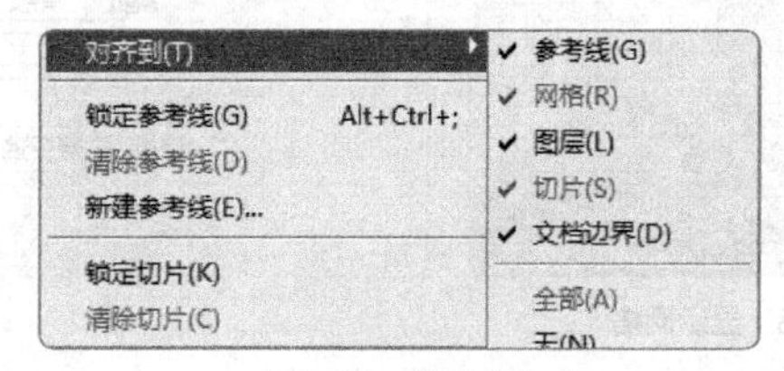

图1-74 智能对齐

1.5 课堂练习

本课堂练习将赏析一个平面设计精美案例和创建一个图像文件，进一步掌握本章的知识点。读者应掌握平面设计的基础知识，了解图像处理的基本概念，掌握图像文件的基本操作和辅助工具的使用方法。

1.5.1　赏析“论道竹叶青”画册设计

1. 练习目标

本练习要求从平面构成、色彩构成以及设计理念方面来赏析著名设计大师陈幼坚为竹叶青设计的《论道 99》画册，画册部分效果如图 1-75 所示。

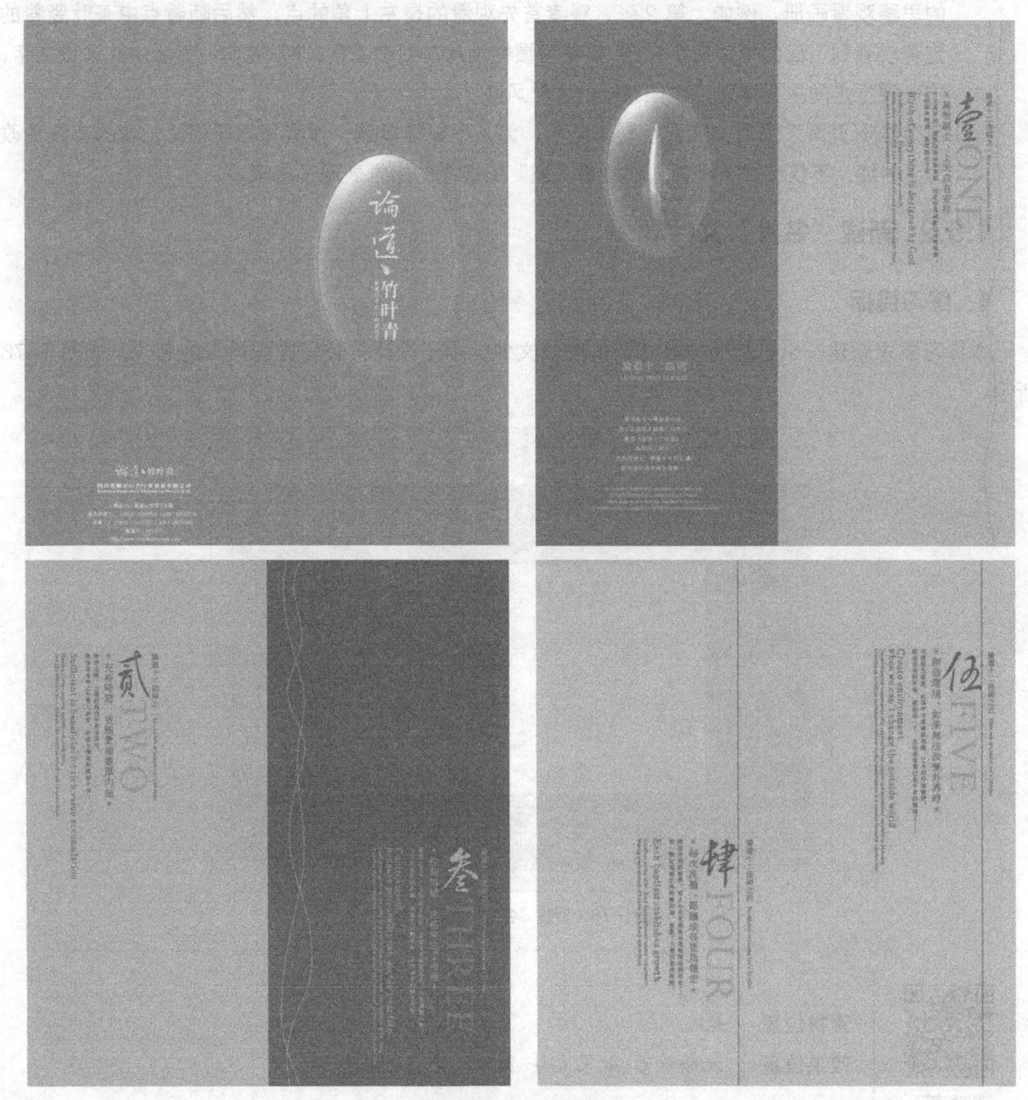

图1-75　竹叶青画册效果

2. 操作思路

根据本练习的目标，可先赏析图像的色彩和明度等方面，然后赏析整个画面构成，最后思考设计理念。

（1）通过观察得知，该画册从整个色相上来看，采用了黑色和土黄色作为主色调进行对比，体现出朴素的质感，黑色给人重量、高贵、神秘的感觉，而土黄色的明度相对较高，能够达到醒目的效果；文字的颜色采用两种色相，对比强烈，并采用了不同明度，可以更好地吸引人的注意力。

（2）画册的封面和封底以道德经中的文字作为背景底纹，将“论道”这一理念体现出来。封面上的名称采用了平面构成中“点”的使用方法，将整个封面的重点放在一个点上，即画册名称“论道竹叶青”。

（3）画册内容文字普遍采用竖版排版，主要是结合竖版画册的大致走势，让观者能够跟随设计者的思路观看画册。例如，第 2 张，观者首先观看的是左上角的点，然后随着点中茶叶竖着的走势观看到下面的相关文字介绍，接着习惯性地从左到右观察，并从竖向的排版中阅读该文字，这一视觉走向主要体现了中国茶叶的古朴风味。

（4）整个画册页面只采用文字和色彩来展示，为了不显得单调，作者将画册相关位置的直线更改为了曲线，不仅装饰了画面，并且将“道”的缥缈的感觉表现了出来。

1.5.2 新建“名片”文件

1. 练习目标

本练习要求新建一个名称为“名片”的图像文件，用于设计某公司在职员工的名片，如图 1–76 所示。

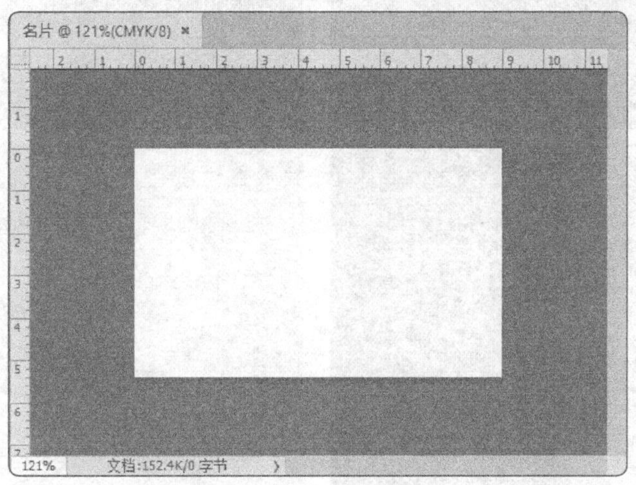

图1–76 新建“名片”图像文件

视频演示

素材位置 无

效果位置 配套资源\效果文件\第1章\名片.psd

2. 操作思路

根据练习目标的要求，在创建图像文件时要注意名片的尺寸，常见的名片尺寸为 90mm × 54mm；因为要印刷，因此分辨率应设置为 300 像素，颜色模式为“CMYK 模式”，并设置出血，如图 1–77 所示。

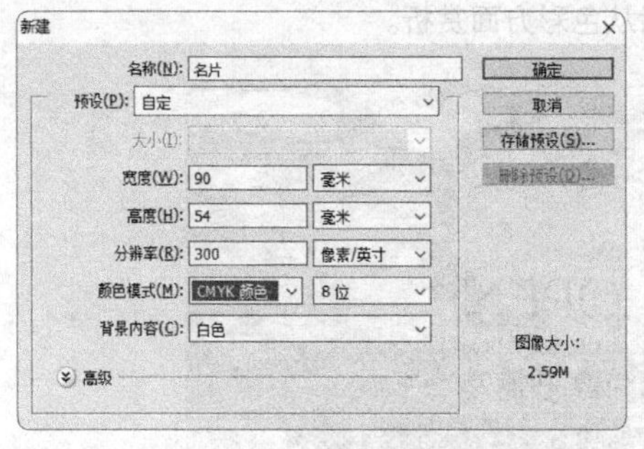

① “新建”对话框

② 创建出血参考线

图1-77　新建“名片”图像文件的操作思路

（1）启动 Photoshop CC 后，选择【文件】→【新建】菜单命令或按【Ctrl+N】组合键打开“新建”对话框，在“名称”文本框中输入“名片”，在“宽度”下拉列表框中选择“毫米”，在“宽度”文本框中输入“90”，在“高度”文本框中输入“54”，在“分辨率”文本框中输入“300”，在“颜色模式”下拉列表框中选择“CMYK 颜色”选项，单击 确定 按钮。

（2）选择【视图】→【新建参考线】菜单命令，打开“新建参考线”对话框。在其中输入 0.3 毫米，分别创建水平和垂直参考线，完成出血线的设置，最后保存图像文件。

1.6　拓展知识

Photoshop 提供的绘制和修饰图像工具不仅仅是用来合成图像和使用鼠标绘制图像，还可用来辅助手动绘制图像。

进入新世纪，数字化和电子化以惊人的速度、超前的科学理念和实践赢得了人们的喜爱，并在社会上迅速发展壮大。漫画界也不例外，很多漫画作者放下画笔开始了创作效率更高的计算机作画。据统计，国内有 65% 的漫画作品来自于计算机绘画，动漫设计开始从全手工转向数码化。大家可以在很多地方看到用计算机设计或创作的卡通漫画。

目前用计算机绘制卡通漫画大致有两种方法。一种是先用传统工具手绘，然后用扫描仪扫描到足够的精度再在图像处理软件中进行上色和处理。另一种就是直接在计算机软件中用鼠标或数位板绘制。如果资金允许，建议使用数位板，便于绘制出完美的效果。

Photoshop 7.0 及以上版本提供了丰富的画笔工具和艺术画笔工具，大大增强了绘制漫画方面的能力。如果直接在计算机上绘制，那么最好是用数位板辅助，以便运用绘图软件的各项功能和强大的笔刷来绘制各种丰富的作品。总之，绘制优秀的漫画需要创作者具备良好的艺术功底和修养，然后才能在计算机上充分发挥相关软件功能，绘制出精美的作品。

1.7　课后习题

（1）打开配套资源中的“房地产海报 .tif”图片，对其进行简单赏析，如图 1-78 所示。

提示：可先从画面整体的平面构成上分析，然后从色彩方面赏析。

图1-78 房地产广告赏析

素材位置 配套资源\素材文件\第1章\房地产海报.tif
效果位置 无

（2）新建“夕阳”文件，将配套资源中的“背景.jpg”图像导入新建文件中，并将文件保存为“夕阳.psd”文件，图像效果如图 1-79 所示。

图1-79 效果图像

素材位置 配套资源\素材文件\第1章\背景.jpg
效果位置 配套资源\效果文件\第1章\夕阳.psd

第2章 图像处理基础

本章将讲解Photoshop CC中图像编辑的基本操作，主要包括调整图像文件大小、查看图像、图像填充与描边，以及移动、变换、缩放和复制粘贴图像等编辑操作。通过本章的学习，读者能够熟练掌握图像编辑的相关操作，并能熟练运用到实践中。

学习要点

- 图像处理的基本概念
- 图像的查看与调整
- 设置和填充图像颜色
- 编辑图像
- 撤销与重做

学习目标

- 掌握图像调整和查看的相关知识
- 掌握填充图像颜色的方法
- 掌握编辑图像的方法

2.1 图像处理的基本概念

使用Photoshop CC处理图像之前，需先了解图像处理的基本概念，如位图与矢量图、图像的分辨率、色彩模式等。

2.1.1 像素与分辨率

Photoshop CC 的图像是基于位图格式的，而位图图像的基本单位是像素，因此在创建位图图像时须为其指定分辨率大小。图像的像素与分辨率均能体现图像的清晰度。下面介绍像素和分辨率的概念。

1. 像素

像素是构成位图图像的最小单位，是位图中的一个小方格。若将一幅位图看成是由无数个点组成的，则每个点就是一像素。同样大小的一幅图像，像素越多的图像越清晰，效果越逼真。图 2-1 所示为 100% 显示的图像。当将其放大到足够大的比例时，就可以看见构成图像的方格状像素，如图 2-2 所示。

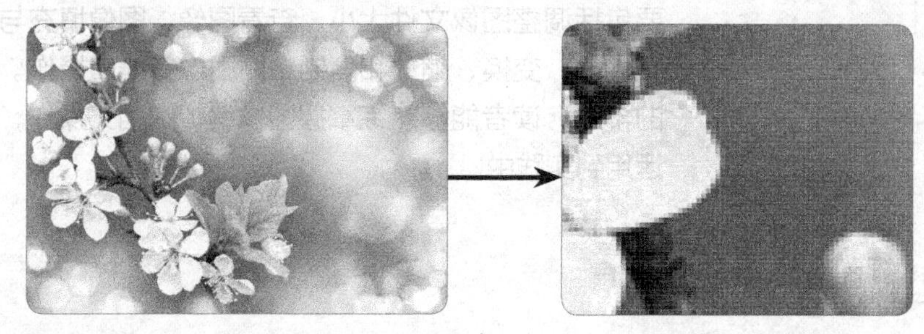

图2-1　100%显示效果　　图2-2　放大显示像素

2. 分辨率

分辨率是指单位长度上的像素数目。单位长度上的像素越多，分辨率越高，图像就越清晰，所需的存储空间也就越大。分辨率可分为图像分辨率、打印分辨率、屏幕分辨率等。

◎ **图像分辨率**：图像分辨率用于确定图像的像素数目，其单位有“像素 / 英寸”和“像素 / 厘米”。例如，一幅图像的分辨率为 300 像素 / 英寸，表示该图像中每英寸包含 300 像素。

◎ **打印分辨率**：打印分辨率又叫输出分辨率，是指绘图仪或激光打印机等输出设备在输出图像时每英寸产生的油墨点数。如果图像的分辨率与打印机输出分辨率成正比，就可产生较好的打印效果。

◎ **屏幕分辨率**：屏幕分辨率是指显示器上每单位长度显示的像素或点的数目，单位为“点 / 英寸”。例如，80 点 / 英寸表示显示器上每英寸包含 80 个点。普通显示器的典型分辨率约为 96 点 / 英寸，苹果显示器的典型分辨率约为 72 点 / 英寸。

2.1.2 位图与矢量图

计算机中的图像一般分为位图和矢量图。Photoshop 是典型的位图处理软件，但也包含一些矢量功能，如使用文字工具输入矢量文字，或使用钢笔工具绘制矢量图形。下面分别介绍位图和矢量图。

1. 位图

位图也称点阵图或像素图，由多个像素点构成，能够将灯光、透明度、深度等逼真地表现出来。位图图像的质量由分辨率决定，单位面积内的像素越多，分辨率越高，图像效果就越好。图 2-3 所示为位图放大 200% 和放大 800% 后的对比效果。

图2-3　位图放大前后的对比效果

2. 矢量图

矢量图又称向量图，以数学公式计算获得，其基本组成单元是锚点和路径。将矢量图无限放大，图像都具有同样平滑的边缘和清晰的视觉效果，但聚焦和灯光的质量很难在一幅矢量图像中获得，且不能很好地表现。图 2-4 所示为矢量图放大 300% 和放大 1000% 后的对比效果。

图2-4　矢量图放大前后的对比效果

2.1.3　图像的色彩模式

色彩模式是数字世界中表示颜色的一种算法，常用的有 RGB 模式、CMYK 模式、HSB 模式、Lab 模式、灰度模式、索引模式、位图模式、双色调模式、多通道模式等。

色彩模式还影响图像通道的多少和文件大小，每个图像具有一个或多个通道，每个通道都存放着图像中颜色元素的信息。图像中默认的颜色通道数取决于色彩模式。在 Photoshop CC 中选择【图像】→【模式】菜单命令，在打开的子菜单中可以查看所有的色彩模式，选择相应的命令可在不同的色彩模式之间相互转换。下面分别介绍各个色彩模式。

1. 位图模式

位图模式只有黑白两种像素表示图像的色彩模式，适合制作艺术样式或用于创作单色图形。彩色图像模式转换为该模式后，颜色信息将会丢失，只保留亮度信息。只有处于灰度模式或多通道模式下的图像才能转化为位图模式。将图像转换为灰度模式后，选择【图像】→【模式】→【位图】

菜单命令，打开“位图”对话框，在其中进行相应的设置，然后单击 确定 按钮，即可转换为位图模式。

2. 灰度模式

在灰度模式的图像中，每像素都有一个 0（黑色）~ 255（白色）之间的亮度值。当一个彩色图像转换为灰度模式时，图像中的色相及饱和度等相关色彩的信息就会消失，只留下亮度信息。

3. 双色调模式

双色调模式是用灰度油墨或彩色油墨来渲染灰度图像的模式。双色调模式采用两种彩色油墨来创建由双色调、三色调、四色调混合色组成的图像。转换为该模式后，最多可向灰度图像中添加 4 种颜色。

4. 索引模式

当图像转换为索引模式时，系统会将图像的所有色彩映射到预先定义的含有 256 种典型颜色的颜色对照表中，图像的所有颜色都将在它的图像文件中定义。当打开该文件时，构成该图像的具体颜色的索引值将被装载，并根据颜色对照表找到最终的颜色值。

5. RGB模式

该模式也称真彩色模式，由红、绿、蓝 3 种颜色按不同的比例混合而成，是 Photoshop 默认的模式，也是最为常见的一种色彩模式。

知识提示

在 Photoshop 中，除非有特殊要求使用某种色彩模式，否则一般都采用 RGB 模式。在该模式下可以使用 Photoshop 中的所有工具和命令，其他模式则会受到相应的限制。

6. CMYK模式

CMYK 模式是印刷时使用的一种色彩模式，由 Cyan（青）、Magenta（洋红）、Yellow（黄）、Black（黑）4 种颜色组成。为了避免和 RGB 三基色中的 Blue（蓝色）发生混淆，其中的黑色用 K 来表示。若在 RGB 模式下制作的图像需要印刷，则必须转换为 CMYK 模式。

7. Lab模式

Lab 模式是国际照明委员会发布的一种色彩模式，是用一个亮度分量和两个颜色分量来表示颜色的模式，由 RGB 三基色转换而来。其中 L 分量表示图像的亮度；a 分量表示由绿色到红色的光谱变化；b 分量表示由蓝色到黄色的光谱变化。

8. 多通道模式

多通道模式图像包含了多种灰阶通道。将图像转换为多通道模式后，系统将根据原图像产生相同数目的新通道，每个通道均由 256 级灰阶组成，常用于特殊打印。

2.1.4　图像文件格式

在 Photoshop 中，应根据需要选择合适的文件格式保存作品。Photoshop 支持多种文件格式，下面介绍一些常见的图像文件格式。

◎ **PSD（*.PSD）格式**：它是 Photoshop 自身生成的文件格式，是唯一支持全部图像色彩模式的格式。以 PSD 格式保存的图像可以包含图层、通道、色彩模式等信息。

◎ **TIFF（*.TIF；*.TIFF）格式**：TIFF 格式是一种无损压缩格式，主要是在应用程序之间或计算机平台之间进行图像数据交换。TIFF 格式是应用非常广泛的一种图像格式，可以在多种图像软件之间转换。TIFF 格式支持带 Alpha 通道的 CMYK、RGB 和灰度文件，也支持不带 Alpha 通道的 Lab、索引颜色、位图文件。另外，它还支持 LZW 压缩文件。

◎ **BMP（*.BMP）格式**：BMP 格式运用于选择当前图层的混合模式，使其与下面的图像进行混合。

◎ **JPEG（*.JPG）格式**：JPEG 是一种有损压缩格式，支持真彩色，生成的文件较小，也是常用的图像格式之一。JPEG 格式支持 CMYK、RGB、灰度的色彩模式，但不支持 Alpha 通道。在生成 JPEG 格式的文件时，可以通过设置压缩的类型来产生不同大小和质量的文件。压缩越大，图像文件就越小，图像质量也就越差。

◎ **GIF（*.GIF）格式**：GIF 格式的文件是 8 位图像文件，最多为 256 色，不支持 Alpha 通道。GIF 格式的文件较小，常用于网络传输，在网页上见到的图片大多是 GIF 和 JPEG 格式。GIF 格式与 JPEG 格式相比，其优势在于 GIF 格式的文件可以保存动画效果。

◎ **PNG（*.PNG）格式**：PNG 格式主要用于替代 GIF 格式文件。GIF 格式文件虽小，但在图像的颜色和质量较差。PNG 格式可以使用无损压缩方式压缩文件，支持 24 位图像，产生的透明背景没有锯齿边缘，产生图像效果的质量较好。

◎ **EPS（*.EPS）格式**：EPS 格式可以包含矢量和位图图形，其最大的优点在于可以在排版软件中以低分辨率预览，而在打印时以高分辨率输出。不支持 Alpha 通道，支持裁切路径，支持 Photoshop 的所有色彩模式，可用于存储矢量图和位图。在存储位图时，还可以将图像的白色像素设置为透明的效果。它在位图模式下，也支持透明。

◎ **PCX（*.PCX）格式**：PCX 格式与 BMP 格式一样支持 1~24bits 的图像，并可以用 RLE 的压缩方式保存文件。PCX 格式还可以支持 RGB、索引颜色、灰度、位图的色彩模式，但不支持 Alpha 通道。

◎ **PDF（*.PDF）格式**：PDF 格式是 Adobe 公司开发的用于 Windows、MAC OS、UNIX、DOS 系统的一种电子出版软件的文档格式，适用于不同平台。该格式文件可以存储多页信息，其中包含图形和文件的查找和导航功能。因此，使用该软件不需要排版或图像软件即可获得图文混排的版面。由于该格式支持超文本链接，因此是在网络下载时经常使用的文件格式。

◎ **PICT（*.PCT）格式**：PICT 格式被广泛用于 Macintosh 图形和页面排版的程序中，这种格式是作为应用程序间传递文件的中间格式。该格式支持带一个 Alpha 通道的 RGB 文件和不带 Alpha 通道的索引文件、灰度文件、位图文件。PICT 格式对于压缩具有大面积单色的图像非常有效。

2.2 图像的查看与调整

掌握图像的基本操作后，本节开始学习如何查看图像，包括缩放图像、使用抓手工具查看、使用导航器查看等。

2.2.1 缩放图像

在编辑图像时，图像可能过大或过小，导致不容易查看和编辑相应的部分，此时可使用Photoshop 的缩放功能放大或缩小图像。在 Photoshop 中缩放图像的方法较多，下面分别进行讲解。

1. 通过快捷键缩放图像

在任意工具下，按住【Alt】键不放，向前或向后滑动鼠标滚轮可以以鼠标光标为中心放大或缩小当前图像。此外，按【Alt+Space】组合键并单击鼠标，可将图像缩小显示；按【Ctrl+Space】组合键并单击鼠标，可将图像放大显示。

2. 通过状态栏缩放图像

当新建或打开一个图像时，在图像窗口底部状态栏的左侧数值框中会显示当前图像的显示百分比，修改该数值可以缩放图像，如图 2-5 所示。

图2-5 通过状态栏缩放图像

3. 通过缩放工具缩放图像

使用缩放工具可以调整显示比例来缩放图像。选择缩放工具后，将显示如图 2-6 所示的缩放工具属性栏。

调整窗口大小以满屏显示 缩放所有窗口 细微缩放 100% 适合屏幕 填充屏幕

图2-6 缩放工具属性栏

缩放工具属性栏中各选项的各功能如下。

◎ 放大按钮和缩小按钮：按下按钮后，单击或长按图像可放大；按下按钮后，单击或长按图像可缩小。

◎ 调整窗口大小以满屏显示：在缩放窗口的同时自动调整窗口的大小，使图像满屏显示。

◎ 缩放所有窗口：同时缩放所有打开的文档窗口。

◎ 细微缩放：单击选中该复选框，在图像中单击鼠标左键并向左或向右拖动，可以平滑的方式快速放大或缩小图像。

◎ 100%按钮：单击该按钮，图像以实际像素（即 100%）的比例显示。

◎ 适合屏幕按钮：单击该按钮，可以在窗口中最大化显示完整的图像，双击抓手工具也可达到同样的效果。

◎ 填充屏幕按钮：单击该按钮，可在整个屏幕范围内最大化显示完整的图像。

使用缩放工具缩放图像主要有以下两种方法。缩放的效果如图 2-7 所示。

◎ 在工具箱中单击缩放工具，将鼠标指针移至图像上需要放大的位置单击即可放大图像，按住【Alt】键可缩小图像。

◎ 在工具箱中单击缩放工具，然后在需要放大的图像位置按住鼠标左键不放，向右拖动可放大图像，向左拖动可缩小图像。

图2-7 缩放工具缩放图像

4. 通过“导航器”面板缩放图像

当前文件过大，不易查看时，可通过“导航器”面板来缩放图像大小。选择【窗口】→【导航器】菜单命令，打开“导航器”面板，拖动“导航器”面板底部滑条上的滑块或在“导航器”左下侧的数值框中设置，都可以缩放显示图像，移动“导航器”上的红色方框，可选择图像的显示位置，图像的缩放比例越大，红色方框越小，如图 2-8 所示。

图2-8 导航器缩放图像

2.2.2 使用抓手工具查看图像

使用工具箱中的抓手工具可以在图像窗口中移动图像。使用缩放工具放大图像，然后选择抓手工具，在放大的图像窗口中按住鼠标左键拖动，可以随意查看图像，如图 2-9 所示。

图2-9 使用抓手工具查看图像

2.2.3 调整图像与画布大小

在图像编辑过程中，若发现图像和画布大小不合适，可以调整图像与画布的大小。

1. 调整图像大小

图像大小由宽度、长度、分辨率决定。在新建文件时，"新建"对话框右侧会显示当前新建的文件大小。当图像文件创建完成后，如果需要改变其大小，可以选择【图像】→【图像大小】菜单命令，然后在图 2-10 所示的对话框中设置。

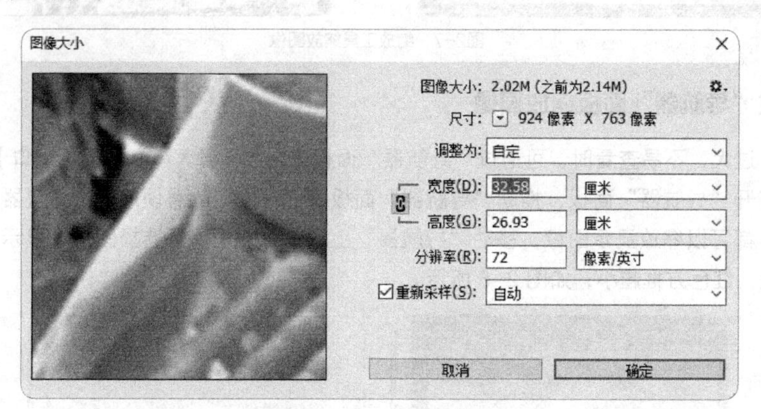

图2-10 "图像大小"对话框

"图像大小"对话框中各选项的含义如下。

◎ "调整为"下拉列表框：该下拉列表框中提供了一些定义好的图像大小比例和标准的纸张大小比例，也可以载入预设大小或自定大小。

◎ "宽度"/"高度"数值框：在数值框中输入数值来改变图像大小。

◎ "分辨率"数值框：在数值框中重设分辨率来改变图像大小。

◎ "限制长宽比"按钮 ：单击该按钮，"宽度"和"高度"将会被约束，当改变其中一项设置时，另一项也将按相同比例改变。

◎ "重新采样"复选框：默认为选中状态，在其下拉列表框中可选择采样模式。

2. 调整画布大小

使用"画布大小"命令可以精确设置图像画布的尺寸大小。选择【图像】→【画布大小】菜单命令，打开"画布大小"对话框，在其中可以修改画布大小，如图 2-11 所示。

“画布大小”对话框中各选项的含义如下。

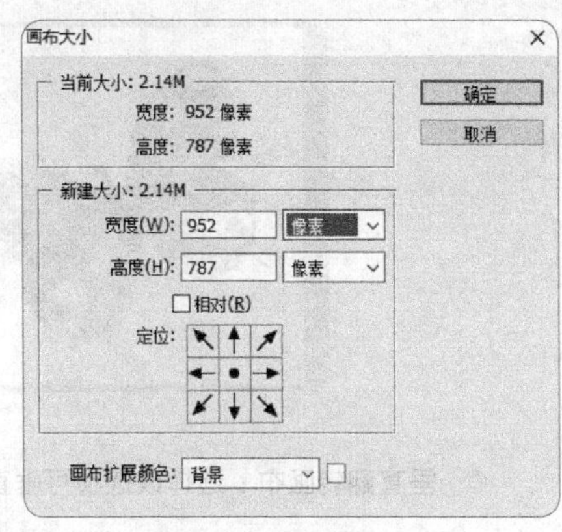

图2-11　“画布大小”对话框

◎ “当前大小”栏：显示当前图像画布的实际大小。

◎ “新建大小”栏：设置调整后图像的“宽度”和“高度”，默认为当前大小。如果设定的“宽度”和“高度”大于原图像的尺寸，Photoshop 会在原图像的基础上增大画布面积；反之，则减小画布面积。

◎ “相对”复选框：若单击选中该复选框，则“新建大小”栏中的“宽度”和“高度”表示在原画布的基础上增大或减小的尺寸（而非调整后的画布尺寸），正值表示增大的尺寸，负值表示减小的尺寸。

◎ “定位”选项：单击不同的方格，可指示当前图像在新画布上的位置。

2.2.4 旋转图像

旋转图像是指调整图像的显示方向，选择【图像】→【图像旋转】菜单命令，在打开的子菜单中选择相应命令即可完成，如图 2-12 所示，旋转后的图像可满足用户的特殊要求。

图2-12　“图像旋转”菜单

各调整命令的作用如下。

◎ 180 度：选择该命令，可将整个图像旋转 180 度。

◎ 90 度（顺时针）：选择该命令，可将整个图像顺时针旋转 90 度。

◎ 90 度（逆时针）：选择该命令，可将整个图像逆时针旋转 90 度。

图2-13　“旋转画布”对话框

◎ 任意角度：选择该命令，打开如图 2-13 所示的“旋转画布”对话框，在“角度”文本框中输入将要旋转的角度，范围为 -359.99 ~ 359.99，旋转的方向由“顺时针”和“逆时针”单选项决定。

◎ 水平翻转画布：选择该选项可水平翻转画布，如图 2-14 所示。

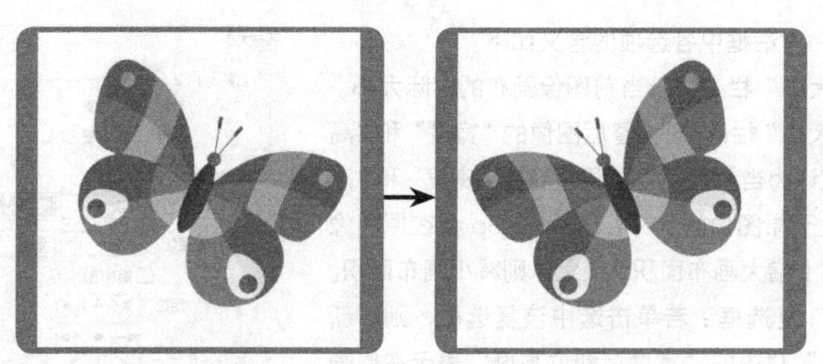

图2-14 水平翻转

◎ 垂直翻转画布：选择该选项可垂直翻转画布，如图 2-15 所示。

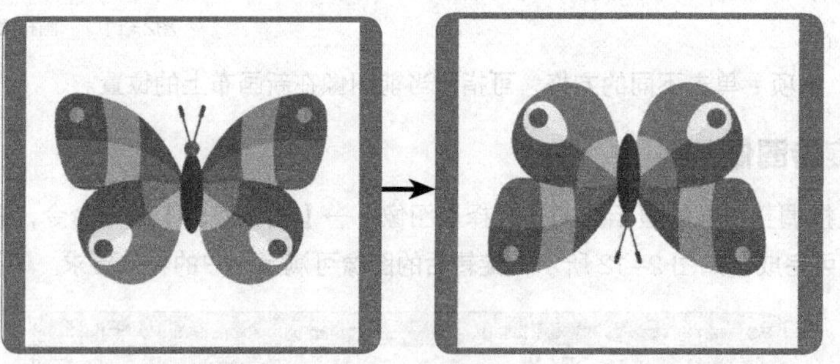

图2-15 垂直翻转

操作技巧

当在文档中置入较大的文件或使用移动工具将一个较大的图像拖入较小的文档中时，由于画布较小，无法完全显示出图像，此时可选择【图像】→【显示全部】菜单命令，Photoshop CC 将自动扩大画布，显示全部图像。

2.2.5 课堂案例1——调整网店主图大小

利用前面所学的知识调整图片的大小，使图片适合网店主图尺寸为 800 像素 ×800 像素的要求，效果如图 2-16 所示。

图 2-16 网店主图

视频演示

素材位置 配套资源\素材文件\第2章\主图.jpg

效果位置 配套资源\效果文件\第2章\主图.jpg

（1）打开素材文件“主图 .jpg”。

（2）选择【图像】→【图像大小】菜单命令，打开“图像大小”对话框，在“高度”“宽度”数值框中输入“800”，更改图像大小，如图 2-17 所示。

（3）在工具箱中选择缩放工具，在图像中单击或按【Alt】键单击，缩放图像，使图像完全显示在窗口中，便于查看，效果如图 2-18 所示。

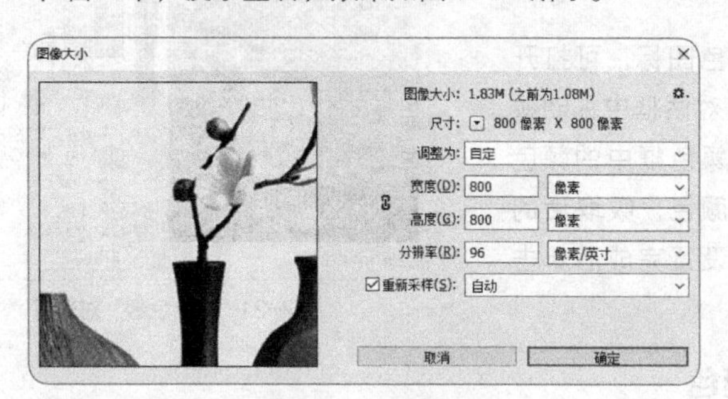

图2-17　设置图像大小

图2-18　查看设置效果

2.3 设置和填充图像颜色

在 Photoshop 中，一般都是通过前景色和背景色、拾色器、颜色面板、吸管工具等方法来设置并填充图像颜色，下面进行具体讲解。

2.3.1 设置前景色和背景色

系统默认背景色为白色。在图像处理过程中通常要对颜色进行处理，为了快速设置前景色和背景色，工具箱中提供了用于颜色设置的前景色和背景色按钮，如图 2-19 所示。单击“切换前景色和背景色”按钮，可以使前景色和背景色互换；单击“默认前景色和背景色”按钮，能将前景色和背景色恢复为默认的黑色和白色。

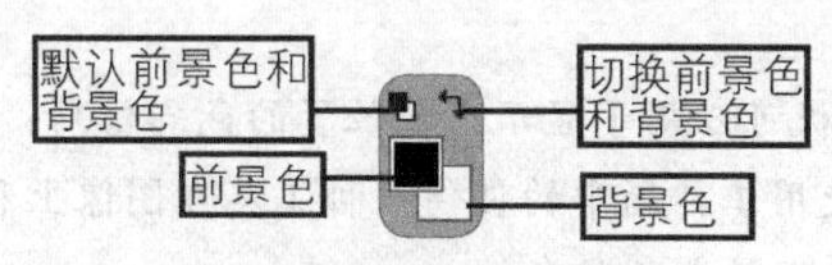

图2-19　设置前景色和背景色

操作技巧　按【Alt + Delete】组合键可以填充前景色，按【Ctrl + Delete】组合键可以填充背景色，按【D】键可以恢复到默认的前景色和背景色。

2.3.2 使用“颜色”面板设置颜色

选择【窗口】→【颜色】菜单命令或按【F6】键可打开“颜色”面板，单击需要设置前景色或背景色的图标，拖动右边的 R、G、B 3 个滑块或直接在右侧的数值框中分别输入颜色值，即可设置需要的前景色、背景色颜色，如图 2-20 所示。

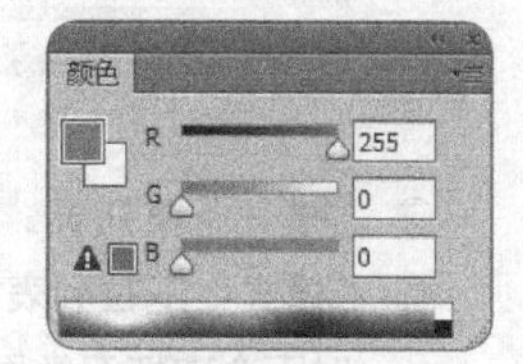

图2-20　“颜色”面板

2.3.3 使用“拾色器”对话框设置颜色

通过“拾色器”对话框可以根据用户的需要随意设置前景色和背景色。

单击工具箱下方的前景色或背景色图标，可打开图 2-21 所示的“拾色器”对话框。在对话框中拖动颜色带上的三角滑块，可以改变左侧主颜色框中的颜色范围；单击颜色区域，可选择需要的颜色，吸取后的颜色值将显示在右侧对应的选项中，设置完成后单击 确定 按钮即可。

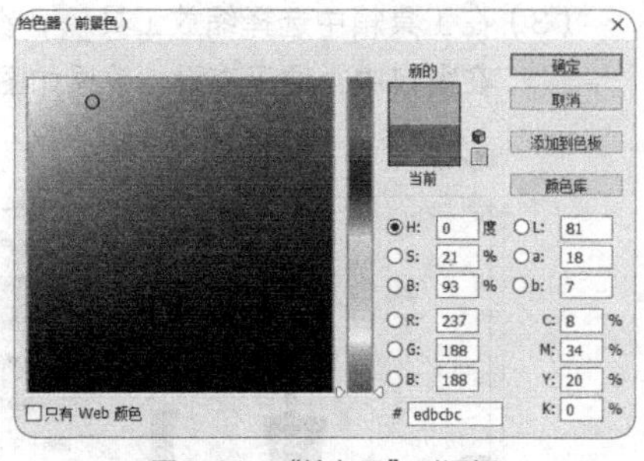

图2-21 “拾色器”对话框

2.3.4 使用吸管工具设置颜色

吸管工具可以在图像中吸取样本颜色，并将吸取的颜色显示在前景色 / 背景色的色标中。选择工具箱中的吸管工具，在图像中单击，单击处的图像颜色将成为前景色，如图 2-22 所示。

在图像中移动鼠标指针的同时，“信息”面板中也将显示指针对应像素点的颜色信息，选择【窗口】→【信息】菜单命令，可打开“信息”面板，如图 2-23 所示。

图2-22 吸取颜色

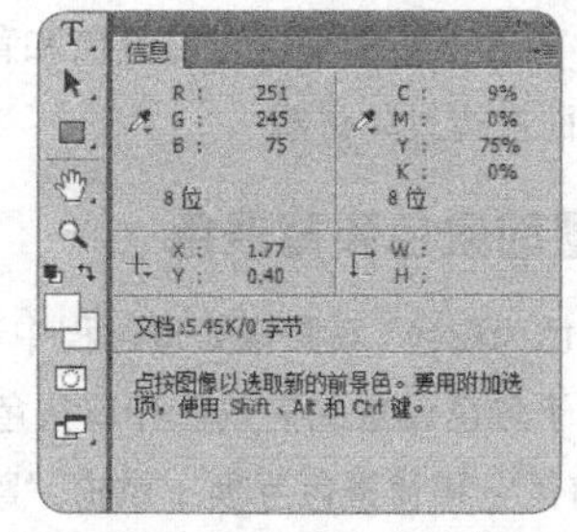

图2-23 前景色色标与“信息”面板

知识提示

“信息”面板可以用于显示当前位置的色彩信息，并根据当前使用的工具显示其他信息。使用工具箱中的任何一种工具在图像上移动指针，“信息”面板都会显示当前指针下的颜色信息。

2.3.5 使用油漆桶填充颜色

油漆桶工具主要用于在图像中填充前景色或图案。如果创建了选区，填充区域为该选区；如果没有创建选区，则填充与鼠标单击处颜色相近的封闭区域。用鼠标右键单击渐变工具可选择油漆桶工具，其工具属性栏如图 2-24 所示，其中各选项的含义如下。

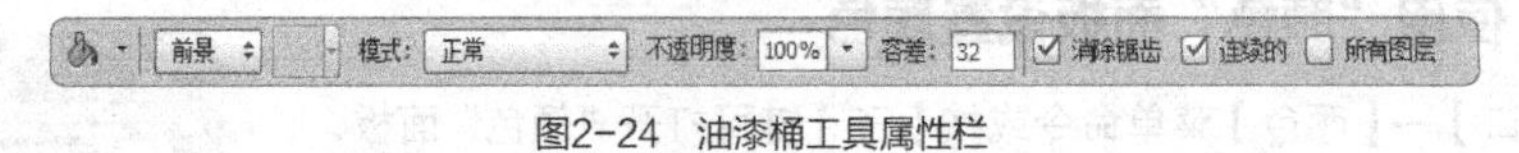

图2-24 油漆桶工具属性栏

◎ 前景 下拉列表：该按钮用于设置填充内容，包括“前景色”和“图案”两种方式。

◎ “模式”下拉列表：用于设置填充内容的混合模式，将“模式”设置为“颜色”，则填充颜色时不会破坏图像原有的阴影和细节。

◎ “不透明度”数值框：用于设置填充内容的不透明度。

◎ “容差”数值框：用于定义填充像素的颜色像素程度。低容差将填充颜色值范围内与鼠标单击点位置的像素非常相似的像素；高容差则填充更大范围内的像素。

◎ “消除锯齿”复选框：单击选中该复选框，将平滑填充选区的边缘。

◎ “连续的”复选框：单击选中该复选框，将填充与鼠标单击处相邻的像素，撤销选中可填充图像中所有相似的像素。

◎ “所有图层”复选框：选中该复选框将填充所有可见图层；撤销选中则填充当前图层。

在工具属性栏中选择“前景”填充方式，设置前景色颜色后，将鼠标指针移到要填充的区域中，当鼠标指针变成形状时，单击鼠标左键填充前景色，如图 2-25 所示；在工具属性栏中选择“图案”填充方式，并设置图案，将鼠标指针移到要填充的区域中，当鼠标指针变成形状时，单击鼠标左键填充该图案，如图 2-26 所示。

图2-25 填充颜色

图2-26 填充图案

2.3.6 使用渐变工具填充颜色

渐变工具可以创建出各种渐变填充效果。单击工具箱中的渐变工具，其工具属性栏如图 2-27 所示，其中各选项的含义如下。

图2-27 渐变工具属性栏

◎ 下拉列表框：单击其右侧的按钮将打开图 2-28 所示的“渐变工具”面板，其中提供了 16 种颜色渐变模式供用户选择。单击面板右侧的按钮，在打开的下拉列表中可以选择其他渐变集。单击渐变色条，可以打开“渐变编辑器”对话框，除了可以选择渐变模式外，还可以设置自定义渐变色。

图2-28 “渐变工具”面板

◎ “线性渐变”按钮：从起点（单击位置）到终点以直线方向进行颜色渐变。

◎ “径向渐变”按钮：从起点到终点以圆形图案沿半径方向进行颜色渐变。

◎ “角度渐变”按钮：围绕起点按顺时针方向进行颜色渐变。

◎ “对称渐变”按钮：在起点两侧进行对称性颜色渐变。

◎ “菱形渐变”按钮：从起点向外侧以菱形方式进行颜色的渐变。

◎ “模式”下拉列表：用于设置填充的渐变颜色与它下面的图像如何混合，各选项与图层的混合模式作用相同。

◎ “不透明度”数值框：用于设置渐变颜色的透明程度。

◎ “反向”复选框：单击选中该复选框后产生的渐变颜色将与设置的渐变顺序相反。

◎ “仿色”复选框：单击选中该复选框可使用递色法来表现中间色调，使渐变更加平滑。

◎ “透明区域”复选框：单击选中该复选框可在下拉列表框中设置透明的颜色段。

设置好渐变颜色和渐变模式等参数后，将鼠标指针移到图像窗口中的适当位置单击并拖动鼠标到另一位置后释放鼠标即可填充渐变，拖动的方向和长短不同，得到的渐变效果也不相同。

2.3.7 课堂案例2——完善商品活动图

本案例要求为商品活动图填充颜色，完善活动图的制作，效果如图 2-29 所示。

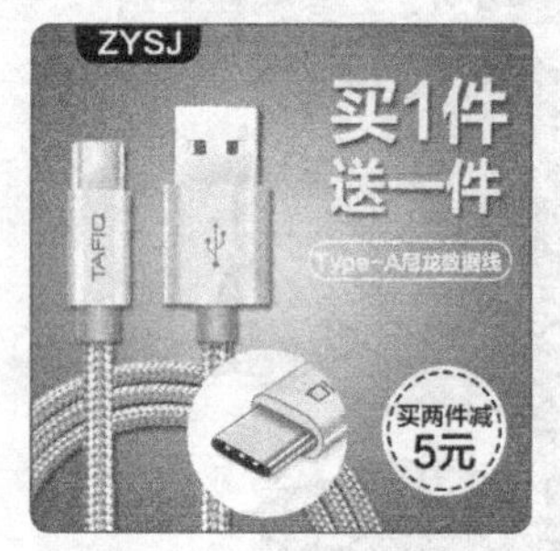

图 2-29 商品活动图

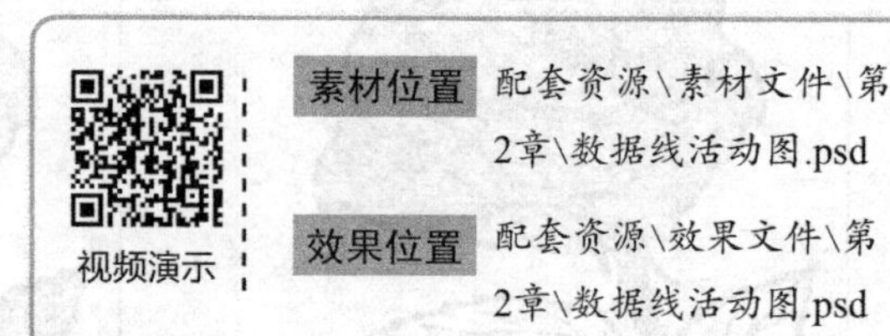

（1）打开素材文件“数据线活动图 .psd”。

（2）在工具箱中选择渐变工具，单击渐变色条，打开“渐变编辑器”对话框，在“预设”栏中选择“前景色到背景色渐变”选项，双击渐变色条左下方的色标，打开“拾色器（色标颜色）”对话框，设置颜色为“#d6d6d6”，单击 确定 按钮；使用相同方法设置另一个色标颜色为“#686868”，如图 2-30 所示。

（3）在工具属性栏中单击“径向渐变”按钮，选择背景图层“图层 0”，使用鼠标光标在图像中心处单击并向外拖动，为图像填充渐变，效果如图 2-31 所示。

（4）在工具箱中选择吸管工具，在文字“买”上单击，为前景色拾取该颜色，选择图层“椭圆 1”，按【Alt+Delete】组合键，为椭圆填充颜色，效果如图 2-32 所示。

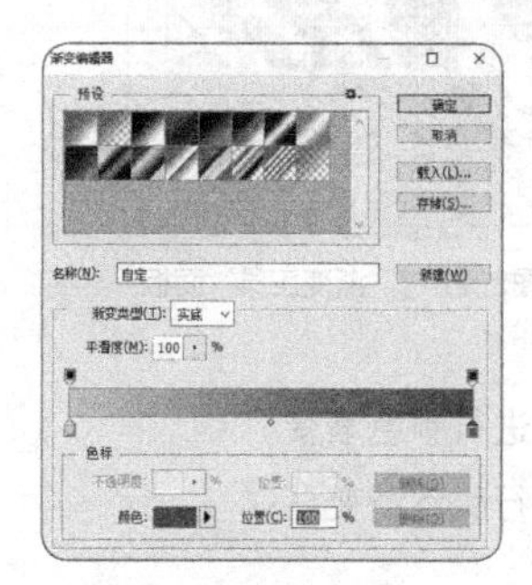

图2-30 设置图像颜色

图2-31 查看填充效果

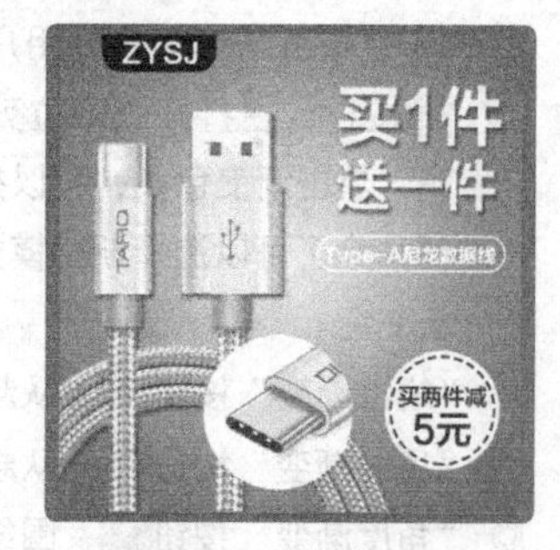

图2-32 椭圆填充效果

2.4 编辑图像

在 Photoshop CC 中，可对图像进行相关的编辑操作。本节将讲解编辑图像的相关操作，主要包括移动图像、变换图像、复制和粘贴图像等。

2.4.1 移动图像

使用移动工具 可移动图层或选区中的图像，还可将其他文档中的图像移动到当前文档中，下面介绍移动图像的 3 种操作。

◎ **移动同一文档中的图像**：在“图层”面板中选择需要移动的图像所在的图层，在图像编辑区使用移动工具单击鼠标左键并拖动，如图 2-33 所示，即可移动该图层中的图像。

图2-33　移动同一文档中的图像

◎ **移动选区内的图像**：若创建了选区，则将鼠标指针移至选区内，按住鼠标左键不放并拖动，即可移动所选对象，按住【Alt】键拖动鼠标可移动并复制图像，如图 2-34 所示。

图2-34　移动选区内的图像

◎ **移动到不同文档中**：若打开两个或多个文档，选择移动工具，将鼠标指针移至一个图像中，按住鼠标左键不放并将其拖动到另一个文档的标题栏，切换到该文档，继续拖动到该文档的画面中再释放鼠标，可将图像拖入该文档，如图 2-35 所示。

图2-35　移动到不同文档中

知识提示

打开图片时，默认为背景图层，背景图层的图像不能进行移动、变换等操作，此时双击背景图层，在打开的对话框中单击 确定 按钮，将背景图层转换为普通图层再进行操作。

2.4.2 变换图像

变换图像是编辑处理图像经常使用的操作，它可以使图像产生缩放、旋转与斜切、扭曲与透视等效果。

1. 定界框、中心点和控制点

选择【编辑】→【变换】菜单命令，在打开的子菜单中可选择多种变换命令。变换命令可对图层、路径、矢量形状、所选的图像进行变换。

选择该命令时，在图像周围会出现一个定界框，如图2-36所示。定界框中央有一个中心点，拖动它可调整其位置，用于确定在变换时，图像以它为中心进行变换；四周有8个控制点，可拖动控制点进行变换操作。

图2-36 定界框

2. 缩放图像

选择【编辑】→【变换】→【缩放】菜单命令，出现定界框，将鼠标指针移至定界框右下角的控制点上，当其变成形状时，按住鼠标左键不放并拖动，可放大或缩小图象。图2-37所示为缩小图像，在缩小图像的同时按住【Shift】键，可保持图像的宽高比不变。

图2-37 缩小图像

3. 旋转与斜切图像

选择【编辑】→【变换】菜单命令，在打开的子菜单中选择“旋转”命令，将鼠标指针移至定界框的任意一角上，当其变为形状时，按住鼠标左键不放并拖动可旋转图像，如图2-38所示。

选择【编辑】→【变换】菜单命令，在打开的子菜单中选择“斜切”命令，将鼠标指针移至定界框的任意一角上，当其变为形状时，按住鼠标左键不放并拖动可斜切图像，如图2-39所示。

图2-38　旋转图像

图2-39　斜切图像

4. 扭曲与透视图像

在编辑图像时，为了增添景深效果，常需要对图像进行扭曲或透视操作。选择【编辑】→【变换】菜单命令，在打开的子菜单中选择“扭曲”命令，将鼠标指针移至定界框的任意一角上，当其变为▶形状时，按住鼠标左键不放并拖动可扭曲图像，如图 2-40 所示。

选择【编辑】→【变换】菜单命令，在打开的子菜单中选择“透视”命令，将鼠标指针移至定界框的任意一角上，当鼠标指针变为▶形状时，按住鼠标左键不放并拖动可透视图像，如图 2-41 所示。

图2-40　扭曲图像

图2-41　透视图像

5. 变形与翻转图像

选择【编辑】→【变换】→【变形】菜单命令，图像中将出现由 9 个调整方格组成的调整区域，在其中按住鼠标左键不放并拖动可变形图像。按住每个端点中的控制杆进行拖动，还可以调整图像变形效果，如图 2-42 所示。

在图像编辑过程中，如需要对称图像，可以对图像进行翻转。选择【编辑】→【变换】菜单命令，在打开的子菜单中选择“水平翻转”或“垂直翻转”命令即可翻转图像，如图 2-43 所示。

图2-42　变形图像

图2-43　水平翻转图像

6. 图像自由变换

图像自由变换功能能够独立完成“变换”子菜单的各项命令操作，选择【编辑】→【自由变换】菜单命令或按【Ctrl+T】组合键，进入自由变换状态，在图像上显示 8 个控制点。将鼠标指针移到控制点上并拖动鼠标可调整图像大小，进行缩放，如图 2-44 所示；将鼠标指针移到图像四周外部，当鼠标指针变为↰形状时，可旋转图像；按住【Ctrl】键，拖动控制点可进行扭曲翻转操作，如图 2-45 所示；按【Ctrl+Shift】组合键，拖动控制点可进行斜切操作，如图 2-46 所示。

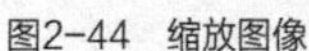

图2-44　缩放图像

图2-45　扭曲翻转图像

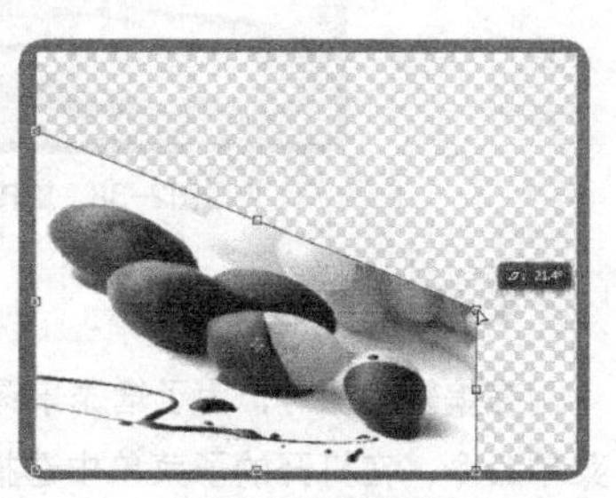

图2-46　斜切图像

2.4.3 复制与粘贴图像

复制与粘贴图像是指为整个图像或选择的部分区域创建副本，然后将图像粘贴到另一处或另一个图像文件中，还可复制图层样式。

1. 复制图像

打开一个需要复制的图像文件，在工具栏中选择椭圆选框工具◯，在图像中拖动鼠标绘制创建选区，选择【编辑】→【复制】命令，或按【Ctrl+C】组合键，即可将选中的图像复制到剪贴板中，此时，画面中的图像内容保持不变，如图 2-47 所示。

图2-47　复制图像

2. 选择性复制图像

当图像文件中包含多个图层时，选择【编辑】→【选择性复制】→【合并复制】命令，可以将所有可见图层中的图像复制到剪贴板中；使用“选择性复制”命令，还可选择复制图层样式，如图 2-48 所示。

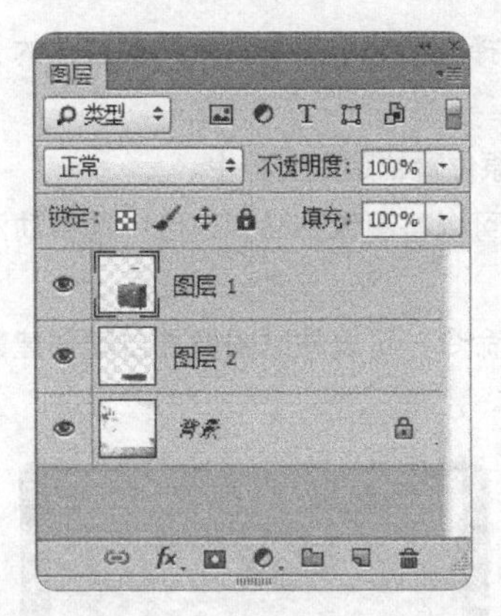

图2-48　选择性复制图像

3. 剪切图像

选择【编辑】→【剪切】命令，可以将图像从画面中剪切掉。将图像选区剪切掉的效果，如图2-49 所示。

图2-49　剪切图像

4. 粘贴图像

在工具栏中选择椭圆选框工具，在图像中拖动鼠标绘制选区，对其应用复制或剪切命令，选择【编辑】→【粘贴】命令，或按【Ctrl+V】组合键，可以将复制或剪切的图像粘贴到另一个文件中，如图 2-50 所示。

图2-50　粘贴图像

复制或剪切图像后，还可以选择【编辑】→【选择性粘贴】菜单命令，在打开的子菜单中选择相应命令来粘贴图像。

◎ **原位粘贴**：选择该命令，可以将图像按照其原位置粘贴到文档中。

◎ **贴入**：当图像中创建选区后，选择该命令，可以将图像粘贴到选区中并自动添加蒙版，还会将选区外的图像隐藏，如图 2-51 所示。

◎ **外部粘贴**：当在图像中创建选区后，选择该命令，可以粘贴图像并自动创建蒙版，并隐藏选区中的图像，如图 2-52 所示。

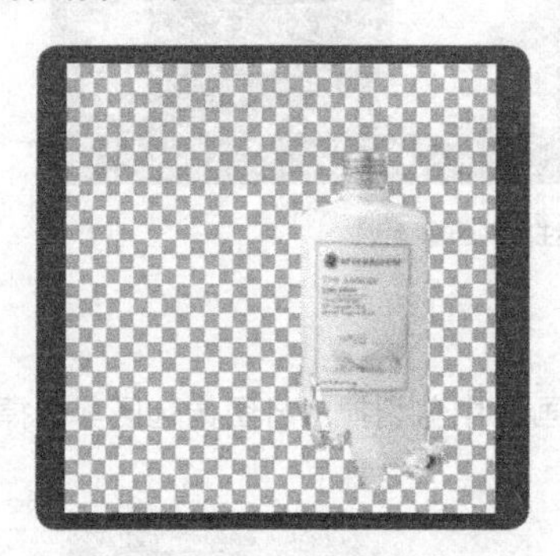

图2-51 贴入图像

图2-52 外部粘贴图像

2.4.4 清除图像

在工具栏中选择选框等选区工具，再在图像中拖动鼠标绘制选区，指定清除的内容，单击【编辑】→【清除】命令或者按 Delete 键即可清除选区中的图像，删除后的图像会填入背景色，效果如图 2-53 所示。

图2-53 清除图像

【清除】命令与【剪切】命令的不同之处在于【剪切】命令是将图像剪切后放入剪贴板中，当需要再次使用时，还可以粘贴；而【清除】命令是将指定内容从图像中删除，且不保存于剪切板中，也不能再次使用。

2.4.5 内容识别缩放图像

Photoshop CC 对内容识别功能进行了强化，使用该功能缩放图像可获得特殊效果，使操作更方便和简单。选择【编辑】→【内容识别比例】命令，拖动图像的控制点可对图像进行缩放，普通缩放方式内容将跟随背景缩放；而使用内容识别功能进行缩放，背景图像大小改变，背景中的内容图像大小保持不变，如图 2–54 所示。

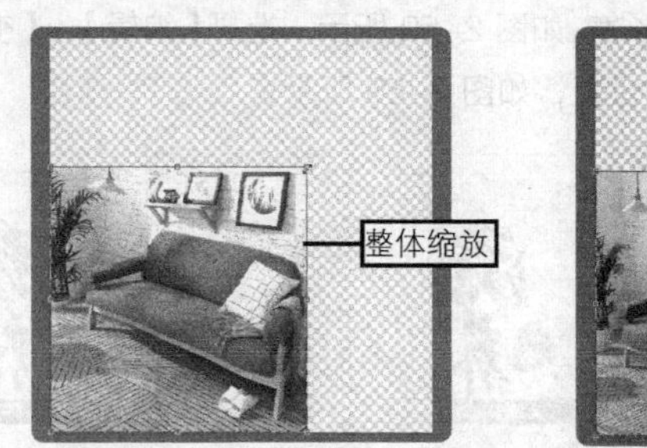

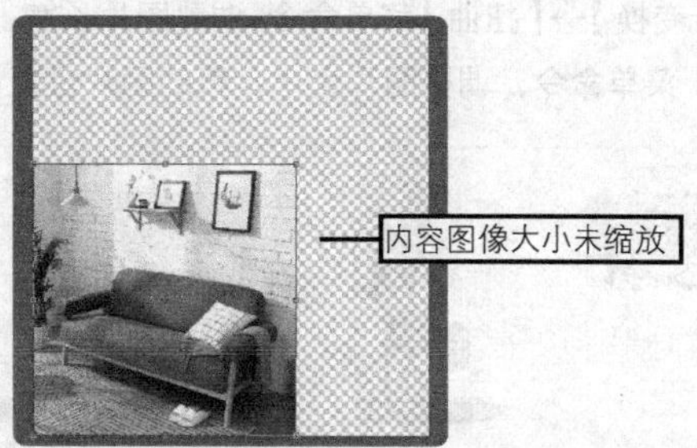

图2–54　内容识别缩放图像

2.4.6　课堂案例3——制作养生汤宣传画

利用前面所学的知识调整图片的图像大小，使图片排列美观拥有良好的宣传效果，效果如图 2–55 所示。

图 2–55　养身汤宣传画

视频演示

素材位置　配套资源\素材文件\第2章\宣传背景.psd、图片1.jpg、图片2.jpg、图片3.jpg、图片4.jpg

效果位置　配套资源\效果文件\第2章\养生汤宣传画.psd

（1）打开素材文件“图片 1.jpg、宣传背景 .psd”。

（2）打开“图片 1”文件窗口，在“图层”面板中单击“背景”图层右侧的锁按钮，解除图层的锁定，按【Ctrl】键单击图层缩略图，效果如图 2–56 所示。

（3）选择【编辑】→【复制】菜单命令，返回“宣传背景”文件窗口，选择【编辑】→【粘贴】菜单命令，将图片粘贴到此窗口中，效果如图 2–57 所示。

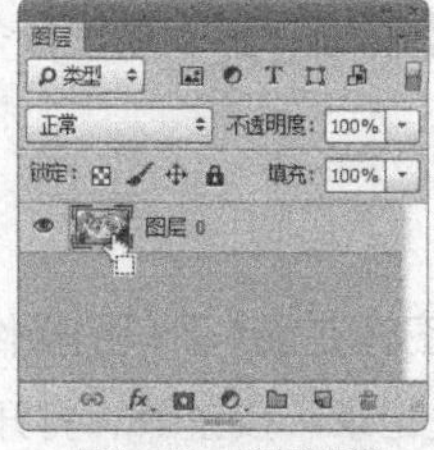

图2–56　选择图像

图2–57　粘贴图像

（4）选择【编辑】→【变换】→【变形】菜单命令，调整图片形状，如图 2-58 所示。选择【编辑】→【变换】→【扭曲】菜单命令，调整图片长宽，如图 2-59 所示。选择【编辑】→【变换】→【缩放】菜单命令，调整图片大小，移动图片位置，如图 2-60 所示。

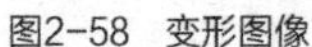

图2-58　变形图像

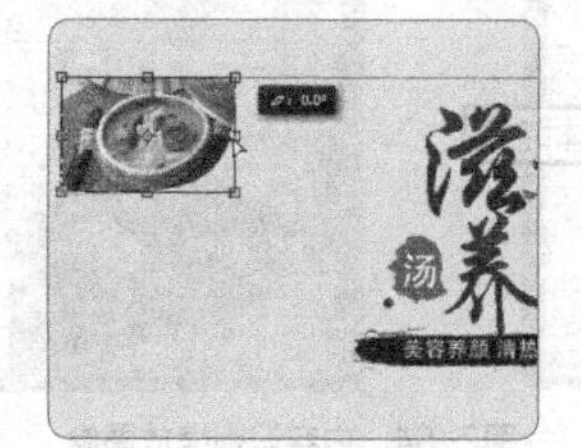

图2-59　扭曲图像

图2-60　缩放和移动图像

（5）使用相同方法，制作“图片 2”“图片 3”“图片 4”，调整图像间的大小与位置关系，效果如图 2-61 所示。完成后保存文件。

图2-61　养生汤宣传画

2.5 撤销与重做

在 Photoshop 中若不满意已编辑的图像效果，还可撤销操作之后重新编辑图像。若要重复某些操作，可通过相应的快捷键实现。下面进行具体讲解。

2.5.1 使用撤销与重做命令

在编辑和处理图像的过程中，发现操作失误后应立即撤销错误操作，然后重新操作。在 Photoshop CC 中主要通过下面几种方法来撤销误操作。

◎ 按【Ctrl+Z】组合键可以撤销最近一次进行的操作，再次按【Ctrl+Z】组合键又可以重做被撤销的操作；每按一次【Alt+Ctrl+Z】组合键可以向前撤销一步操作，每按一次【Shift+Ctrl+Z】组合键可以向后重做一步操作。

◎ 选择【编辑】→【还原】菜单命令，可以撤销最近一次执行的操作，撤销后选择【编辑】→【重做】菜单命令又可以恢复该步操作，每选择一次【编辑】→【后退一步】菜单命令可以向前撤销一步操作，每选择一次【编辑】→【前进一步】菜单命令可以向后重做一步操作。

2.5.2 使用“历史记录”面板恢复图像

在 Photoshop CC 中还可以使用“历史记录”面板恢复图像在某个阶段的操作效果。选择【窗口】→【历史记录】菜单命令，或在右侧的面板组中单击“历史记录”按钮，打开“历史记录”面板，如图 2-62 所示。

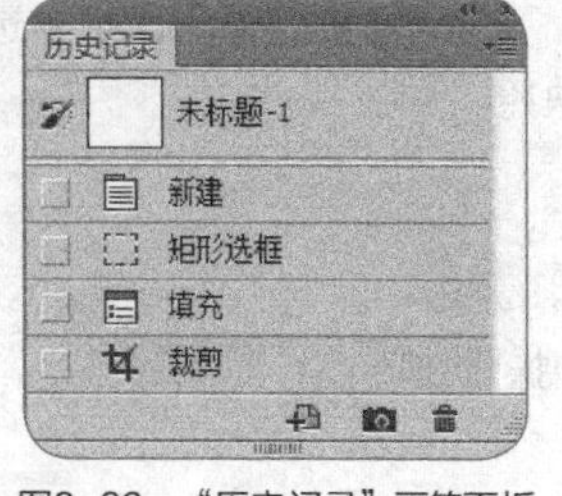

图2-62　“历史记录”画笔面板

◎ “设置历史记录画笔的源”按钮 ：使用历史记录画笔时，该图标所在的位置将作为历史画笔的源图像。

◎ 快照缩览图：被记录为快照的图像状态。

◎ 当前状态：将图像恢复到该命令的编辑状态。

◎ “从当前状态创建新文档”按钮 ：指基于当前操作步骤中图像的状态创建一个新的文件。

◎ “创建新快照”按钮 ：基于当前图像的状态创建快照。

◎ “删除当前状态”按钮 ：选择一个操作步骤，单击该按钮可将该步骤及后面的操作删除。

2.5.3 使用快照恢复图像

“历史记录”面板默认只能保存 20 步操作，若执行了许多相同的操作，在还原时将没有办法区分哪一步操作是需要还原的状态，此时可通过以下方法解决该问题。

1. 增加历史记录保存数量

选择【编辑】→【首选项】→【性能】菜单命令，打开“首选项”对话框，在“历史记录状态”数值框中可设置历史记录的保存数量，如图 2-63 所示。但将历史记录保存数量设置得越多，占用的内存也越多。

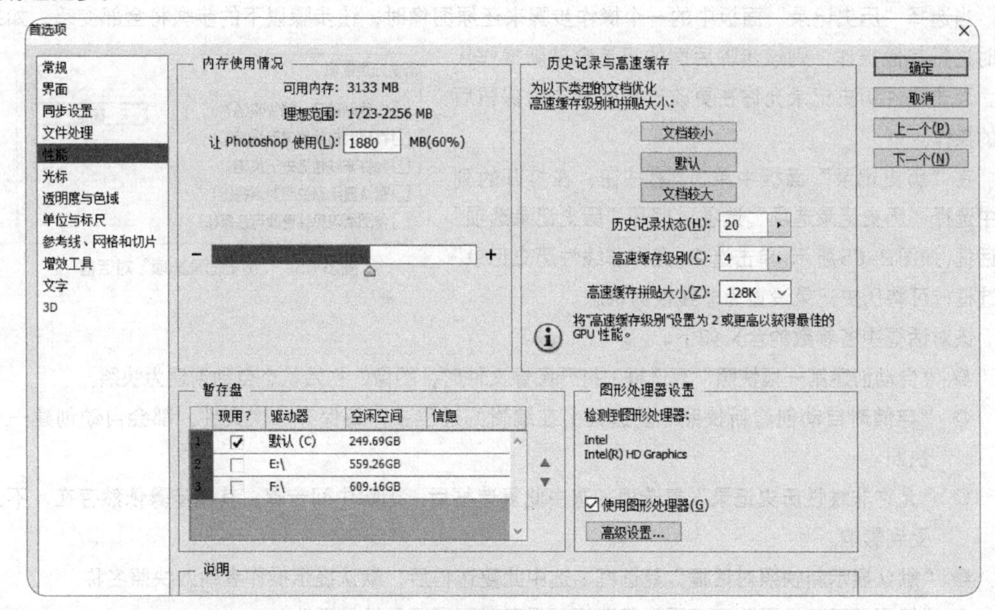

图2-63　设置历史记录保存数量

2. 设置快照

在将图像编辑到一定程度时，单击“历史记录”面板中的“创建新快照”按钮 ，可将当前图像的状态保存为一个快照。此后，无论再进行多少步操作，都可以通过单击快照将图像恢复为快照所记录的效果。

在“历史记录”面板中选择一个快照，再单击该面板下方的“删除当前状态”按钮，即可删除快照。

操作技巧

快照不会与文档一起保存，关闭文档后，会自动删除所有快照。

在“历史记录”面板中单击要创建为快照状态的记录，然后按住【Alt】键不放单击“创建新快照”按钮，打开如图2-64所示的“新建快照”对话框。在其中也可新建快照，并可设置快照选项，对话框中各选项的含义如下。

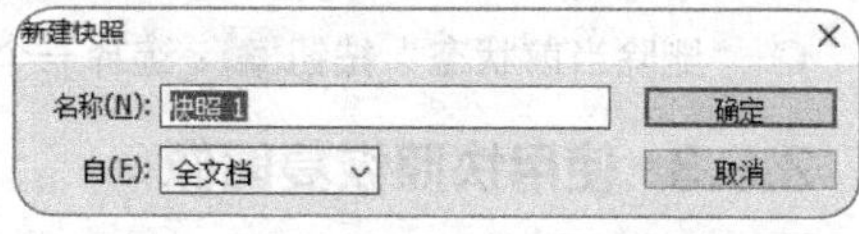

图2-64 “新建快照”对话框

◎ “名称”文本框：可输入快照的名称。

◎ “自”下拉列表框：可选择创建快照的内容。

选择“全文档”选项，可将图像当前状态下的所有图层创建为快照；选择“合并的图层”选项，创建的快照会合并当前状态下图像中的所有图层；选择“当前图层”选项，只创建当前状态下所选图层的快照。

3. 创建非线性历史记录

当选择“历史记录”面板中的一个操作步骤来还原图像时，该步骤以下的步骤将全部变暗，如果此时进行其他操作，则该步骤后面的记录会被新操作代替。而非线性历史记录允许在更改选择的状态时保留后面的操作。

在“历史记录”面板中单击按钮，在打开的列表中选择“历史记录选项”选项，打开“历史记录选项”对话框，如图2-65所示。单击选中“允许非线性历史记录”复选框，可将历史记录设置为非线性的状态。

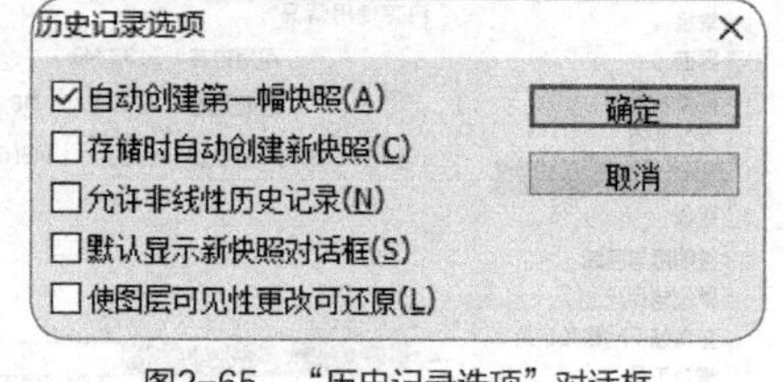

图2-65 “历史记录选项”对话框

该对话框中各参数的含义如下。

◎ “自动创建第一幅快照”复选框：打开图像文件时，图像的初始状态自动创建为快照。

◎ “存储时自动创建新快照”复选框：在编辑的过程中，每保存一次文件，都会自动创建一个快照。

◎ “允许非线性历史记录”复选框：选中此复选框后，删除中间步骤，其他步骤依然存在，不会受到影响。

◎ “默认显示新快照对话框”复选框：选中此复选框后，默认提示操作者输入快照名称。

◎ “使图层可见性更改可还原”复选框：保存对图层可见性的更改。

2.6 课堂练习

本课堂练习将分别制作店铺优惠券和海报图片，综合应用本章的知识点，将图像的基本编辑操作应用到实践中。

2.6.1 制作店铺优惠券

1. 练习目标

本练习需要填充文字，制作过程涉及“颜色”面板和吸管工具的使用，填充文字的各个部分的效果如图 2-66 所示。

图2-66　店铺优惠券效果

视频演示

素材位置　配套资源\素材文件\第2章\优惠券.psd

效果位置　配套资源\效果文件\第2章\优惠券.psd

2. 操作思路

根据上面的操作要求，本练习的操作思路如图 2-67 所示。

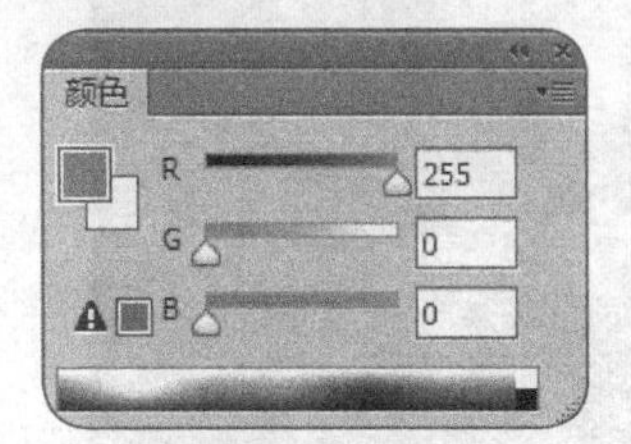

① “颜色”面板填充文字

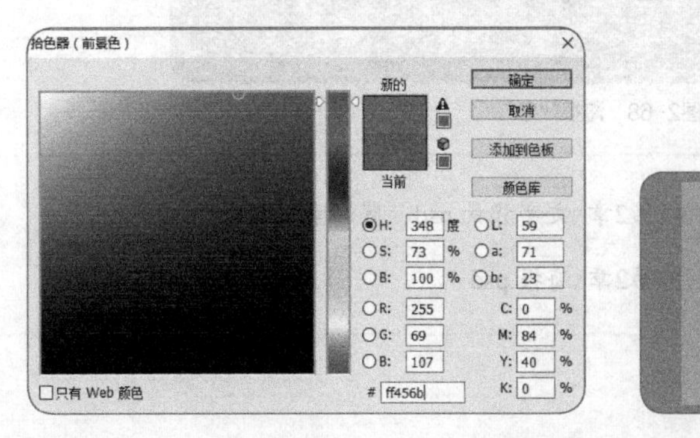

② 拾色器、吸管工具填充

图2-67　制作填充文字的操作思路

（1）打开素材文件，在“图层”面板中选择“20 元 满 299 用”文字图层，在工具箱中选择横排文字工具T，选择文本“20”，单击“颜色”按钮。

（2）在打开的“颜色”面板中将右侧的颜色条拖动到底部，在中间的颜色区域中将选色点拖动至右上角，文本“20”变为了该颜色，使用相同方法设置文本“299”。

（3）选择“立即领取 >”文字图层，在工具箱中选择横排文字工具T，在其工具属性栏中单击颜色框。

（4）打开“拾色器（文本颜色）”窗口，在图像中鼠标光标将变为✎形状，移动光标至粉红色背景处单击鼠标左键，拾取颜色，在窗口中单击“确定”按钮确定，完成颜色的更改。

（5）选择【文件】→【存储为】菜单命令，在对话框左侧窗格中选择文件保存位置，默认文件名和格式类型，保存文件。

2.6.2 制作海报

1. 练习目标

本练习将根据提供的素材文件制作一张海报，主要涉及移动图像、复制与粘贴图像、调整图像大小等操作，效果如图 2-68 所示。

图2-68 海报效果

视频演示

素材位置 配套资源\素材文件\第2章\文字背景.psd、剪影素材.psd

效果位置 配套资源\效果文件\第2章\海报.psd

2. 操作思路

掌握基本的移动复制知识后，开始进行设计与制作。根据上面的练习目标，本练习的操作思路如图 2-69 所示。

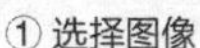

① 选择图像　　② 将图像移动到背景图像中　　③ 描边

图2-69　制作海报的操作思路

（1）打开素材文件“文字背景.jpg”和“剪影素材.psd”，在“剪影素材”图像的“图层”面板中选择“图层1”图层，此时图像窗口中的内容被选中。

（2）将“图层1”的图像移动到“文字背景”图像中，并移动到下方。

（3）在“剪影素材”文档的“图层”面板中，按住【Ctrl】键并单击“图层2”图层的缩略图，选择该图层中的内容，然后选择【编辑】→【复制】菜单命令，将图像内容复制到“文字背景”图像中。

（4）使用变换命令调整图像的大小和位置。使用相同方法，将“剪影素材”文档“图层3”和“图层4”图层中的图像复制到“文字背景”图像中，并调整图像大小和位置。

（5）在“背景”文件的“图层”面板中，按住【Ctrl】键不放，单击“图层1”缩略图，创建选区，按【Delete】键删除选区内的图形。

（6）选择【编辑】→【描边】菜单命令，设置描边“宽度”为“3px”，颜色为“R:0,G:255,B:0”。

（7）按【Ctrl+D】组合键取消选区。使用同样的方法分别设置“图层2”“图层3”“图层4”图层中内容的选区，删除内容并描边。

2.7 拓展知识

设计师在设计作品时，还可以为作品添加版权信息，以保护自己的著作权。在Photoshop CC中设置版权信息的方法是：打开一个图像文件，选择【文件】→【文件简介】菜单命令，打开以该文件名为名称的对话框，在其中单击不同的选项卡可查看相应选项卡下的数据信息。若要添加版权信息，则需要在“说明”选项卡的“版权状态”下拉列表中选择“版权所有”选项，然后在“版权公告”文本框中输入版权的相关信息，还可在“版权信息URL”文本框中输入相关的链接。

2.8 课后习题

（1）结合本课所学知识，对素材图像进行基本的编辑操作，完成后的参考效果如图2-70所示。

图2-70 调整图像

素材位置 配套资源\素材文件\第2章\相片.jpg、相册.psd

效果位置 配套资源\效果文件\第2章\相册.psd

提示：打开素材文件中的“相片.jpg”图像，移动至“相册.psd”文档中进行调整。

（2）通过所学知识制作如图2-71所示的倒影作品展示效果。

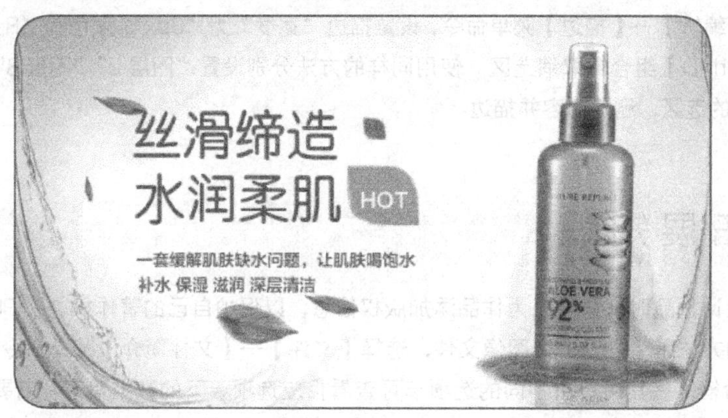

图2-71 倒影效果

素材位置 配套资源\素材文件\第2章\芦荟喷雾.jpg、宣传海报.psd

效果位置 配套资源\效果文件\第2章\宣传海报.psd

提示：在Photoshop中新建文档，打开素材文件，并拖动到“背景”图像中，调整大小、位置、透视，然后复制图片制作倒影（可利用橡皮擦工具擦除图片制作倒影），然后保存文档并退出Photoshop CC。

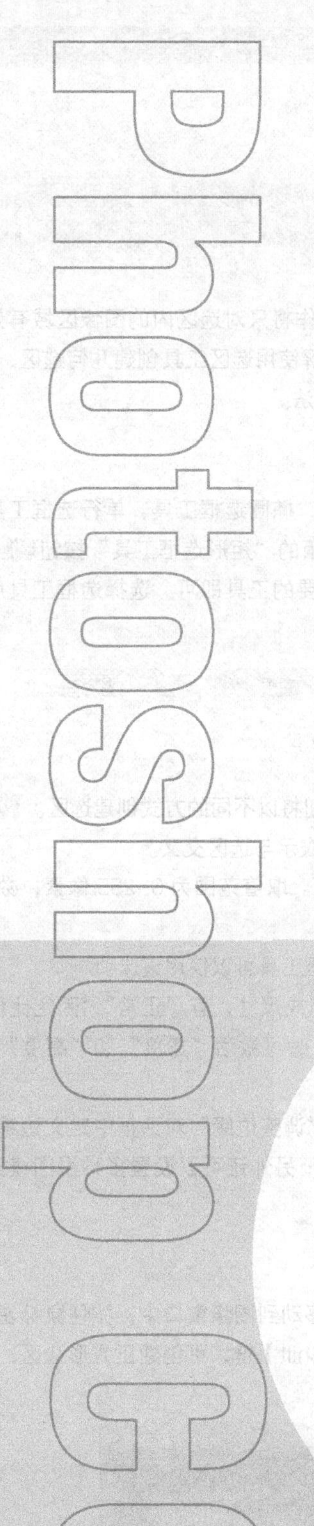

Chapter 3

第3章 创建和编辑选区

选区是图像处理的基础功能，通过创建和编辑选区可以抠取和美化图像。本章讲解在Photoshop CC中创建和编辑选区，以及各个选区工具的使用方法和技巧。读者通过本章的学习能够熟练掌握选区的操作技巧，并可运用Photoshop CC的选区功能制作具有不同效果的图像。

学习要点

- 创建选区
- 编辑选区

学习目标

- 掌握选区工具的使用方法
- 掌握调整选区大小和位置的方法
- 掌握编辑选区的操作技巧

3.1 创建选区

使用 Photoshop 创建选区，在对图像进行处理时，图像编辑操作将只对选区内的图像区域有效。在 Photoshop 中创建选区一般是通过各种选区工具来完成，本节讲解使用选区工具创建几何选区、不规则选区和颜色选区，以及应用“色彩范围”菜单命令创建选区的方法。

3.1.1 创建几何选区

创建几何选区需要使用选框工具，选框工具包括矩形选框工具、椭圆选框工具、单行选框工具、单列选框工具，主要用于创建规则的选区。将鼠标指针移动到工具箱的“矩形选框工具”按钮上，单击鼠标右键或按住鼠标左键不放，打开该工具组，在其中选择需要的工具即可。选择选框工具后，将显示如图 3-1 所示的矩形选框工具属性栏。

图3-1 矩形选框工具属性栏

选框工具属性栏中各选项的含义如下。

◎ **按钮组**：用于控制选区的创建方式，选择不同的按钮将以不同的方式创建选区。表示创建新选区，表示添加到选区，表示从选区减去，表示与选区交叉。

◎ **“羽化”数值框**：通过设置不同的像素实现不同的羽化效果。取值范围为 0~255 像素，数值越大，像素化的过渡边界越宽，柔化效果也越明显。

◎ **“消除锯齿”复选框**：用于消除选区边缘锯齿，只有椭圆选框工具可以使用该选项。

◎ **“样式”下拉列表框**：在其下拉列表中可以设置选框的比例或尺寸，有“正常”“固定比例”“固定大小”3 个选项。选择“固定比例”或“固定大小”时可激活“宽度”和“高度”文本框。

◎ 调整边缘... **按钮**：创建选区后单击该按钮，可以在打开的“调整边缘”对话框中定义边缘的半径、对比度、羽化等，可以对选区进行收缩和扩充操作；另外还可以设置多种视图模式，如洋葱皮、叠加和图层等。

1. 矩形选框工具

要绘制矩形选区应先在工具属性栏中设置好参数并将鼠标指针移动到图像窗口中，按住鼠标左键拖动即可创建矩形选区，如图 3-2 所示。在创建矩形选区时按住【Shift】键，可创建正方形选区，如图 3-3 所示。

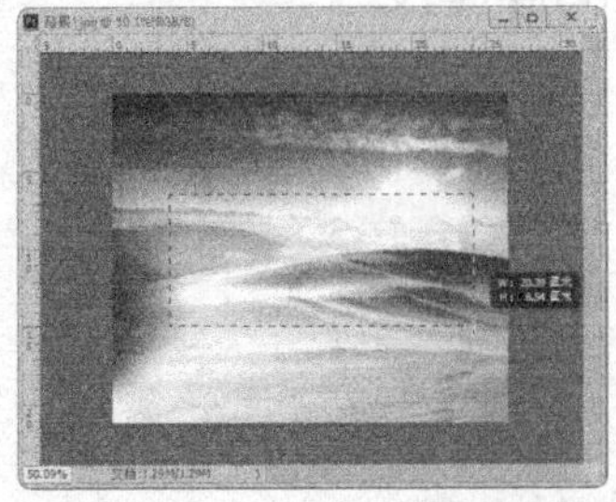

图3-2 创建矩形选区

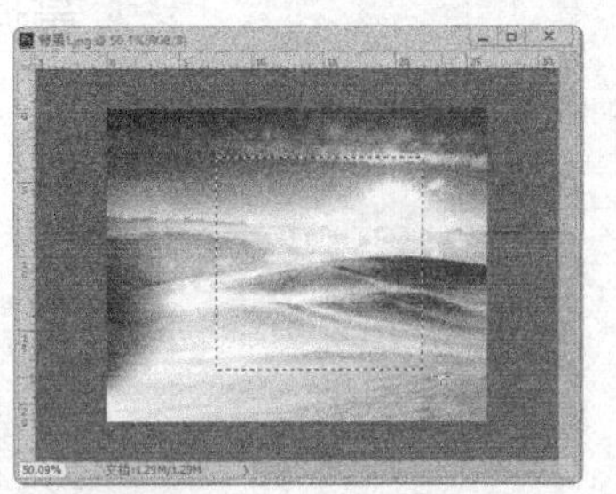

图3-3 创建正方形选区

2. 椭圆选框工具

选择工具箱中的椭圆选框工具，然后在图像上按住鼠标左键不放并拖动，可创建椭圆形选区，如图 3-4 所示。按住【Shift】键拖动鼠标，可以创建出正圆选区，如图 3-5 所示。

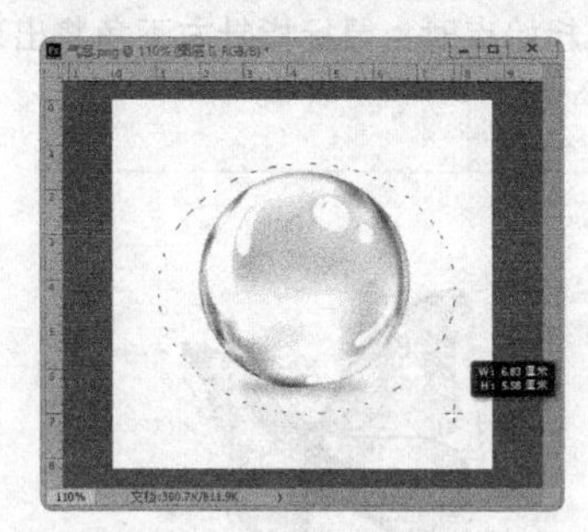
图3-4 创建椭圆形选区

图3-5 创建圆形选区

3. 单行、单列选框工具

当用户在 Photoshop CC 中绘制表格式的多条平行线或制作网格线时，使用单行选框工具和单列选框工具会十分方便。在工具箱中选择单行选框工具或单列选框工具，在图像上单击，可创建出一个宽度为 1 像素的行或列选区，如图 3-6 和图 3-7 所示。

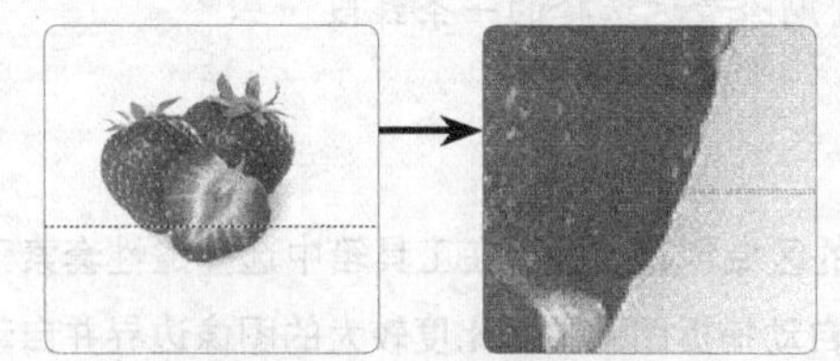
图3-6 创建单行选区

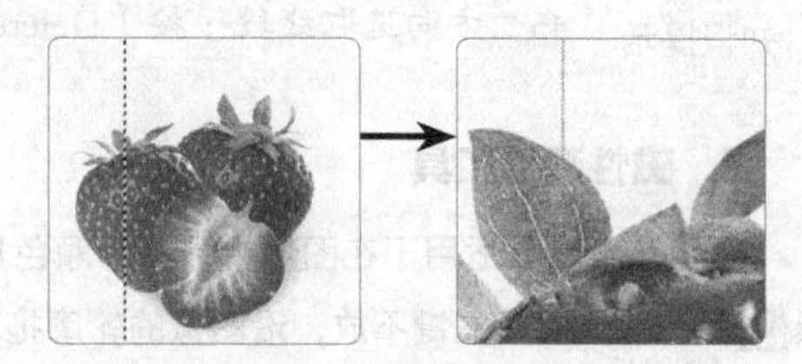
图3-7 创建单列选区

3.1.2 创建不规则选区

使用套索工具组可以创建不规则选区。套索工具组主要包括套索工具、多边形套索工具、磁性套索工具。套索工具组的打开方法与矩形选框工具组的打开方法一致。

1. 套索工具

套索工具主要用于创建不规则选区。选择套索工具后，在图像中按住鼠标左键不放并拖动鼠标，完成选择后释放鼠标，绘制的套索线将自动闭合成为选区，如图 3-8 所示。

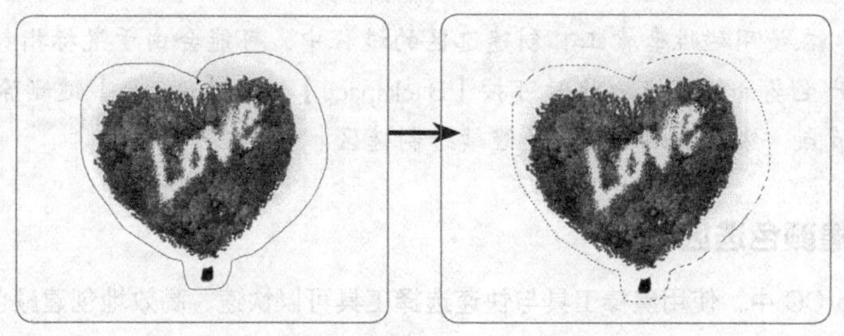

图3-8 使用套索工具创建选区

2. 多边形套索工具

多边形套索工具主要用于选择边界多为直线或边界曲折的复杂图形。在工具箱中选择多边形套索工具，先在图像中单击创建选区的起始点，然后沿着需要选取的图像区域移动鼠标指针，并在多边形的转折点处单击，作为多边形的一个顶点。当回到起始点时，鼠标指针右下角将出现一个小圆圈，即生成最终的选区，如图 3-9 所示。

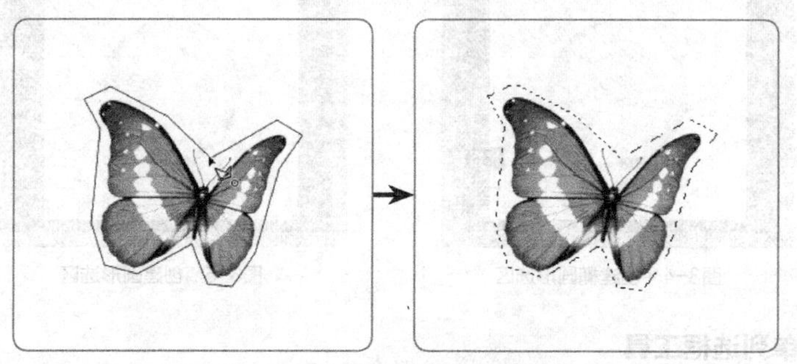

图3-9 使用多边形套索工具创建选区

知识提示 在使用多边形套索工具选择图像时，按【Shift】键，可按水平、垂直、45° 方向选取线段；按【Delete】键，可删除最近选择的一条线段。

3. 磁性套索工具

磁性套索工具适用于在图像中沿图像颜色反差较大的区域创建选区。在工具箱中选择磁性套索工具后，按住鼠标左键不放，沿图像的轮廓拖动，系统自动捕捉图像中对比度较大的图像边界并自动产生节点，当到达起始点时单击即可完成选区的创建，如图 3-10 所示。

图3-10 使用磁性套索工具创建选区

知识提示 在使用磁性套索工具创建选区的过程中，可能会由于鼠标指针未移动恰当从而产生多余的节点，此时可按【Backspace】键或【Delete】键删除最近创建的磁性节点，然后从删除节点处继续绘制选区。

3.1.3 创建颜色选区

在 Photoshop CC 中，使用魔棒工具与快速选择工具可以快速、高效地创建颜色选区，因此设计师在广告设计前期喜欢将人物、产品等素材放在比较单一的背景色中，以方便后期对素材进行抠取和编辑。

1. 魔棒工具

魔棒工具用于选择图像中颜色相似的区域。在工具箱中选择魔棒工具，然后在图像中的某点上单击，即可将该图像附近颜色相同或相似的区域选取出来。魔棒工具的工具属性栏如图 3-11 所示。

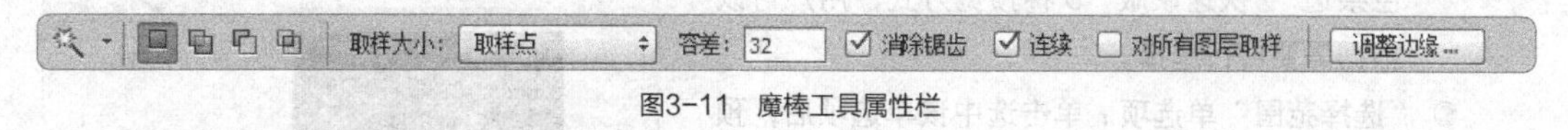

图3-11　魔棒工具属性栏

魔棒工具属性栏中主要选项的含义如下。

◎ “容差”数值框：用于控制选定颜色的范围，值越大，颜色区域越广。图 3-12 所示分别是容差值为 5 和容差值为 25 时的效果。

◎ “连续”复选框：单击选中该复选框，只选择与单击点相连的同色区域；撤销选中该复选框，整幅图像中符合要求的色域将全部被选中，如图 3-13 所示。

◎ “对所有图层取样”复选框：当单击选中该复选框并在任意一个图层上应用魔棒工具时，所有图层上与单击处颜色相似的地方都会被选中。

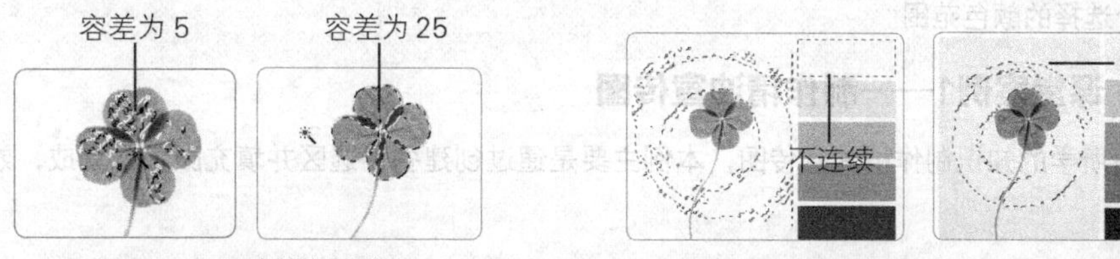

图3-12　不同容差值选择效果　　图3-13　取消选中与选中“连续”复选框效果

2. 快速选择工具

快速选择工具是魔棒工具的快捷版本，可以不用任何快捷键进行加选，在选择颜色差异大的图像时非常直观和快捷。其属性栏中包含新选区、添加到选区、从选区减去 3 种模式。使用时按住鼠标左键不放拖动选区，其操作如同绘画，如图 3-14 所示。

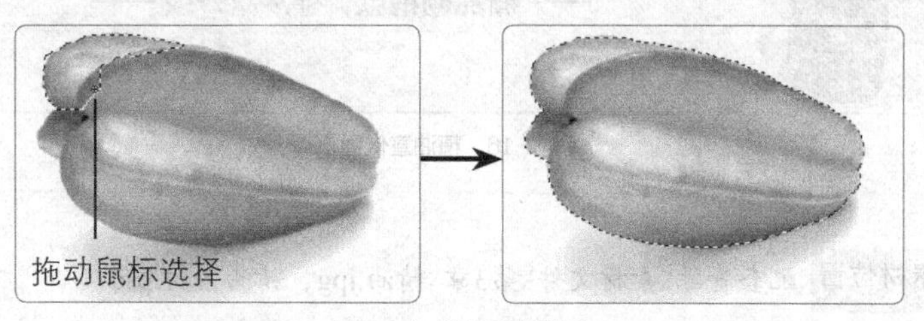

图3-14　快速获取选区

3.1.4 使用“色彩范围”菜单命令创建选区

“色彩范围”命令是从整幅图像中选取与指定颜色相似的像素，比魔棒工具选取的区域更广。选择【选择】→【色彩范围】菜单命令，打开“色彩范围”对话框，如图 3-15 所示，其中主要选项的含义如下。

◎ “选择”下拉列表框：用于选择颜色，也可通过图像的亮度选择图像中的高光、中间调、阴影部分。用户可用拾色器在图像中任意选择一种颜色，然后根据容差值来创建选区。

◎ “颜色容差”数值框：用于调整颜色容差值的大小。

◎ “选区预览”下拉列表框：用于设置预览框中的预览方式，包括“无”“灰度”“黑色杂边”“白色杂边”“快速蒙版”5 种预览方式，用户可以根据需要自行选择。

◎ “选择范围”单选项：单击选中该单选项后，预览区中将以灰度显示选择范围内的图像，白色表示选择的区域，黑色表示未选择的区域，灰色表示选择的区域为半透明。

◎ “图像”单选项：单击选中该单选项后，在预览区内将以原图像的方式显示图像的状态。

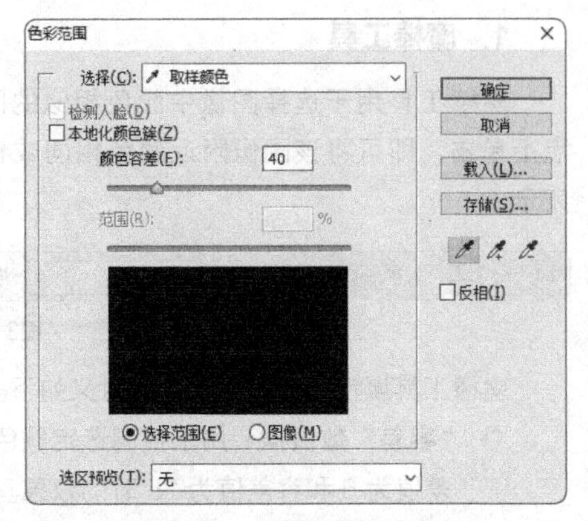

图3-15 “色彩范围”对话框

◎ “反相”复选框：单击选中该复选框后可在预览图像窗口中切换选择区域与未选择区域。

◎ 吸管工具 ：工具用于在预览图像窗口中单击选择颜色，、工具分别用于增加和减少选择的颜色范围。

3.1.5 课堂案例1——制作精油宣传图

利用前面所学的知识制作精油宣传图，本例主要是通过创建各种选区并填充颜色来完成，效果如图 3-16 所示。

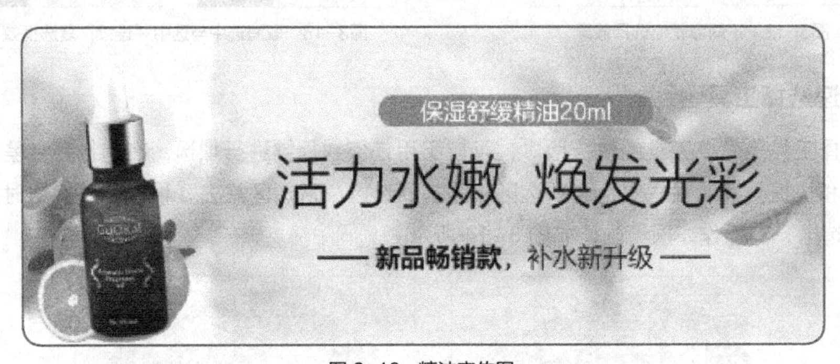

图 3-16 精油宣传图

视频演示

素材位置 配套资源\素材文件\第3章\精油.jpg、精油素材.psd

效果位置 配套资源\效果文件\第3章\精油宣传图.psd

（1）打开素材文件“精油 .jpg”和“精油素材 .psd”。

（2）选择“精油”图像，然后在工具箱中选择魔棒工具，在图像中单击白色背景，创建选区，效果如图 3-17 所示。

（3）在工具箱中选择快速选择工具，再在其属性栏中单击“从选区减去”按钮，在图像中拖动鼠标选择瓶嘴的白色部分，按【Ctrl+Shift+I】组合键，效果如图 3-18 所示。

图3-17　创建背景选区

图3-18　选择产品选区

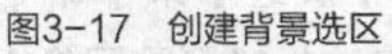

（4）选择移动工具，将鼠标光标移到选区中，当鼠标光标变为时按住鼠标左键拖动选区至“精油素材”图像中，按【Ctrl+T】组合键调整大小并旋转，效果如图 3-19 所示。

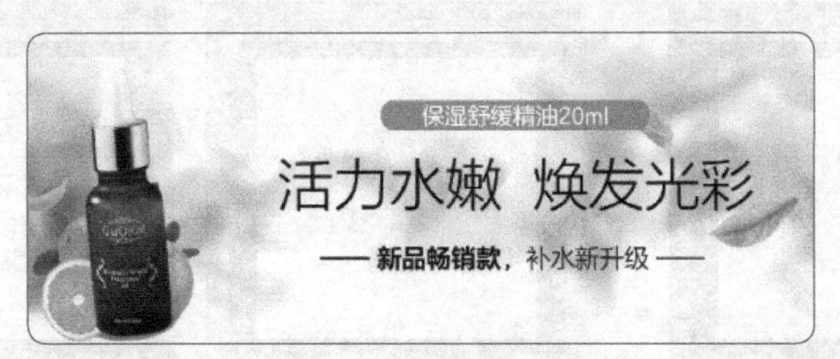

图 3-19　移动并调整产品

（5）选择图层 7，单击“图层”面板底部的“创建新图层”按钮新建图层，选择矩形选框工具，在图像文字部分绘制选区，效果如图 3-20 所示。

图 3-20　创建矩形选区

（6）设置前景色为“#ff8a00”，按【Alt+Delete】组合键为选区填充颜色，在“图层”面板的“不透明度”数值框中输入“25%”，效果如图 3-21 所示。完成后保存图像文件。

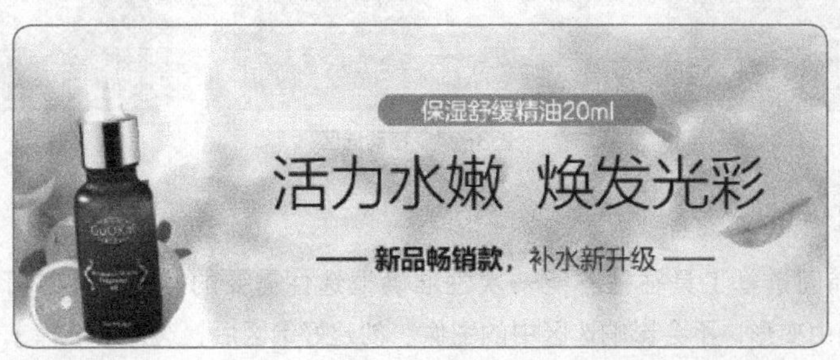

图 3-21　效果图

3.2 编辑选区

创建的选区不能满足对图片处理的要求时，可调整与编辑选区，如全选和反选选区，移动、修改、变换、存储和载入选区等操作。

3.2.1 全选和反选选区

在一幅图像中，若需要选择整幅图像的选区，可以选择【选择】→【全部】菜单命令或按【Ctrl + A】组合键，如图 3-22 所示。选择【选择】→【反选】菜单命令或按【Shift+Ctrl+I】组合键，可以选择图像中除选区以外的区域，反选常用于间接选择或删除图像中复杂区域的多余背景，如图 3-23 所示。

图3-22 全选

图3-23 选区反选

3.2.2 移动和变换选区

创建选区后，可移动选区位置和变换选区大小，使图像选取更加准确。

1. 移动选区

在图像中创建选区后，选择移动工具，然后将鼠标指针移动到选区内，按住鼠标左键不放并拖动鼠标，可移动选区的位置，如图 3-24 所示。使用→、←、↑、↓方向键可以进行微移。

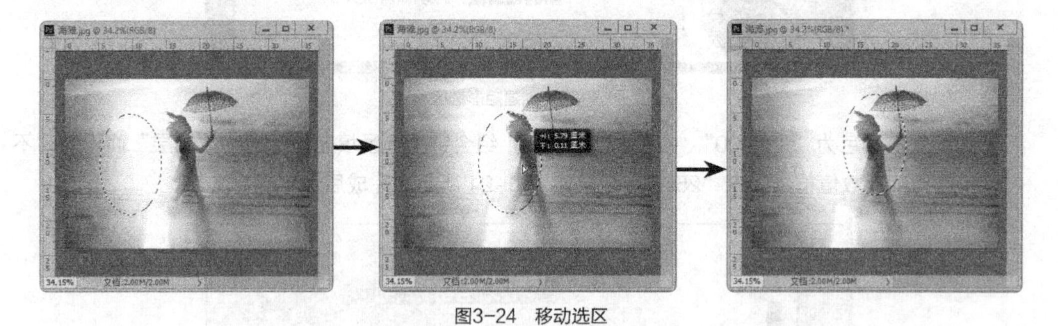

图3-24 移动选区

2. 变换选区

使用矩形或椭圆选框工具往往不能一次性准确框选住需要的范围，此时可使用“变换选区”命令对选区实施自由变形，不会影响选区中的图像。创建好选区后，选择【选择】→【变换选区】菜单命令，选区的边框上将出现 8 个控制点。

当鼠标指针在选区内时，将变为▶形状，按住鼠标左键不放并拖动鼠标可移动选区，如图 3-25 所示。将鼠标指针移到控制点上，按住鼠标左键不放并拖动控制点可以改变选区的尺寸大小，如图 3-26 所示。完成后按【Enter】键确定操作，按【Esc】键可以取消操作，取消后选区恢复到调整前的状态。

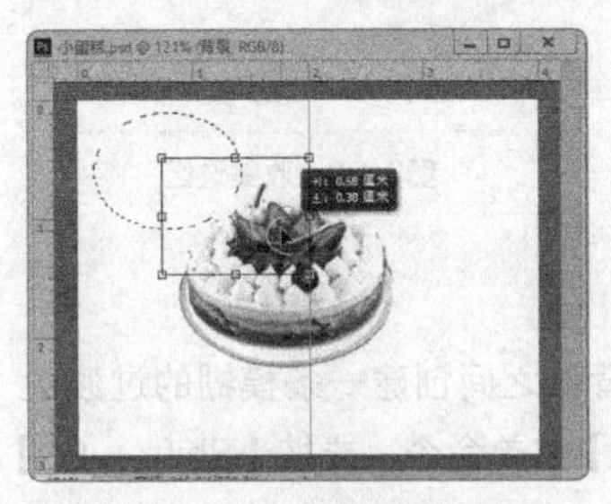

图3-25　移动选区位置

图3-26　改变选区大小

操作技巧

选区应用完毕后应及时取消选区，否则之后的操作将只对选区内的图像有效，选择【选择】→【取消选择】菜单命令或按【Ctrl+D】组合键均可取消选区。

3.2.3　修改选区边界

选择【选择】→【修改】→【边界】菜单命令，打开“边界选区”对话框，如图 3-27 所示。在“宽度”数值框中输入数值，单击 确定 按钮即可在原选区边缘的基础上向内或向外收缩或扩展。图 3-28 所示为选择边界前的选区，图 3-29 所示为将“宽度”设置为 2，在边界的基础上向内和向外分别扩展 2 像素，并只选择边界的选区。

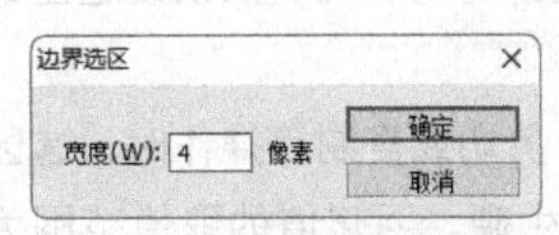

图3-27　“边界选区”对话框

图3-28　选择边界前的选区

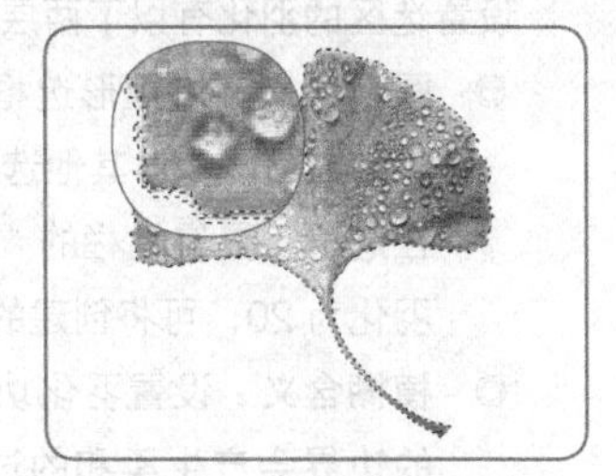

图3-29　选择边界后的选区

3.2.4　平滑选区

选择【选择】→【修改】→【平滑】菜单命令，打开图 3-30 所示的“平滑选区”对话框。在“取样半径”数值框中输入数值，可使原选区范围变得连续而平滑。

3.2.5　扩展与收缩选区

选择【选择】→【修改】→【扩展】菜单命令，打开“扩展选区”对话框。在“扩展量”数值框中输入数值，单击 确定 按钮将选区扩大；选择【选择】→【修改】→【收缩】菜单命令，打开“收缩选区”对话框。在“收缩量”数值框中输入数值，单击 确定 按钮将选区缩小，扩展与收缩选区的效果分别如图 3-31 和图 3-32 所示。

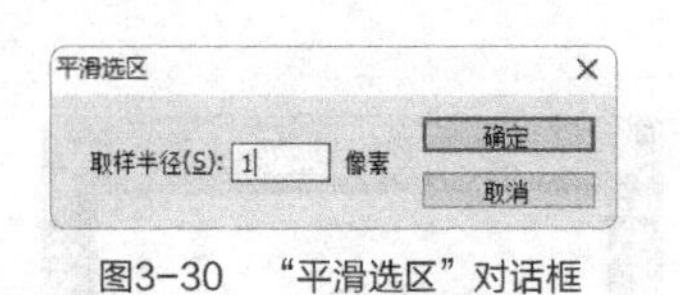

图3-30 “平滑选区”对话框

图3-31 扩展选区

图3-32 收缩选区

3.2.6 羽化选区

羽化是图像处理中常用到的一种效果。羽化效果可以在选区和背景之间创建一条模糊的过渡边缘，使选区产生“晕开”的效果。选择【选择】→【修改】→【羽化】菜单命令，或按【Shift + F6】组合键打开“羽化选区”对话框，如图 3-33 所示，单击 确定 按钮即可完成选区的羽化，羽化半径越大，得到的选区边缘越平滑。图 3-34 所示为羽化“15”像素后抠取图像的效果，图 3-35 所示为羽化“40”像素后抠取图像的效果。

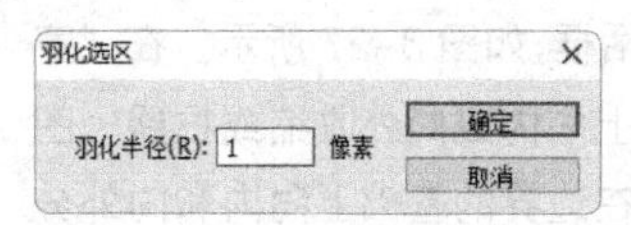

图3-33 “羽化选区”对话框

图3-34 羽化15像素

图3-35 羽化40像素

设置选区的羽化有以下两层含义。

◎ **圆滑含义**：对矩形选框工具的选区设定羽化，选区的四角及边缘会变圆滑，且羽化值越大，边缘越圆滑，对其他选框、套索类或魔棒工具设置的选区也一样。设置选区羽化值的方法是：在选框工具属性栏的 " 羽化 " 属性框中输入数值，即可设定选区的羽化功能。如设定选区的羽化为 20，可将创建的矩形选区变为圆角矩形选区。

◎ **模糊含义**：设置羽化功能后，当对选区进行填色、清除、移动、剪切或复制等操作时，选区的边界会产生柔和的过渡效果，从而避免图像之间的衔接过于生硬。羽化值的取值范围为 0 ~ 250 像素。

3.2.7 存储和载入选区

可将创建好的选区存储，在下次需要使用时直接将其载入需要的地方可创建相同的选区。

1. 存储选区

选择【选择】→【存储选区】菜单命令或在选区上单击鼠标右键，在弹出的快捷菜单中选择“存储选区”命令，打开“存储选区”对话框，如图 3-36 所示。

“存储选区”对话框中主要参数的含义如下。

◎ “文档”下拉列表框：用于选择在当前文档创建新的 Alpha 通道，或是创建新的文档，并将选区存储为新的 Alpha 通道。

◎ “通道”下拉列表框：用于设置保存选区的通道，在其下拉列表中显示了所有的 Alpha 通道和“新建”选项。

◎ “操作”栏：用于选择通道的处理方式，包括“新建通道”“添加到通道”“从通道中减去”“与通道交叉”4 个选项。

2. 载入选区

选择【选择】→【载入选区】菜单命令，打开图 3-37 所示的“载入选区”对话框。在“通道”下拉列表中选择需要的通道名称，单击 确定 按钮即可载入该选区。

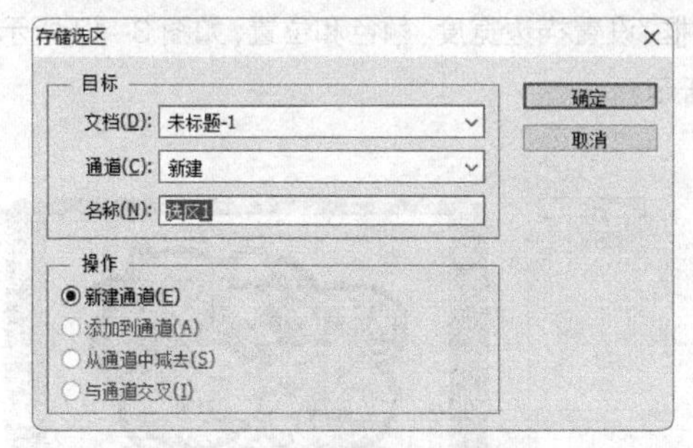

图3-36　“存储选区”对话框

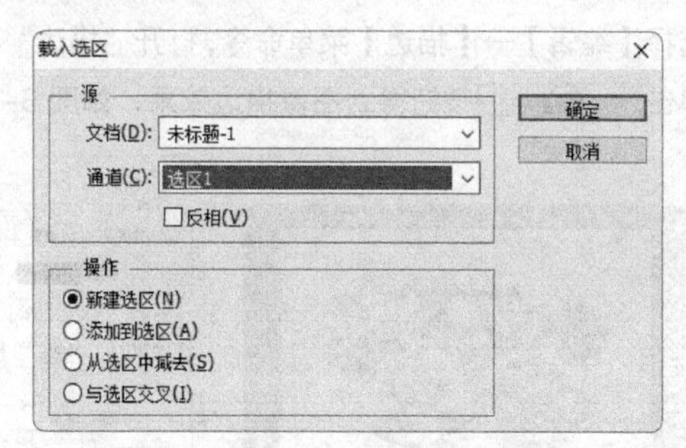

图3-37　“载入选区”对话框

3.2.8　填充和描边选区

使用菜单命令可对图像进行填充和描边。但使用此功能的前提是为需要的图像创建选区，然后进行填充和描边操作。

1. 填充选区

“填充”命令主要用于对选择区域或整个图层填充颜色或图案。选择【编辑】→【填充】菜单命令，打开“填充”对话框，其中参数介绍如下。

◎ “内容”栏：在该下拉列表框中有多种填充内容，包括前景色、背景色、图案、历史记录、黑色、50% 灰色、白色等，如图 3-38 所示。

◎ “混合”栏：在该栏中可以分别设置填充模式和不透明度等。

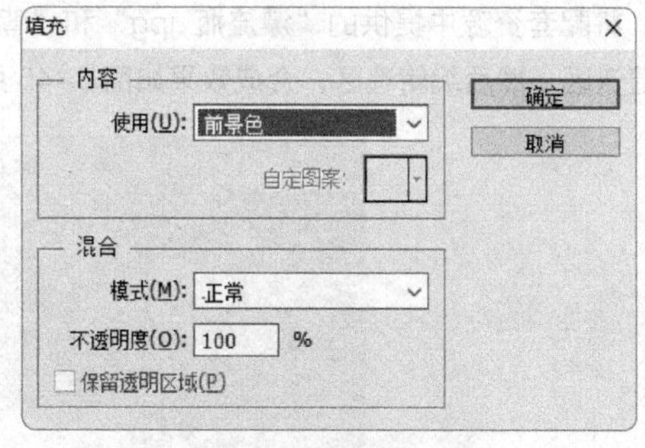

图3-38　“填充”对话框

在图像中创建一个选区，如图 3-39 所示。选择【编辑】→【填充】菜单命令，打开“填充”对话框，在“使用”下拉列表框中选择“图案”选项，在“自定图案”下拉列表框中选择一种喜欢的图案，如图 3-40 所示。单击 确定 按钮得到图像的填充效果，如图 3-41 所示。

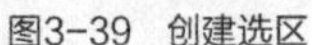

图3-39　创建选区

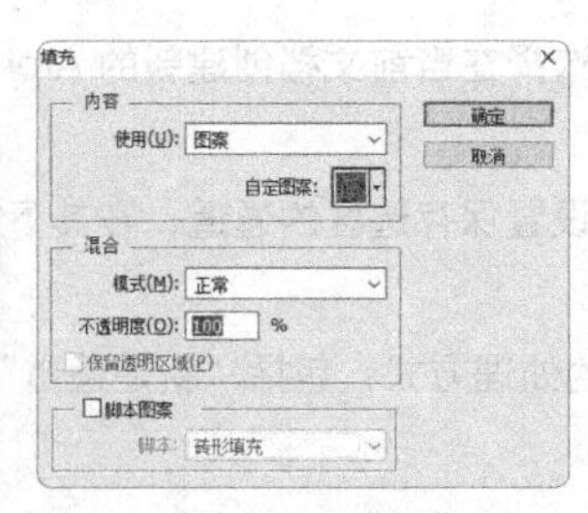

图3-40　选择图案

图3-41　填充效果

2. 描边选区

“描边”命令用于为选区的边界线用前景色进行笔画式描边。在图像中创建选区，如图 3-42 所示。选择【编辑】→【描边】菜单命令，打开“描边”对话框，设置描边宽度、颜色和位置，如图 3-43 所示。单击 确定 按钮得到图像描边效果，如图 3-44 所示。

图3-42　创建选区

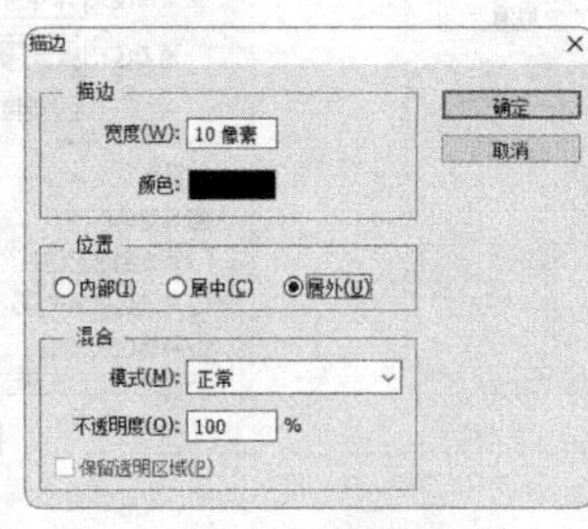

图3-43　设置描边参数

图3-44　描边效果

“描边”对话框中主要选项的含义如下。

◎ “宽度”数值框：可以设置描边的宽度，以像素为单位。

◎ “颜色”色块：用于设置描边颜色。

◎ “位置”栏：设置描边的位置是选区内（居内）、选区上（居中）、选区外（居外）。

3.2.9　课堂案例2——合成漂流瓶效果图

将配套资源中提供的“漂流瓶 .jpg”和“背景 .psd”图像合成为一个新图像。合成图像时首先要创建选区，然后编辑选区，合成效果如图 3-45 所示。

图 3-45　合成漂流瓶效果图

视频演示

素材位置　配套资源\素材文件\第3章\漂流瓶.jpg、背景.psd

效果位置　配套资源\效果文件\第3章\漂流瓶效果图.psd

（1）打开素材文件“漂流瓶 .jpg”和“背景 .jpg”。

（2）选择漂流瓶图像窗口，在工具箱中选择快速选择工具，在图像白色背景处拖动鼠标创建选区，效果如图 3-46 所示。

（3）按【Ctrl+Shift+I】组合键或选择【选择】→【反选】菜单命令反向选择漂流瓶选区，如图 3-47 所示。

图3-46　快速选择选区

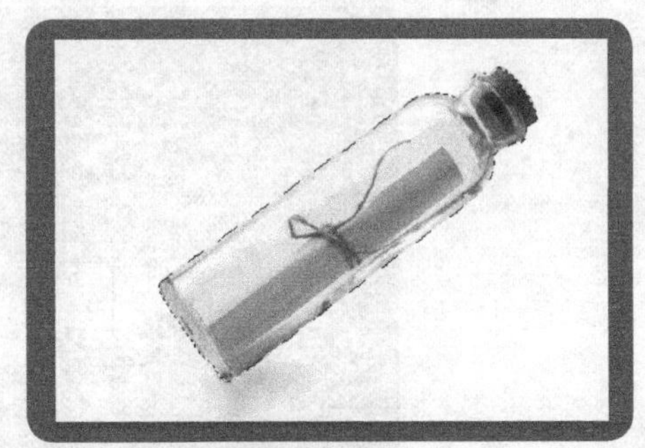
图3-47　反向选择选区

（4）选择【选择】→【修改】→【扩展】菜单命令，打开“扩展选区”对话框，在其中的“扩展量”数值框中输入“6”，表示选区向外扩展选取了 6 像素，单击 确定 按钮，如图 3-48 所示。

（5）选择【选择】→【修改】→【羽化】菜单命令，打开“羽化选区”对话框，在其中的“羽化半径”数值框中输入“15”，如图 3-49 所示，表示将选区边缘 15 像素的图像羽化，单击 确定 按钮。

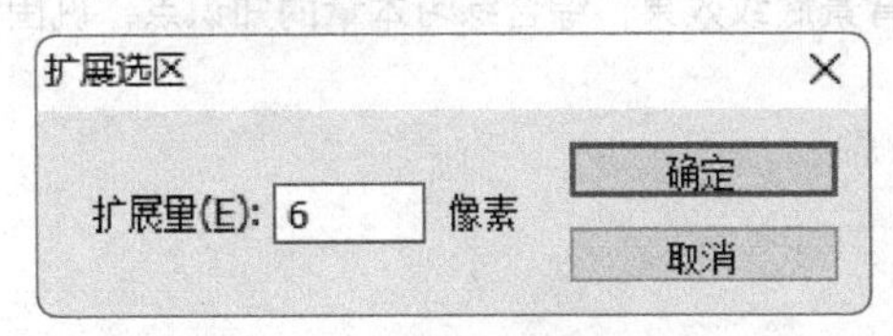

图3-48　扩展选区

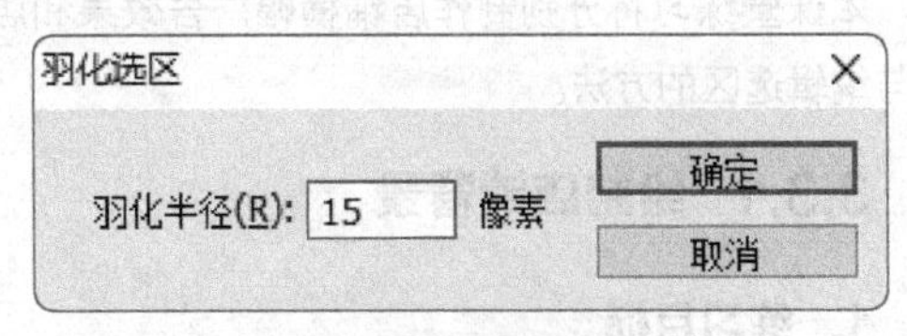

图3-49　羽化选区

（6）在“背景”图像的“图层”面板中选择“城市”图层，返回“漂流瓶”图像中选择移动工具，将鼠标光标移到选区中，当鼠标光标变为时，将选区拖动到“背景”图像中，如图 3-50 所示。

（7）按【Ctrl+T】组合键或选择【编辑】→【变换】→【缩进】菜单命令，进入自由变换状态，将鼠标指针移动到“漂流瓶”图像四周的控制点上，按住【Shift】键的同时拖动鼠标调整图像大小，如图 3-51 所示。

图3-50　移动选区

图3-51　调整选区

（8）将鼠标指针移到图像内部，拖动鼠标移动图像位置，如图 3-52 所示，完成操作后保存文件。

图3-52　移动图像

3.3 课堂练习

本课堂练习将分别制作店铺横幅广告效果和店铺背景底纹效果，综合练习本章的知识点，巩固创建与编辑选区的方法。

3.3.1 绘制店铺背景

1. 练习目标

本练习主要目标为制作背景图案。在设计背景图案时需要注意，因为网页美工会根据图案来平铺页面，所以背景图案不宜过于花哨，所以颜色选择上需要使用比较清新的颜色，且种类不能过多。背景图案可以只制作一部分，参考效果如图 3-53 所示。

图3-53　店铺背景

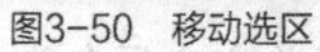

视频演示

素材位置 无

效果位置 配套资源\效果文件\第3章\店铺背景.psd

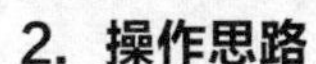

2. 操作思路

了解和掌握选框工具与各种调整选区的操作后，开始本练习的设计与制作。根据上面的练习目标，本练习的操作思路如图 3-54 所示。

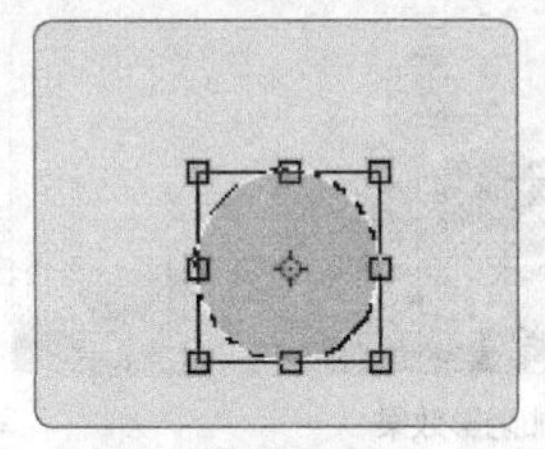

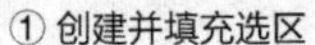

① 创建并填充选区

② 变换选区

③ 制作其他花朵

图3-54 绘制店铺背景的操作思路

（1）新建“店铺背景”图像文件，为其填充颜色“R:237,G:232,B:212”，然后使用椭圆选框工具绘制圆形选区，并填充颜色“R:217,G:207,B:180”。

（2）按【Ctrl+J】组合键复制图层，然后按【Ctrl+T】组合键进入自由变换状态，在工具属性栏中设置变换角度为 50 度，确认变换。

（3）多次按【Ctrl+Shift+Alt+T】组合键变换选区制作第一朵花朵，然后将该花朵图像载入选区并变换大小，填充不同颜色得到多个花朵，完成后保存即可。

3.3.2 制作店铺横幅广告

1. 练习目标

本练习要求为钟表店制作一个横幅广告。该店铺主要销售各类挂钟、座钟，要求画面干净整洁，店铺整体装修偏向文艺清新风格。本练习主要涉及选择选区、编辑选区等知识，参考效果如图 3-55 所示。

图3-55 横幅广告

视频演示

素材位置　配套资源\素材文件\第3章\背景.jpg、房间.psd

效果位置　配套资源\效果文件\第3章\店铺横幅广告.psd

2. 操作思路

在掌握一定的选区操作知识后，便可开始本练习的设计与制作。根据上面的练习目标，本练习的操作思路如图 3-56 所示。

① 通过选区抠出需要的图像部分

② 添加阴影效果

图3-56　制作店铺横幅广告的操作思路

行业知识

制作网店横幅广告时需要注意横幅广告的尺寸和分辨率，现在常见的网店横幅广告是满屏，尺寸一般为 1 920 像素 ×600 像素。另外，一定要选择高精度的素材，否则会因图像的可编辑程度低而降低整体效果。

（1）新建一个 1 920 像素 ×600 像素的图像文件，填充黑色，打开“房间 .psd”图像文件，在其中利用多边形套索工具和磁性套索工具等创建相关图像选区，选择床、桌子、闹钟图像。

（2）将选择的图像复制到新建的图像文件中，通过自由变换调整到合适的大小和位置，选择“背景”图层。打开“背景 .jpg”图像，将其移动到新建的图像文件中，然后单击“图层”面板底部的“创建新图层”按钮新建图层，在闹钟位置创建一个矩形选区并填充灰色，自由变换选区，然后羽化选区。

（3）使用相同的方法为床和桌子图像创建选区，使其呈现靠墙的阴影效果。

（4）单击“图层”面板底部的“创建新图层”按钮新建图层，设置前景色为白色，使用渐变工具，设置前景色的透明参数，在右上角填充渐变色，制作光照效果。完成后将“房间 .psd”图像文件中的文字图层复制到图像中，并调整到合适位置即可。

3.4 拓展知识

1. 选区与图层及路径之间的关系

◎ 选区：使用选框工具在图像中根据几何形状或像素颜色来选择并生成的区域为选区，用于指定操作对象。

◎ 图层：图层可以用于保存选区中的图像，即将现有的选区在图层中填充颜色或将选区内的图像复制到新的图层中，根据填充或新建的图层得到的图像轮廓与选区轮廓完全相同。

◎ **路径**：路径通常用来处理选区。路径上的节点可以随意编辑，一般将选区转换为路径，或直接创建路径，通过进一步调整，然后转换成选区。

2. 选区与图层及路径之间的转换

在图像处理过程中，选区是很基本的操作，选区与图层及路径之间的转换对于图像处理而言，也很重要。下面简单介绍它们之间的转换关系。

◎ **将选区创建为图层**：创建选区后单击鼠标右键，在弹出的快捷菜单中选择“新建图层”命令，在打开的对话框中设置图层的相关信息；或按【Ctrl+C】组合键复制选区中的图像，然后按【Ctrl+V】组合键粘贴选区图像；或按【Ctrl+J】组合键快速根据选区创建图层。

◎ **将图层转换为选区**：选择需要转换为选区的图层后，在按住【Ctrl】键的同时，单击图层缩略图即可为图层中的图像创建选区。

◎ **将选区转换为路径**：创建选区后单击鼠标右键，在弹出的快捷菜单中选择“建立工作路径”命令；或在“图层”面板中单击“路径”选项卡，切换到“路径”面板，单击下方的“从选区生成工作路径”按钮，可将选区转换为路径，单击“将路径作为选区载入”按钮，又可将路径转换为选区。

3.5 课后习题

(1) 打开配套资源中的素材文件，如图3-57所示，利用选区合成小镇效果图，要求图像合成边缘自然融合、颜色过渡合理、画面整体漂亮。

素材位置 配套资源\素材文件\第3章\小镇.jpg、天空.jpg

效果位置 配套资源\效果文件\第3章\小镇效果图.psd

提示：要求图像合成边缘融合，可在创建选区后进行平滑选区的操作，创建选区时需要注意颜色相差不大的区域是否多选和漏选，以及物体间的大小关系。参考效果如图3-58所示。

图3-57 小镇、天空样图

图3-58 小镇效果图

（2）打开提供的素材文件，使用快速选择工具和多边形套索工具制作椅子效果图。参考效果如图 3-59 所示。

图3-59 “椅子”效果图

素材位置 配套资源\素材文件\第3章\椅子.jpg、椅子背景.psd

效果位置 配套资源\效果文件\第3章\椅子效果图.psd

提示：使用快速选择工具创建椅子选区，加选选区时按住【Shift】键。创建选区后使用羽化命令编辑选区，选择移动工具，将椅子选区拖动到“椅子背景”图像中，按【Ctrl+T】组合键调整椅子大小，使用多边形套索工具绘制椅子阴影，填充颜色“#C9C9C9”，并羽化选区。

Chapter

4

第4章 绘制和修饰图像

Photoshop具有强大的绘图功能，通过画笔、铅笔工具可以绘制出自然生动的图像，同时对于效果不佳的图像，可使用修复工具和图章工具修复润饰图像，使其更加美观，最后还可以使用橡皮擦工具擦除图像或抠取图像。本章将讲解在Photoshop CC中绘制和修饰图像的相关操作。读者通过本章的学习能够熟练使用相关工具绘制图像，并能对图像进行修复、润饰和擦除处理等。

学习要点

- 绘制图像
- 修饰图像
- 裁剪与擦除图像

学习目标

- 掌握绘图工具的使用方法
- 掌握图像填充的方法
- 掌握修饰图像工具的操作方法
- 掌握修饰图像工具的使用技巧
- 掌握裁剪与擦除图像的方法

4.1 绘制图像

Photoshop的图像处理功能非常强大，多数设计师常采用在Photoshop中绘制图像的方式来制作一些特殊的图像效果。使用绘图工具绘制图像的方法比较多，本节主要讲解使用画笔工具、铅笔工具等绘图工具绘制图像的方法。

4.1.1 画笔工具

画笔工具是图像处理过程中使用最频繁的绘制工具，常用来绘制边缘较柔和的线条。它可以绘制出类似于用毛笔画出的线条效果和具有特殊形状的线条效果。Photoshop CC使用了创新的侵蚀效果画笔笔尖，可以绘制出更加自然和逼真的笔触效果。

1. 认识画笔工具属性栏

在工具箱中选择画笔工具，在工具属性栏显示相关画笔属性，如图4-1所示。通过画笔工具属性栏可以设置画笔的各种属性参数。

图4-1 画笔工具属性栏

画笔工具属性栏中相关参数的含义如下。

◎ “画笔预设”选取器：用于设置画笔笔头的大小和样式，单击“画笔”右侧的按钮，打开“画笔预设”选取器，如图4-2所示。在其中可以选择画笔样式，设置画笔的大小和硬度参数。

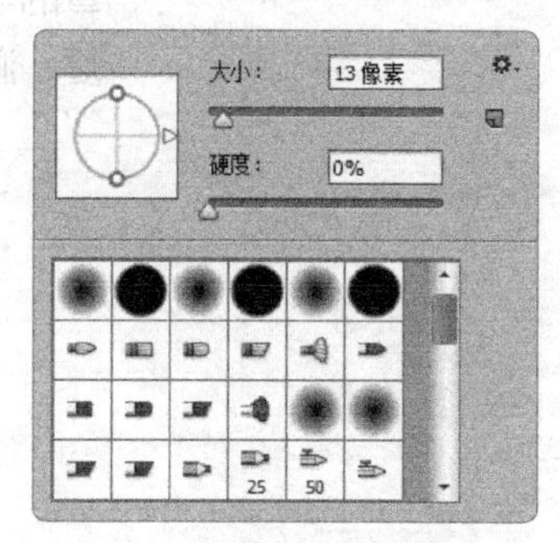

图4-2 “画笔预设”选取器

◎ “模式”下拉列表：用于设置画笔工具作用于当前图像中像素的形式，即当前使用的绘图颜色与原有底色之间混合的模式。

◎ “不透明度”数值框：用于设置画笔颜色的不透明度，数值越大，不透明度越高。单击其右侧的按钮，在弹出的滑动条上拖动滑块也可以调整不透明度。

◎ “流量”数值框：用于设置绘制图像时颜色的压力程度，值越大，画笔笔触越浓。

◎ “喷枪工具”按钮：单击该按钮可以启用喷枪工具进行绘图。

◎ “绘图板压力控制大小”按钮：单击该按钮，使用数位板绘画时，光感压力可覆盖“画笔”面板中的不透明度和大小设置。

2. 画笔预设

选择【窗口】→【画笔预设】菜单命令，打开“画笔预设”面板。在“画笔预设”面板中选择画笔样式后，可拖动“大小”滑块调整笔尖大小。单击“画笔预设”面板右上角的按钮，打开图4-3所示的画笔预设的面板菜单，在其中可以选择面板的显示方式，以及载入预设的画笔库等。

画笔预设面板菜单中部分选项的含义如下。

◎ 新建画笔预设：用于创建新的画笔预设。

◎ 重命名画笔：选择一个画笔样式后，可选择该命令重命名画笔。

◎ 删除画笔：选择一个画笔样式后，可选择该命令将其删除。

◎ 仅文本 / 小缩览图 / 大缩览图 / 小列表 / 大列表 / 描边缩览图：可设置画笔在面板中的显示方式。选择“仅文本”选项，只显示画笔的名称；选择“小缩览图”和“大缩览图”选项，只显示画笔的缩览图和画笔大小；选择“小列表”和“大列表”选项，将以列表的形式显示画笔的名称和缩览图；选择“描边缩览图”选项，可显示画笔的缩览图和使用时的预览效果。图 4-4 和图 4-5 所示分别为在大列表和描边缩览图下的预览效果。

◎ 预设管理器：选择该命令可打开“预设管理器”窗口。

◎ 复位画笔：添加或删除画笔后，可选择该命令使面板恢复为显示默认的画笔状态。

◎ 载入画笔：选择该命令打开“载入”对话框，选择一个外部的画笔库，单击 载入(L) 按钮，可将新画笔样式载入“画笔”下拉面板和“画笔预设”面板中，如图 4-6 所示。

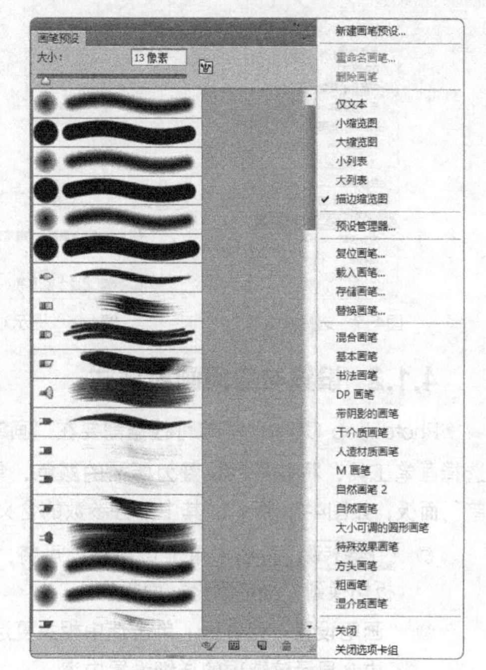

图4-3　画笔预设的面板菜单

图4-4　“大列表”显示

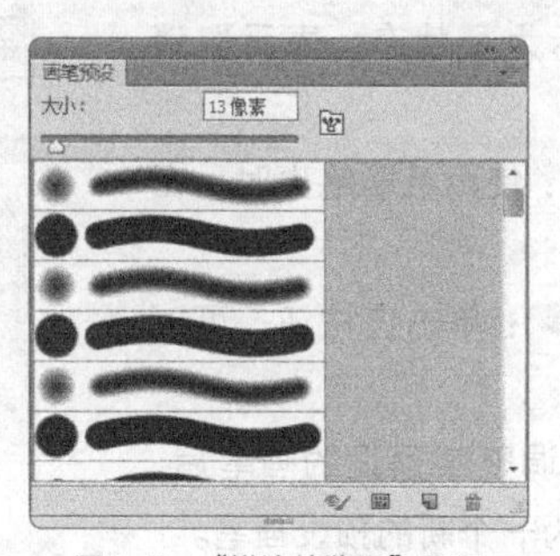

图4-5　“描边缩览图”显示

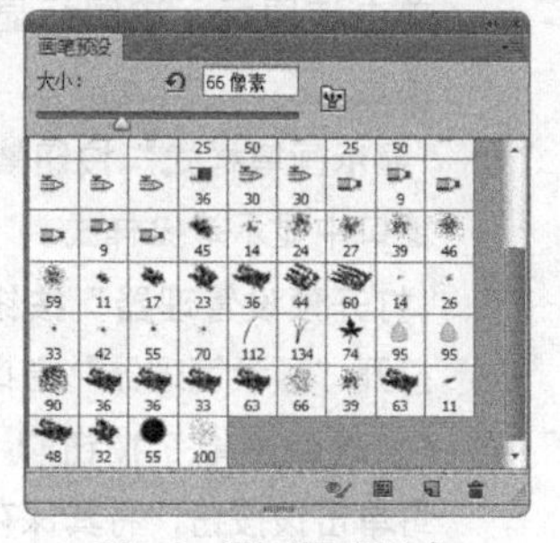

图4-6　添加的画笔样式

◎ 存储画笔：可将面板中的画笔保存为一个画笔库。

◎ 替换画笔：选择该命令可打开“载入”对话框，在其中可选择一个画笔库来替换面板中的画笔。

◎ 画笔库：该菜单中所列的是 Photoshop 提供的各种预设的画笔库。选择任意一个画笔库，如图 4-7 所示，在打开图 4-8 所示的提示对话框中单击 追加(A) 按钮，可将画笔载入面板中，如图 4-9 所示。

知识提示

载入画笔时会打开提示对话框，若单击 确定 按钮，则添加的画笔样式将覆盖原来的画笔样式；若单击 取消 按钮，可取消载入操作。

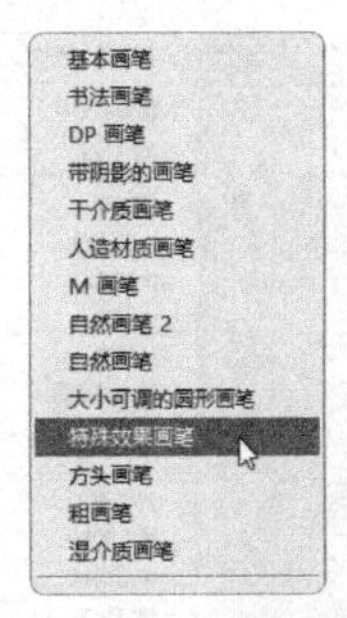

图4-7 选择画笔库

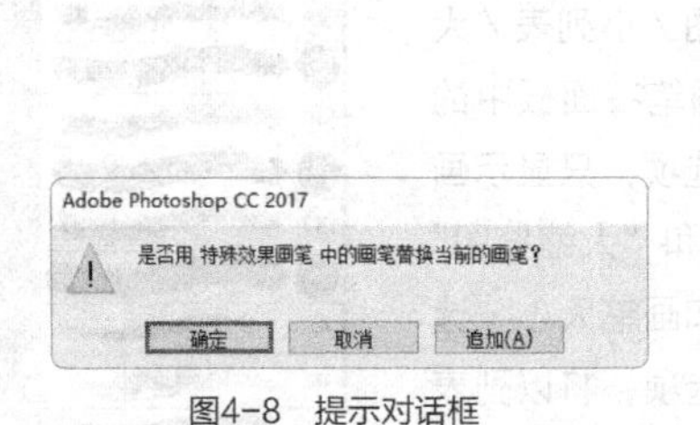

图4-8 提示对话框

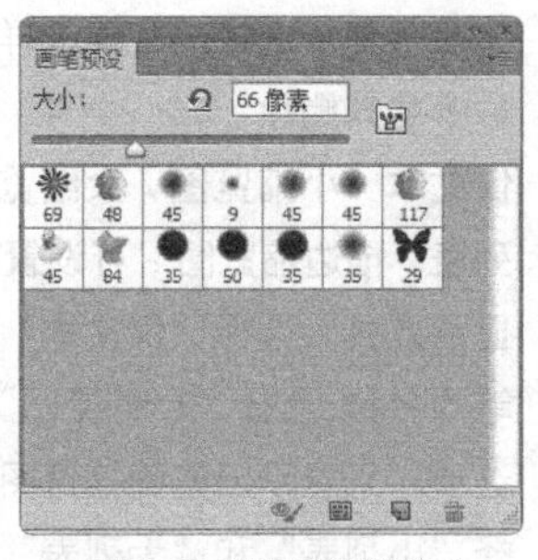

图4-9 添加的画笔样式

4.1.2 设置与应用画笔样式

Photoshop CC中的画笔可根据需要在“画笔”面板中更改样式和设置属性，以满足设计的需要。选择画笔工具，将前景色设置为所需的颜色，单击属性栏中的“切换画笔面板”按钮，打开“画笔”面板，如图4-10所示。其中部分参数的含义如下。

◎ 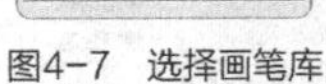按钮：单击该按钮，可将“画笔”面板切换到“画笔预设”面板。

◎ “画笔设置”列表框：单击选中相关复选框，面板中会显示该选项的详细设置内容。

◎ “锁定”/“未锁定”按钮：当显示为锁定图标时，表示当前画笔的笔尖形状属性为锁定状态，再次单击该图标，该图标显示为状态，表示取消锁定。

◎ “显示画笔样式”按钮：使用毛刷笔尖时，在窗口中显示笔尖样式。

◎ “打开预设管理器”按钮：单击该按钮，可以打开“预设管理器”窗口。

◎ “创建新画笔”按钮：调整某预设的画笔后，可单击该按钮，将其保存为一个新的预设画笔。

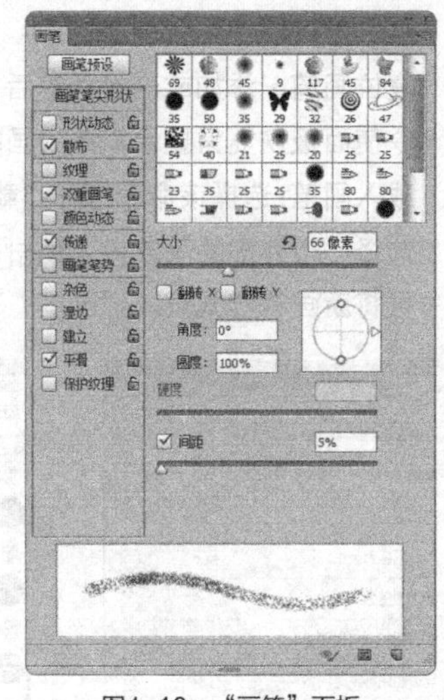

图4-10 “画笔”面板

1. 设置画笔笔尖形状

“画笔”面板默认显示“画笔笔尖形状”选项卡的内容，用户可在右侧列表框中选择需要的笔尖样式。面板下方的参数含义如下。

◎ “大小”数值框：主要用于设置画笔笔尖直径大小，可在其后的数值框中直接输入大小值，也可拖动下方的滑块来调整大小。

◎ “翻转”复选框：画笔翻转可分为水平翻转和垂直翻转，分别对应“翻转 X”和“翻转 Y”复选框。图 4-11 所示为对树叶状的画笔进行垂直翻转后的效果。

图4-11 垂直翻转树叶状画笔前后的效果

◎ “角度”数值框：用来设置画笔旋转的角度，值越大，旋转的效果越明显。图 4-12 所示为角度分别是 0° 和 90° 时的画笔效果。

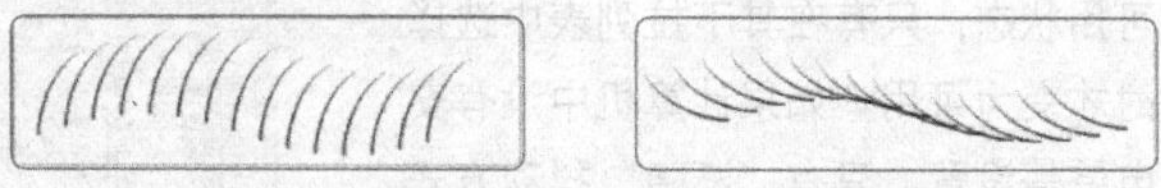

图4-12　角度分别为0° 和90° 时的画笔效果

◎ “圆度”数值框：用来设置画笔垂直方向和水平方向的比例关系，值越大，画笔越趋于正圆显示，值越小，越趋于椭圆显示。图 4-13 所示为圆度分别是 70% 和 10% 时的画笔效果。

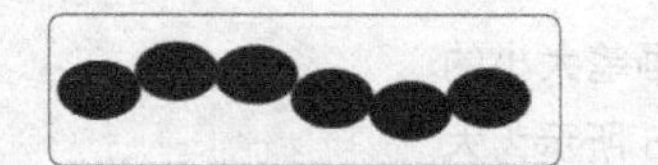

图4-13　圆度分别为70%和10%时的画笔效果

◎ “硬度”数值框：用来设置画笔绘图时的边缘晕化程度，值越大，画笔边缘越清晰，值越小，边缘越柔和。图 4-14 所示为硬度分别是 80% 和 30% 时的画笔效果。

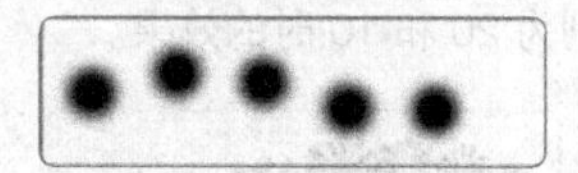

图4-14　硬度分别为80%和30%时的画笔效果

◎ “间距”数值框：用来设置连续运用画笔工具绘制时，画笔之间的距离。只需在“间距”数值框中输入相应的百分比数值即可，值越大，间距就越大。图 4-15 所示为间距分别是 50% 和 100% 时的效果。

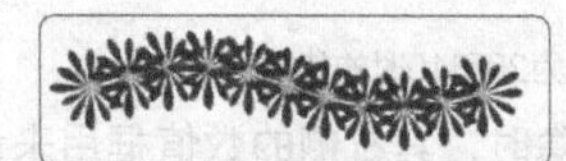

图4-15　间距分别为50%和100%时的效果

2. 创建自定义画笔

在Photoshop CC中，预设的画笔样式如果不能满足用户的要求，则可以现有预设的画笔样式为基础创建新的预设画笔样式。另外，还可以使用【编辑】→【定义画笔预设】命令将选择的任意形状选区中的图像画面定义为画笔样式，如图4-16所示。

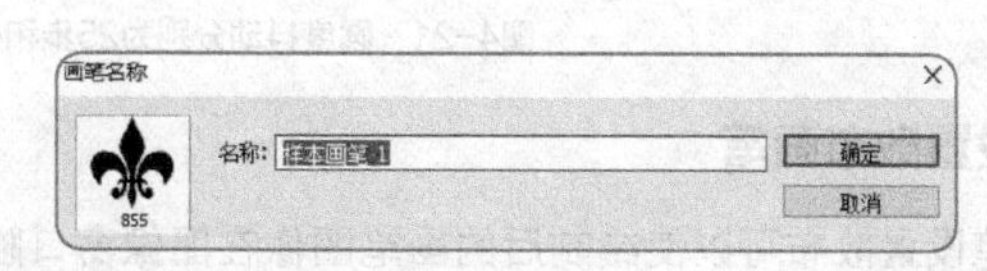

图4-16　自定义画笔

3. 设置形状动态画笔

为画笔设置形状动态效果，可以绘制出具有渐隐效果的图像，如烟雾从生成到渐渐消逝的过程或表现物体的运动轨迹等。单击选中“画笔”面板中的“形状动态”复选框后，面板显示如图4-17所示。

“画笔”面板中相关参数的含义如下。

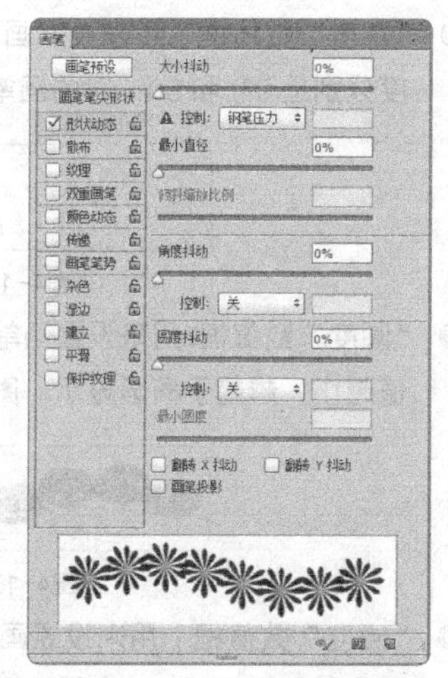

图4-17 “形状动态”画笔面板

◎ “控制”下拉列表框：用来控制画笔抖动的方式，默认情况为不可用状态，只有在其下拉列表中选择一种抖动方式时才变为可用。如果计算机中没有安装绘图板或光电笔等设置，只有“渐隐”抖动方式有效。在“控制”下拉列表中选择某种抖动方式后，如果其右侧的数值框变为可用，则表示当前设置的抖动方式有效，否则无效。

◎ “大小抖动”栏：用来控制画笔产生的画笔大小的动态效果，值越大抖动越明显。图 4-18 所示为大小抖动分别为 40% 和 100% 时的效果。当设置大小抖动方式为渐隐时，其右侧的数值框用来设置渐隐的步数，值越小，渐隐越明显。图 4-19 所示为渐隐步数分别为 20 和 10 时的效果。

图4-18 抖动分别为40%和100%时的效果

图4-19 渐隐步数分别为20和10时的效果

◎ “角度抖动”栏：当设置角度抖动方式为渐隐时，其右侧的数值框用来设置画笔旋转的步数。图 4-20 所示为角度抖动分别为 4 步和 10 步时的旋转效果。

图4-20 角度抖动分别为4步和10步时的旋转效果

◎ “圆度抖动”栏：当设置圆度抖动方式为渐隐时，其右侧的数值框用来设置画笔圆度抖动的步数。图 4-21 所示为圆度抖动分别为 25 步和 4 步时的效果。

图4-21 圆度抖动分别为25步和4步时的效果

4. 设置散布画笔

为画笔设置散布可以使绘制后的画笔图像在图像窗口随机分布。单击选中“画笔”控制面板中的“散布”复选框，在右侧设置相关的参数，面板显示如图4-22所示。

◎ “散布”栏：用来设置画笔散布的距离，值越大，散布范围越宽。图 4-23 所示为散布分别为 100% 和 200% 时的效果。

图4-23　散布分别为100%和200%时的效果

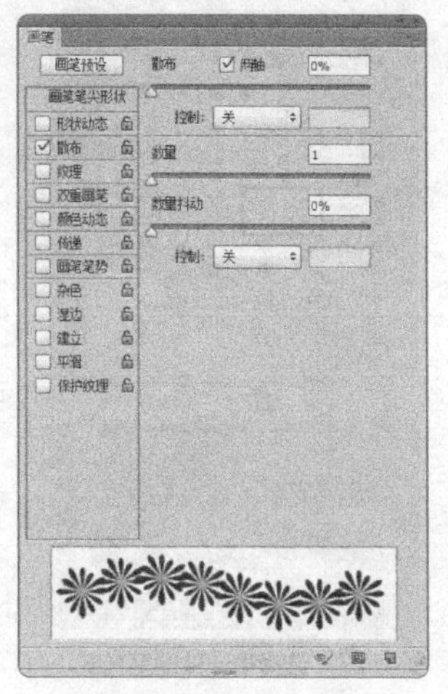

图4-22　散布“画笔”面板

◎ “数量”栏：用来控制画笔产生的数量，值越大，数量越多。图 4-24 所示为数量分别为 1 和 3 时的效果。

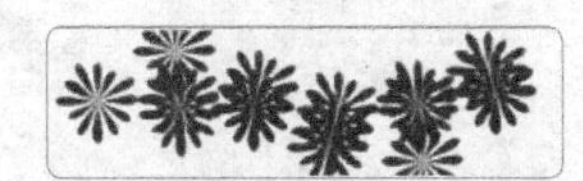

图4-24　数量分别为1和3时的效果

5. 设置纹理画笔

为画笔设置纹理可以使绘制后的画笔图像产生纹理化效果。单击选中“画笔”控制面板中的“纹理”复选框后，可在右侧设置相关的参数，面板显示如图4-25所示。

◎ “缩放”数值框：用来设置纹理在画笔中的大小显示，其中缩放值越大，纹理显示面积越大。

◎ “模式”下拉列表框：用来设置纹理与画笔的融入模式，选择不同的模式得到的纹理效果也不同。用户可试着选择不同的模式来观察。

◎ “深度”数值框：用来设置纹理在画笔中融入的深度，值越小，显示越不明显。图 4-26 所示为深度值分别为 10% 和 100% 时的效果。

图4-26　深度值分别为10%和100%时的效果

◎ “深度抖动”数值框：用来设置纹理融入画笔中的变化，值越大，抖动越强，效果越明显。

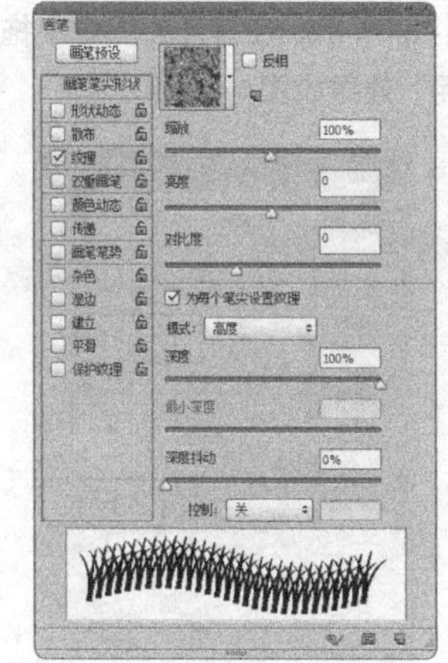

图4-25　纹理“画笔”面板

6. 设置双重画笔

为画笔设置双重画笔可以使绘制后的画笔图像中具有两种画笔样式的融入效果，其具体操作步骤如下。

（1）在“画笔笔尖”面板的画笔预览框中选择一种画笔样式作为双重画笔中的一种画笔样式，如图 4-27 所示。

（2）单击选中“双重画笔”复选框，在面板中选择一种画笔样式作为双重画笔中的第二种画笔样式，如图 4-28 所示。

（3）设置第二种画笔样式的直径、间距、散布、数量，以及与第一种画笔样式的混合模式，效果如图 4-29 所示。

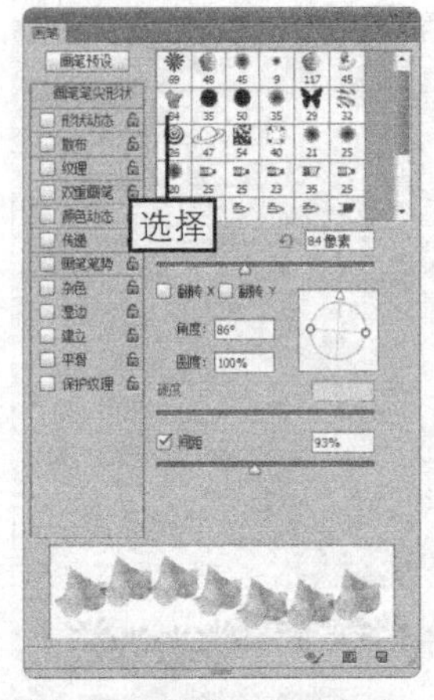

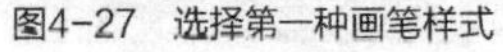

图4-27 选择第一种画笔样式

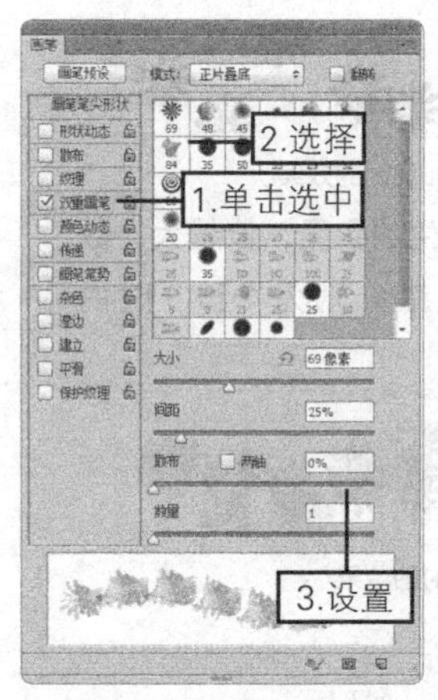

图4-28 选择第二种画笔样式

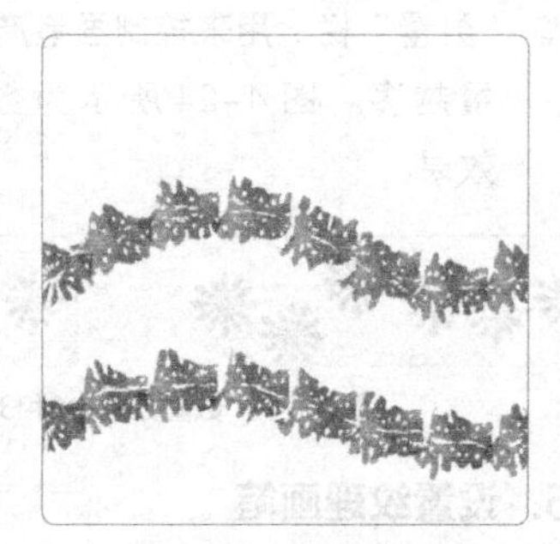

图4-29 双重画笔效果

7. 设置颜色动态画笔

为画笔设置颜色动态，可以使绘制后的画笔图像在两种颜色之间产生渐变过渡，其具体操作为：设置前景色和背景色，选择画笔工具，在“画笔”面板中选择图4-30所示的画笔样式。单击选中“颜色动态”复选框，并在控制面板中设置，使颜色的色相、饱和度、亮度和纯度产生渐隐样式，如图4-31所示。在打开的图像中拖动鼠标进行绘制，绘制后的图像颜色将在前景色和背景色之间起过渡作用，效果如图4-32所示。

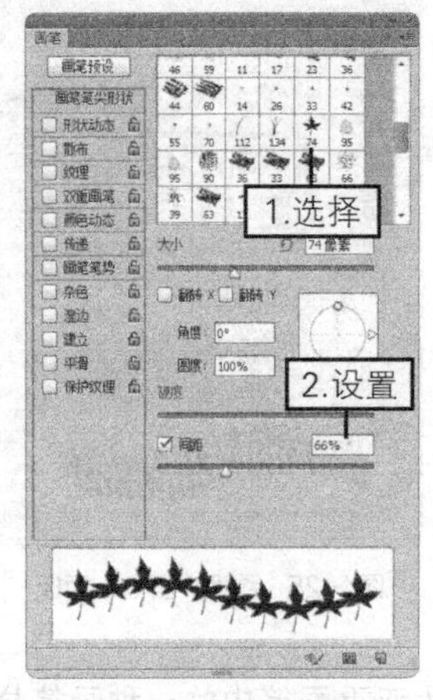

图4-30 选择画笔样式

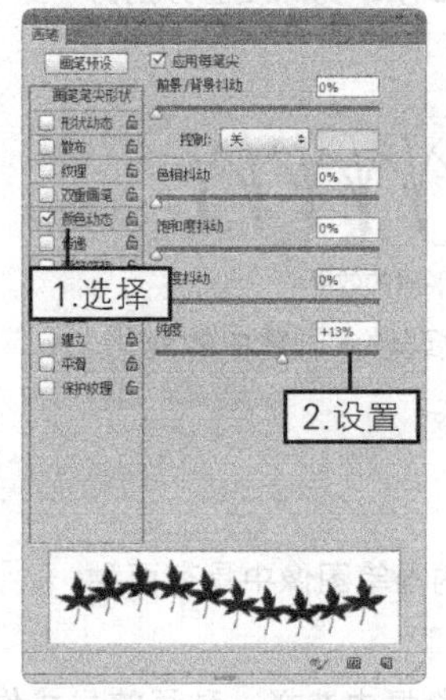

图4-31 设置颜色动态

图4-32 颜色动态画笔效果

8. 设置传递画笔

在Photoshop中设置传递画笔，可以绘制出自然的若隐若现的笔触效果，使画面更加灵动、通透，其具体操作为：在“画笔”面板中单击选中“传递”复选框，在控制面板中设置该项目，可以设置画笔的不透明度和流量抖动，如图4-33所示。在打开的图像中拖动鼠标进行绘制，绘制后的图像效果如图4-34所示。

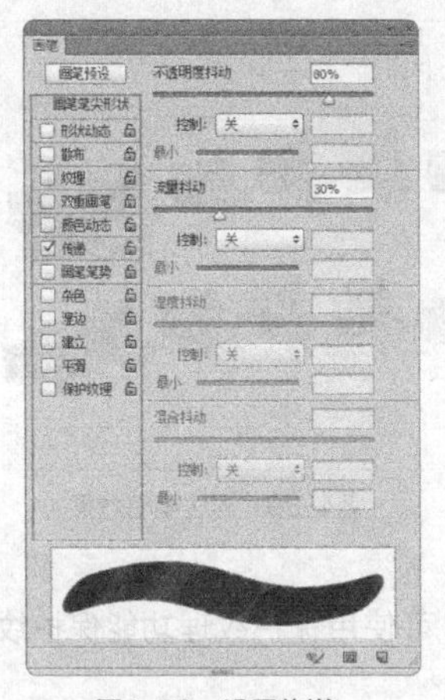

图4-33 设置传递

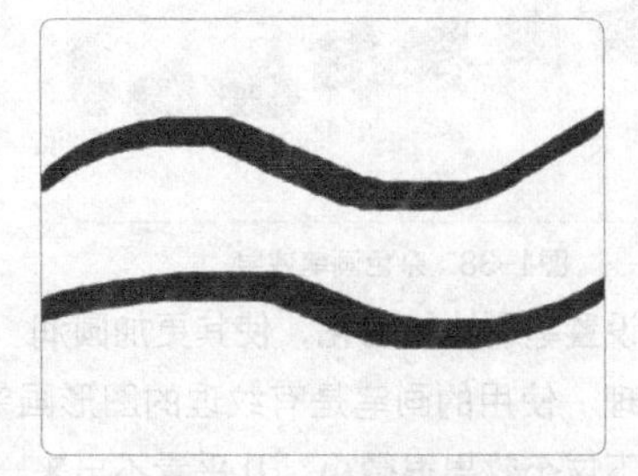

图4-34 传递画笔效果

9. 设置画笔笔势

画笔笔势主要用来调整毛刷画笔笔尖、侵蚀画笔笔尖的角度和绘制速率等。单击选中“画笔”控制面板中的“画笔笔势”复选框后，面板显示如图4-35所示。在其中可设置画笔笔尖的倾斜、旋转和压力，设置画笔笔势的毛刷笔尖如图4-36所示，侵蚀画笔笔尖如图4-37所示。

其相关参数的含义如下。

◎ “倾斜X”/“倾斜Y”栏：设置笔尖沿*X*轴或*Y*轴倾斜的角度。

◎ “旋转”栏：用来设置笔尖的旋转角度。

◎ “压力”栏：用于调整画笔压力，该值越高，绘制速度越快，线条越粗犷。

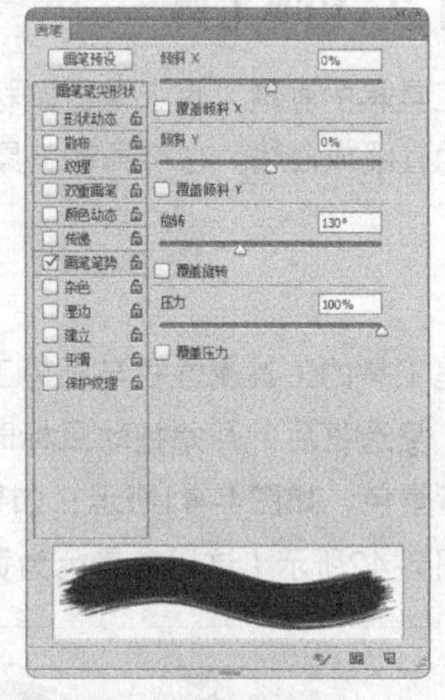

图4-35 画笔笔势“画笔”面板

图4-36 毛刷笔尖

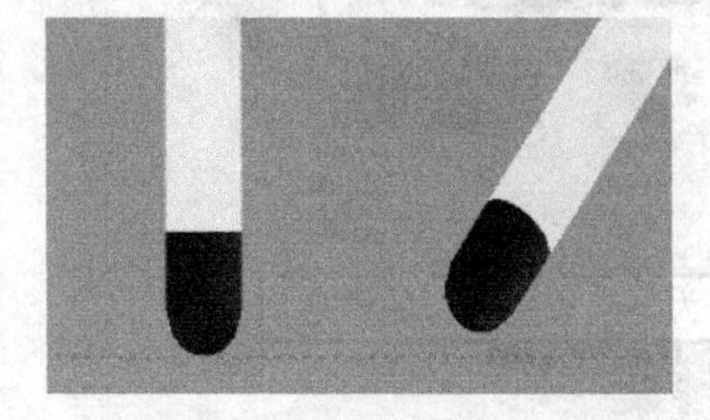

图4-37 侵蚀画笔笔尖

10. 设置其他画笔

在“画笔”面板中，除了可以对画笔进行上述设置外，还可以设置“杂色”“湿边”“建立”“平滑”和“保护纹理”，与之前的设置不同，单击选中这几种复选框时，并不会弹出该设置的控制面板，而是直接为图案添加对应效果，下面分别介绍这几种设置。

◎ 杂色：与图案叠加，添加杂色效果，如图4-38所示。

◎ 湿边：将笔刷的边缘颜色加深，如图4-39所示。

◎ 建立：启用喷枪样式的建立效果，即单击右键后不断绘制图案。

图4-38 杂色画笔效果

图4-39 湿边画笔效果

◎ 平滑：设置笔刷边缘羽化，使其更加圆润。

◎ 保护纹理：使用的画笔是有纹理的图形画笔时，可使用保护纹理功能保护纹理图案，但在一般情况下这个效果很微小，几乎看不出来。

4.1.3 铅笔工具

在工具箱的画笔工具上单击鼠标右键，在打开的画笔组中可选择铅笔工具。使用铅笔工具可绘制硬边的直线或曲线。它与画笔工具的设置与使用方法完全一样，工具属性栏如图4-40所示。

图4-40 铅笔工具属性栏

铅笔工具的工具属性栏与画笔工具类似，这里主要介绍自动抹除功能。在属性栏中单击选中“自动抹除”复选框后，开始拖动鼠标时，如果指针所在位置的中心在包含前景色的区域上，可将该区域涂抹成背景色，如图4-41所示；如果指针的中心在不包含前景色的区域上，则可将该区域涂抹成前景色，如图4-42所示（这里前景色为黄色，背景色为白色）。

图4-41 涂抹成背景色

图4-42 涂抹成前景色

4.1.4 课堂案例1——绘制水墨梅花

使用Photoshop能绘制各种风格的图像。下面将使用画笔工具绘制一幅水墨梅花图，主要练习如何灵活运用画笔工具绘制图像，效果如图4-43所示。

视频演示

素材位置　无

效果位置　配套资源\效果文件\第4章\水墨梅花.psd

（1）新建一个名称为“梅花”的图像文档，大小为“500×500”像素，分辨率为“300”。

（2）设置前景色为“R:240,G:243,B:234”，然后按【Alt+Delete】组合键使用前景色填充图像背景颜色，如图 4-44 所示。

（3）设置前景色为黑色，选择画笔工具，按【F5】键打开“画笔”面板，单击 画笔预设 按钮，打开“画笔预设”面板，单击 按钮，在打开的下拉列表中选择“湿介质画笔”选项。

（4）在打开的提示对话框中单击 追加(A) 按钮，添加的“湿介质画笔”样式将显示在面板中。再次选击“画笔预设”面板中的 按钮，在打开的下拉列表中选择“大列表”选项，改变画笔样式的显示状态，效果如图 4-45 所示。

图4-43　水墨梅花效果

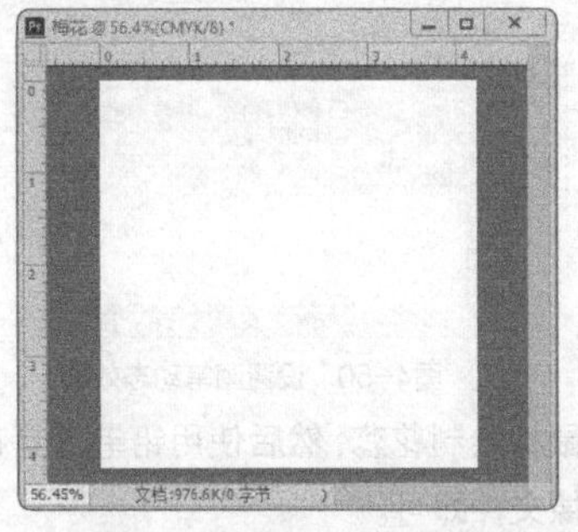
图4-44　填充图像背景颜色

图4-45　改变画笔样式的显示状态

（5）在“画笔”控制面板中选择“深描水彩笔”样式，按【D】键复位前景色和背景色，在绘图区域拖动鼠标绘制梅花枝条雏形，注意在绘制过程中可通过【[】和【]】键来控制画笔笔尖大小，绘制出梅花枝条的质感，如图 4-46 所示。

（6）继续使用当前画笔沿枝条边缘绘制细节，以突出枝条的苍劲感，如图 4-47 所示。

（7）设置前景色为“R:107,G:108,B:102”，在工具属性栏中设置画笔不透明度为“30%”，然后使用不同的画笔沿枝条涂抹，以突出枝条的明暗关系，如图 4-48 所示。

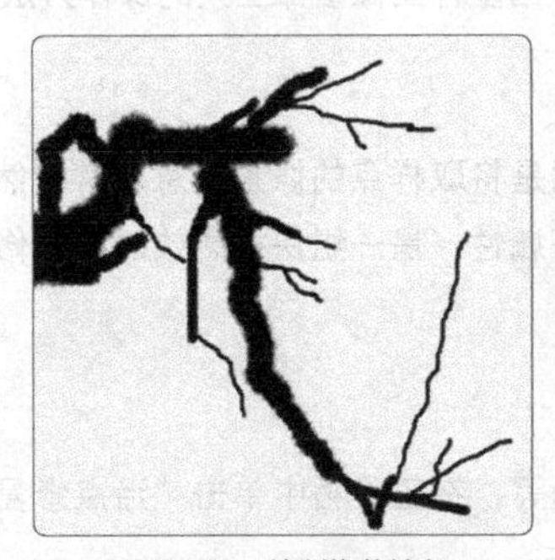
图4-46　绘制梅花枝条

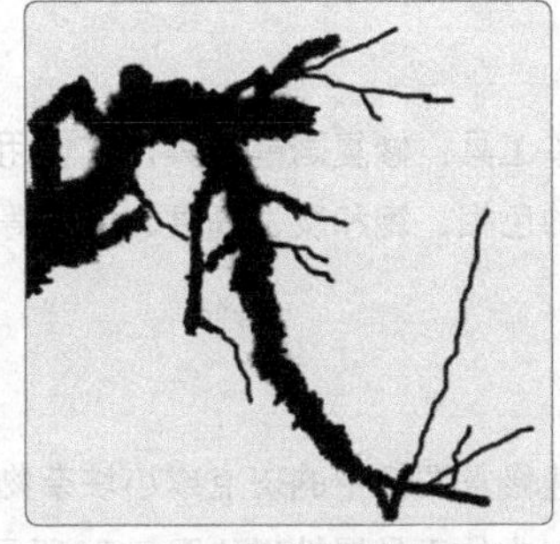
图4-47　增加枝条细节

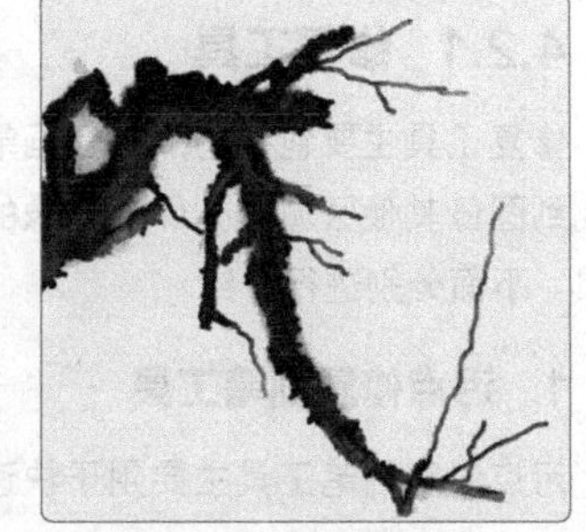
图4-48　突出枝条明暗关系

（8）按照载入“湿介质画笔”的方法将“自然画笔 2”载入“画笔”面板中，然后选择“旋绕画笔 60 像素”画笔样式。

（9）在工具属性栏中设置画笔的不透明度和流量均为“50%”，然后设置不同大小的画笔绘制不同大小的花瓣，在花瓣颜色较深处可多单击几次，如图 4-49 所示。

（10）在“画笔”面板中选择“柔角 45”画笔样式，将其主直径设置为“2px”，单击选中“形状动态”复选框，将画笔设置为渐隐模式，渐隐范围为“25”，如图 4-50 所示。

（11）在工具属性栏中设置画笔的不透明度为“80%”，放大显示某个花瓣，然后拖动鼠标绘制 4 条渐隐线条，得到花蕊效果，如图 4-51 所示。

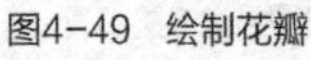

图4-49 绘制花瓣

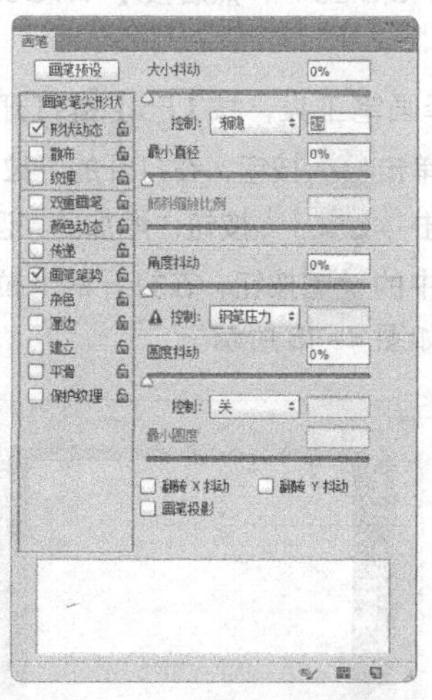

图4-50 设置画笔动态效果

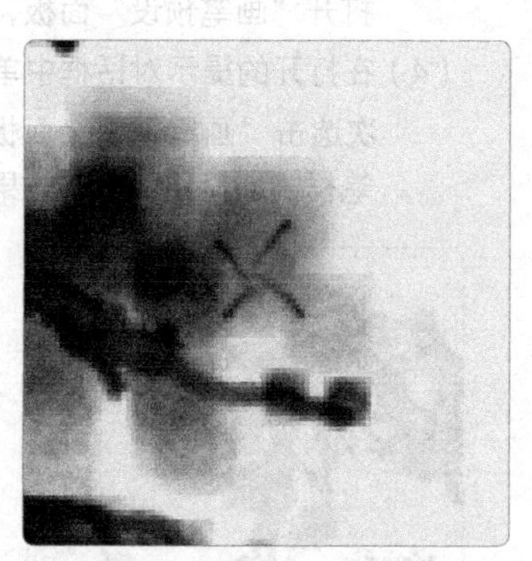

图4-51 绘制花蕊

（12）继续在其他花瓣处拖动鼠标绘制花蕊，然后使用铅笔工具在图像左下侧手动绘制“暗香浮动”文字图像，最后保存图像文件即可。

4.2 修饰图像

通过Photoshop绘制或使用数码相机拍摄获得的图像往往有不足之处，如绘制后的图像具有明显的人工处理痕迹、没有景深感、色彩不平衡、明暗关系不明显、存在曝光或杂点等，这就需要利用Photoshop CC的各种图像修饰工具对图像进行修饰美化。本节将介绍多种图像修饰工具的操作方法。

4.2.1 修复工具

修复工具主要包括污点修复画笔工具、修复画笔工具，其作用是将取样点的像素信息非常自然地复制到图像其他区域，并保持图像的色相、饱和度、高度、纹理等属性，是一组快捷高效的图像修饰工具。下面分别进行介绍。

1. 污点修复画笔工具

污点修复画笔工具主要用于快速修复图像中的斑点或小块杂物等，在工具箱中单击“污点修复画笔工具”按钮即可选择该工具，对应的工具属性栏如图4-52所示。

图4-52 污点修复画笔工具属性栏

污点修复画笔工具属性栏中相关参数的含义如下。

◎ “画笔”下拉列表：与画笔工具属性栏对应的选项一样，用于设置画笔的大小和样式等参数。

◎ “模式”下拉列表框：用于设置绘制后生成图像与底色之间的混合模式。其中选择“替换”模式时，可保留画笔描边边缘处的杂色、胶片颗粒、纹理。

◎ “类型”栏：用于设置修复图像区域过程中采用的修复类型。单击选中“近似匹配”单选项，可使用选区边缘周围的像素来查找用作选定区域修补的图像区域；单击选中“创建纹理”单选项，可使用选区中的所有像素创建一个用于修复该区域的纹理，并使纹理与周围纹理相协调；单击选中“内容识别”单选项，可使用选区周围的像素进行修复。

◎ “对所有图层取样”复选框：单击选中该复选框，修复图像时将从所有可见图层中对数据进行取样。

2. 修复画笔工具

使用修复画笔工具可以利用图像或图案中的样本像素来绘画，不同之处在于其可以从被修饰区域的周围取样，并将样本的纹理、光照、透明度、阴影等与所修复的像素匹配，从而去除照片中的污点和划痕。在工具箱中选择修复画笔工具，对应的工具属性栏如图4-53所示。

图4-53　修复画笔工具属性栏

修复画笔工具属性栏中相关选项的含义如下。

◎ “源”栏：设置用于修复像素的来源。单击选中“取样”单选项，使用当前图像中定义的像素进行修复；单击选中“图案”单选项，可从后面的下拉列表中选择预定义的图案对图像进行修复。

◎ “对齐”复选框：用于设置对齐像素的方式。

◎ “样本”下拉列表：用于设置取样图层的范围。

4.2.2 修补工具

修补工具是一种使用频繁的修复工具。其工作原理与修复工具一样，一般与套索工具一样绘制一个自由选区，然后将该区域内的图像拖动到目标位置，从而完成对目标处图像的修复。选择该工具后，对应的工具属性栏如图4-54所示。

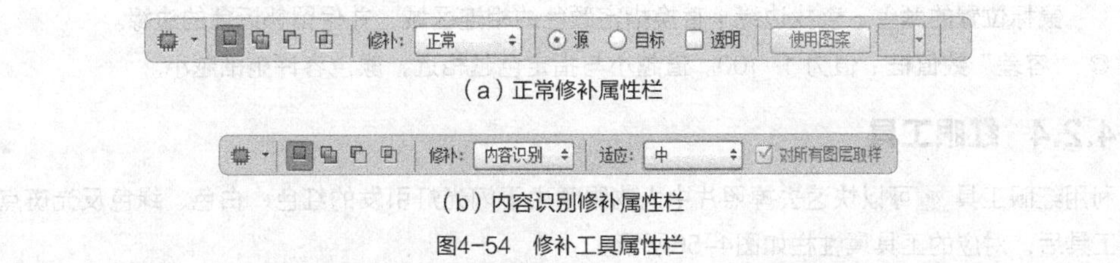

（a）正常修补属性栏

（b）内容识别修补属性栏

图4-54　修补工具属性栏

修补工具属性栏中相关选项的含义如下。

◎ “选区创建方式”按钮组：单击“新选区”按钮，可以创建一个新的选区，若图像中已有选区，则绘制的新选区会替换原有的选区；单击“添加到选区”按钮，可在当前选区的基础上添加新的选区；单击“从选区减去”按钮，可在原选区中减去当前绘制的选区；单击“与选区交叉”按钮，可得到原选区与当前创建选区相交的部分。

◎“修补”下拉列表框：用于设置修补方式，有正常和内容识别修补两种方式。

◎“源”与“目标”单选项：单击选中“源”单选项，将选区拖至需修补的区域后，将用当前选区中的图像修补之前选中的图像；若单击选中“目标”单选项，则会将选中的图像复制到目标区域。

◎“透明”复选框：单击选中该复选框后，可使修补的图像与原图像产生透明的叠加效果。

◎ 使用图案 按钮：绘制选区后激活该按钮，在按钮右侧的图案下拉面板中选择一种图案，单击该按钮，可使用图案修补选区内的图像。

◎“适应”下拉列表框：下拉列表中有5个不同程度的适应值，以指定修补在反映现有图像的图案时应达到的近似程度。

操作技巧

利用修补工具绘制选区时，与自由套索工具绘制的方法一样。为了精确绘制选区，可先使用选区工具绘制选区，然后切换到修补工具进行修补即可。

4.2.3 颜色替换工具

颜色替换工具是在图像中涂抹特定颜色区域，可以使用设置的颜色，替换原有的颜色。选择该工具后，对应的工具属性栏如图4-55所示。

图4-55 颜色替换工具属性栏

颜色工具属性栏中相关选项的含义如下。

◎“模式”下拉列表：设置新色与替换色间的混合模式。色相表示纯粹的颜色，饱和度表示色相浓淡，明度表示色相明亮程度，颜色由三者组成。

◎“取样：一次”按钮：第1次单击鼠标时的颜色即为要被替换的颜色。

◎“取样：连续”按钮：随着鼠标的拖动从而动态取样，以鼠标所在位置颜色作为被替换颜色。

◎“取样：背景色板”按钮：将PS当前的“背景”色替换为当前PS的“前景”色。要替换图像背景，需先将图像背景指定为画笔当前的背景。

◎“限制”下拉列表：替换颜色的限制方式。连续：替换鼠标邻近区域的颜色；不连续：只替换鼠标位置的颜色；查找边缘：替换指定颜色的相连区域，并保留邻近色的边缘。

◎“容差”数值框：值为1~100。值越小与指定色越相近，颜色容许范围越小。

4.2.4 红眼工具

利用红眼工具可以快速去掉照片中人物眼睛由于闪光灯引发的红色、白色、绿色反光斑点。选择该工具后，对应的工具属性栏如图4-56所示。

红眼工具属性栏中相关选项的含义如下。

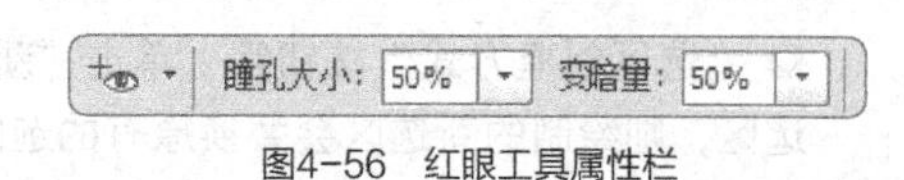

图4-56 红眼工具属性栏

◎“瞳孔大小”数值框：用于设置瞳孔（眼睛暗色的中心）的大小。

◎“变暗量”数值框：用于设置瞳孔的暗度。

4.2.5 图章工具

图章工具组由仿制图章工具和图案图章工具组成，可以使用颜色或图案填充图像或选区，实现图像的复制或替换。

1. 仿制图章工具

利用仿制图章工具可以将图像窗口中的局部图像或全部图像复制到其他的图像中。选择仿制图章工具，工具属性栏如图4-57所示。

图4-57　仿制图章工具属性栏

仿制图章工具属性栏中相关选项的含义如下。

◎ “切换仿制源面板”按钮：单击该按钮可打开“仿制源”面板。

◎ “对齐”复选框：单击选中该复选框，可连续对像素进行取样；撤销选中该复选框，则每单击一次鼠标，都会使用初始取样点中的样本像素进行绘制。

◎ “样本”下拉列表：用于选择从指定的图层中进行数据取样。若要从当前图层及其下方的可见图层取样，应在该下拉列表中选择“当前和下方图层”选项；若仅从当前图层中取样，可选择“当前图层”选项；若要从所有可见图层中取样，可选择“所有图层”选项；若要从调整层以外的所有可见图层中取样，可选择“所有图层”选项，然后单击选项右侧的“忽略调整图层”按钮即可。

图4-58所示为使用仿制图章工具去除照片中多余图像的效果。

图4-58　使用仿制图章工具修复照片背景

2. 图案图章工具

使用图案图章工具可以将Photoshop CC自带的图案或自定义的图案填充到图像中，就和使用画笔工具绘制图案一样。在工具箱中选择图案图章工具，工具属性栏如图4-59所示。

图4-59　图案图章工具属性栏

图案图章工具属性栏中相关选项的含义如下。

◎ “对齐”复选框：单击选中该复选框，可保持图案与原始起点的连续性；撤销单击选中该复选框，则每次单击鼠标都会重新应用图案。

◎ “图案”下拉列表框：在打开的下拉列表框中可以选择所需的图案样式。

◎ “印象派效果”复选框：单击选中该复选框，绘制的图案具有印象派绘画的艺术效果。

4.2.6 模糊工具

使用模糊工具可以降低图像中相邻像素之间的对比度，从而使图像产生模糊的效果。选择工具箱中的模糊工具，在图像需要模糊的区域单击并拖动鼠标，即可进行模糊处理，其工具属性栏如图4-60所示。其中“强度”数值框用于设置运用模糊工具时着色的力度，值越大，模糊的效果越明显，取值范围为1%~100%。

图4-60 模糊工具属性栏

4.2.7 锐化工具

锐化工具的作用与模糊工具刚好相反，它能使模糊的图像变得清晰，常用于增加图像的细节表现，但并不代表进行模糊操作的图像再经过锐化处理就能恢复到原始状态。在工具箱中选择锐化工具，锐化工具的属性栏各选项与模糊工具的作用完全相同。

图4-61所示为使用锐化工具修饰图像的效果。

图4-61 锐化图像效果

4.2.8 减淡工具

使用减淡工具可通过提高图像的曝光度来提高涂抹区域的亮度。其工具属性栏图4-62所示。

图4-62 减淡工具属性栏

减淡工具属性栏中相关选项的含义如下。

◎ “范围”下拉列表框：可选择要修改的色调。选择“阴影”选项，可处理图像中的暗色区域；选择“中间调”选项，可处理图像中的中间调区域；选择“高光”选项，可处理图像的亮部色调区域。

◎ “曝光度”数值框：可为减淡工具指定曝光度，值越高，效果越明显。

◎ “喷枪”按钮：单击该按钮，可为画笔开启喷枪功能。

◎ “保护色调”复选框：可保护图像的色调不受影响。

4.2.9 加深工具

加深工具的作用与减淡工具相反，即通过降低图像的曝光度来降低图像的亮度。加深工具的属性栏（见图4-63）各选项与减淡工具的作用完全相同。

图4-63　加深工具属性栏

对图4-64所示的图像使用减淡工具处理后的效果如图4-65所示，使用加深工具处理后的效果如图4-66所示。

图4-64　原图像

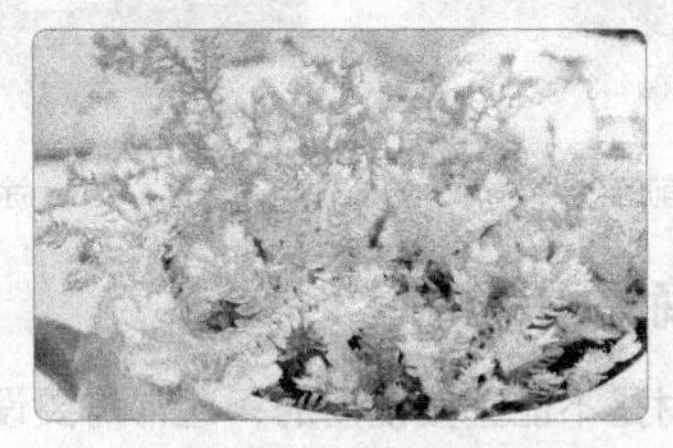

图4-65　减淡效果

图4-66　加深效果

4.2.10　海绵工具

海绵工具可增加或降低图像的饱和度，即像海绵吸水一样，增加或减少图像光泽感。其工具属性栏如图4-67所示。

图4-67　海绵工具属性栏

海绵工具属性栏中相关选项的含义如下。

◎ “模式”下拉列表框：用于设置是否增加或降低饱和度，选择“去色”选项，表示降低图像中的色彩饱和度；选择“加色”选项，表示增加图像的色彩饱和度。

◎ “流量”数值框：可设置海绵工具的流量，流量值越大，饱和度改变的效果越明显。

◎ “自然饱和度”复选框：单击选中该复选框后，在进行增加饱和度的操作时，可避免颜色过于饱和而出现溢色。

图4-68所示为使用海绵工具降低饱和度后，图像的对比效果。

图4-68　降低饱和度的图像对比效果

4.2.11　涂抹工具

涂抹工具用于选取单击鼠标起点处的颜色，并沿拖移的方向扩张颜色，从而模拟出用手指在未干的画布上涂抹的效果，常在效果图后期用来绘制毛料制品。其工具属性栏各选项的含义与模糊工具相同。

图4-69所示为涂抹处理前的效果，使用涂抹工具后的效果如图4-70所示。

图4-69 涂抹前的效果

图4-70 涂抹后的效果

4.2.12 课堂案例2——商品图片精修

在进行平面设计时，一般的素材是不能直接使用的，通常需要设计师进行相关处理后才能使用。下面对“唇彩宣传图.jpg”素材图像进行处理，效果如图4-71所示。

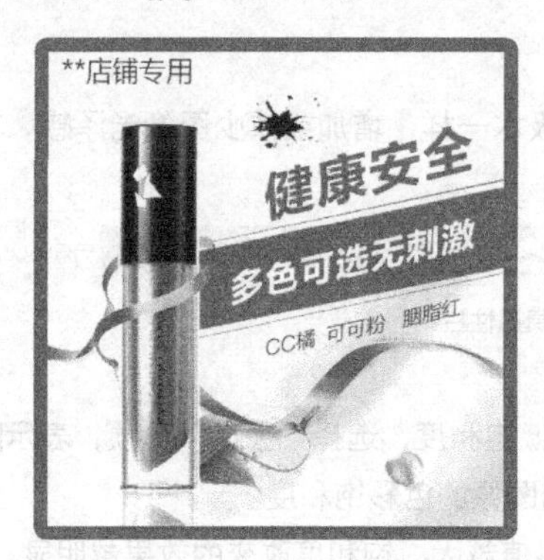

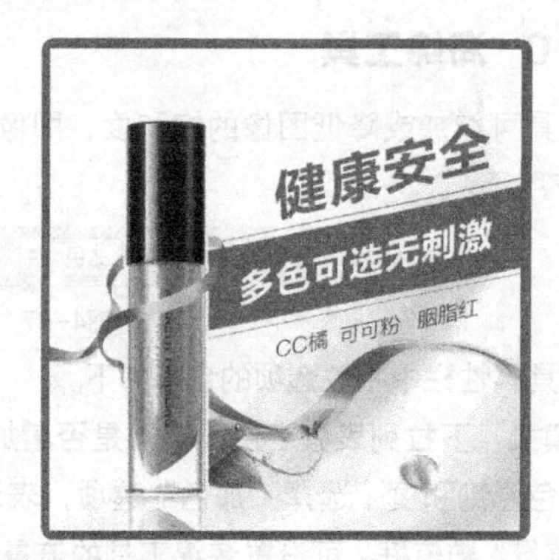

图 4-71 商品图片精修的前后对比

视频演示

素材位置 配套资源\素材文件\第4章\唇彩宣传图.jpg

效果位置 配套资源\效果文件\第4章\唇彩宣传图.jpg

（1）打开“唇彩宣传图 .jpg”素材文件，在工具箱中选择修补工具，在产品盖子区域的白色污渍选区绘制选区，按住【Shift】键在选区内向上多次拖动鼠标，直到去除污渍，如图 4-72 所示。

（2）在工具箱中选择污点修复工具，修复图像上方的水印，如图 4-73 所示。

（3）在工具箱中选择仿制图章工具，调整图章大小，在图像上方干净处按住【Alt】键并单击拾取样本，然后在污渍处拖动去除污渍，按【Alt】键多次拾取，直到污渍完全去除，如图 4-74 所示。

（4）在工具箱中选择快速选择工具，选择唇彩，创建选区，如图 4-75 所示。

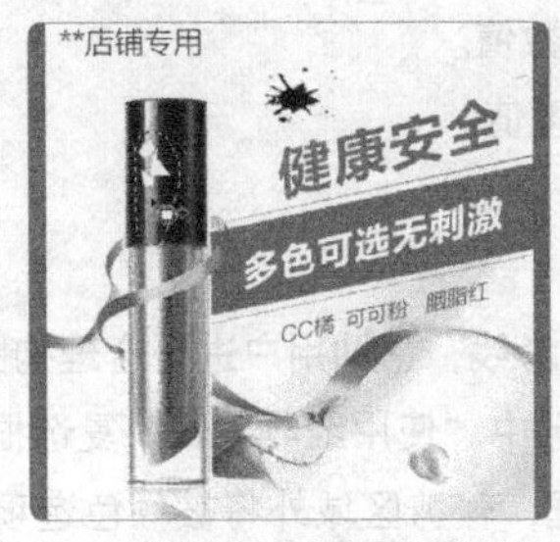

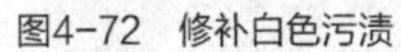
图4-72 修补白色污渍

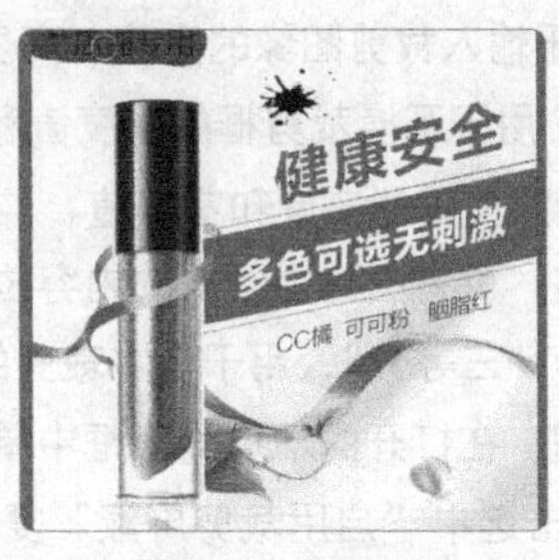

图4-73 修复水印

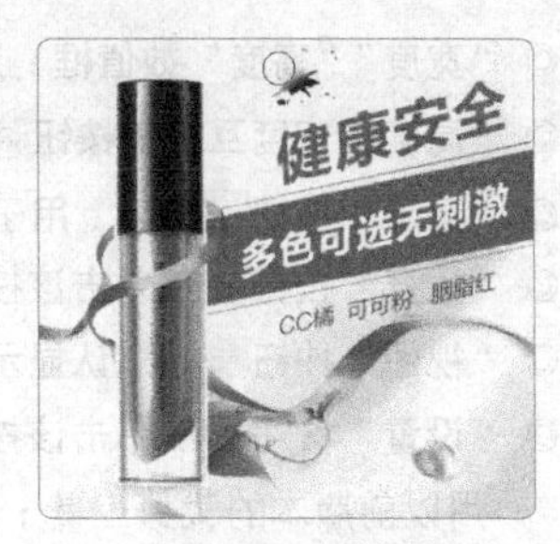

图4-74 去除污渍

（5）在工具箱中选择海绵工具，在“模式”下拉列表中选择“加色”选项，设置流量为“30%”，在选区中拖动鼠标，使商品更加鲜艳，如图 4-76 所示。取消选区，完成商品图像处理并保存图像。

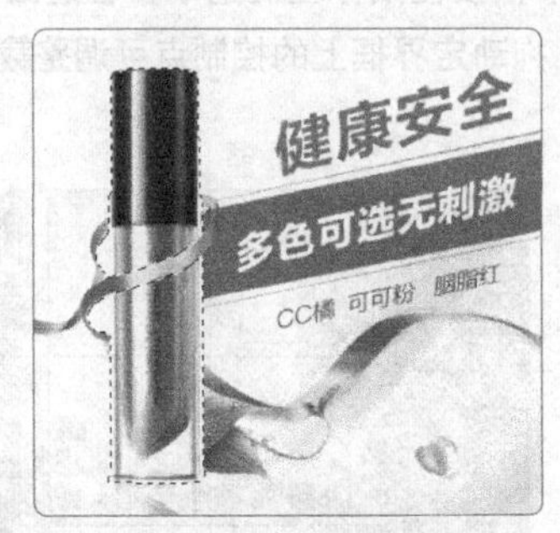

图4-75 创建选区

图4-76 增加饱和度后的效果

4.3 裁剪与擦除图像

处理图像时，对于多余或者需要隐藏的图像，可以根据需要对图像进行裁剪和擦除等编辑。本节将介绍裁剪工具、橡皮擦工具，以及内容识别功能的使用方法。

4.3.1 使用裁剪工具裁剪图像

Photoshop CC提供了对图像进行规则裁剪的功能，因此在处理图像时，用户可根据需要裁剪出像素大小符合要求的图像。

1. 裁剪工具

当仅需要图像的一部分时，可以使用裁剪工具快速删除部分图像。使用该工具在图像中拖动绘制一个矩形区域，矩形区域内部代表裁剪后图像保留的部分，矩形区域外部表示将被删除的部分。需要注意的是，裁剪工具的属性栏在执行裁剪操作时的前后显示状态不同。选择裁剪工具，其工具属性栏如图4-77所示。

图4-77 裁剪工具属性栏

裁剪工具属性栏中相关选项的含义如下。

◎ 比例 下拉列表框：用于设置裁剪比例，选择“比例”选项可以自由调整裁剪框的大小。

◎ “宽度”“高度”数值框：用于输入裁剪图像的宽度、高度的数值。

◎ “高度和宽度互换”按钮：用于互换裁剪框的高度值和宽度值。

◎ “清除”按钮清除：用于清除设置的高度和宽度值。

◎ “拉直”按钮：单击该按钮，可将图片中倾斜的内容拉直。

◎ “视图”按钮：默认显示为“三等分”，用于设置裁剪的参考线，帮助用户进行合理构图。

◎ “设置”按钮：单击该按钮，在打开的下拉列表框中单击选中“使用经典模式”复选框将使用以前版本的裁剪工具；单击选中“启用裁剪屏蔽”复选框，裁剪区域外将被颜色选项中设置的颜色覆盖。

◎ “删除裁剪的像素”复选框：默认情况下，裁剪掉的图像保留在文件中，使用移动工具可使隐藏的部分显示出来，如果要彻底删除裁剪的图像，需要选中“删除裁剪的像素”复选框。

选择裁剪工具后，将鼠标指针移到图像窗口中，按住鼠标左键拖动，框选出需保留的图像区域，如图4-78所示。在保留区域四周有一个定界框，拖动定界框上的控制点可调整裁剪区域的大小，如图4-79所示。

图4-78 框选图像区域

图4-79 调整区域大小

2. 透视裁剪工具

透视裁剪工具是Photoshop CC新增加的裁剪工具，可以解决由于拍摄不当造成的透视畸变问题，选择裁剪工具后，工具属性栏如图4-80所示。

图4-80 透视裁剪工具属性栏

透视裁剪工具属性栏中相关选项的含义如下。

◎ “W/H”数值框：用于输入图像的宽度和高度值，可以按照设定的尺寸裁剪图像。

◎ “分辨率”数值框：用于输入裁剪图像的分辨率，裁剪图像后，图像的分辨率自动调整为设置的大小，在实际操作中尽量将分辨率设得高一些。

◎ “高度和宽度互换”按钮：用于互换裁剪框的高度值和宽度值。

◎ 前面的图像按钮：单击该按钮，“W/H”数值框、“分辨率”数值框中显示当前文档的尺寸和分辨率。如果打开了两个文档，则将显示另一文档的尺寸和分辨率。

◎ 清除按钮：单击该按钮，可清除“W/H”数值框、“分辨率”数值框中的数据。

◎ “显示网格”复选框：单击选中该复选框将显示网格线，撤销选中则隐藏网格线。

使用透视裁剪工具调整透视畸变照片的具体操作如下。

（1）选择透视裁剪工具，在工具属性栏中将宽和高设置为“5 厘米”“2 厘米”，将分辨率设置为“1 500 像素 / 英寸”。

（2）在图像中单击鼠标确定第一个控制点，然后拖动鼠标创建矩形裁剪框，如图 4-81 所示。

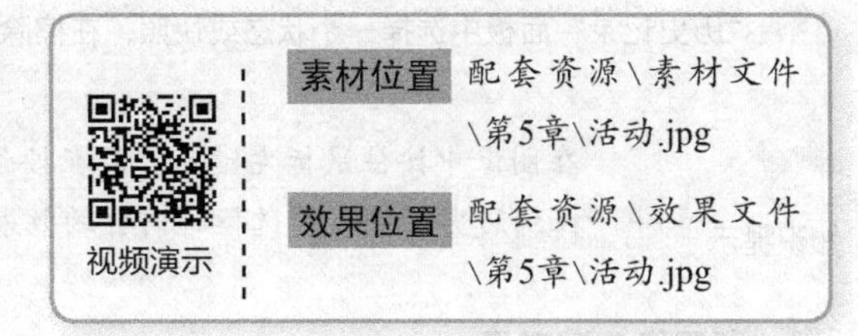

（3）将鼠标指针移到右侧上方的控制点，然后按住鼠标左键不放向下拖动；使用相同方法将右侧下方的控制点上移，如图 4-82 所示。

（4）调整好裁剪框后，按【Enter】键确认裁剪，如图 4-83 所示。

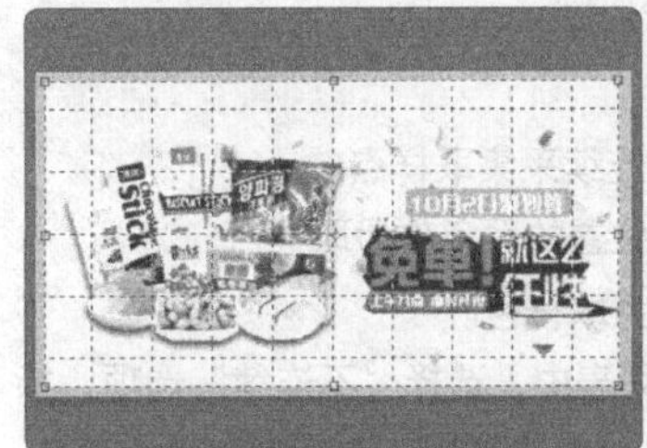

图4-81　创建矩形裁剪框

图4-82　拖动控制点

图4-83　最终效果

3. 切片工具

切片工具是网页效果图设计必不可少的工具。其使用方法是，选择切片工具，在图像中需要切片的位置拖动鼠标绘制即可创建切片。与裁剪工具不同的是，使用切片工具创建区域后，区域内和区域外都将被保留，区域内为用户切片，区域外为其他切片。

4.3.2　使用橡皮擦工具擦除图像

Photoshop CC提供的图像擦除工具有橡皮擦工具、背景橡皮擦工具、魔术橡皮擦工具，分别实现不同的擦除功能。

1. 橡皮擦工具

橡皮擦工具主要用来擦除当前图像中的颜色。选择橡皮擦工具后，可以在图像中拖动鼠标，根据画笔形状擦除图像，擦除后图像将不可恢复。其工具属性栏如图4-84所示。

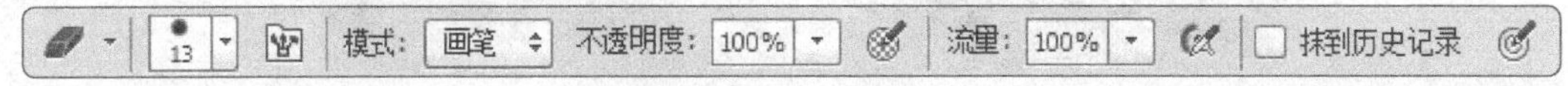

图4-84　橡皮擦工具属性栏

橡皮擦工具属性栏中相关选项的含义如下。

◎ “模式”下拉列表框：其中包含 3 种擦除模式，即画笔、铅笔和块。

◎ “不透明度”下拉列表框：用于设置工具的擦除强度，100% 的不透明度可完全擦除像素，较低的不透明度将部分擦除像素。将“模式”设置为“块”时，不能使用该选项。

◎ “流量”下拉列表框：用于控制工具的涂抹速度。

◎ “抹到历史记录”复选框：其作用与历史记录画笔工具的作用相同。单击选中该复选框，在

"历史记录"面板中选择一个状态或快照，在擦除时可将图像恢复为指定状态。

知识提示

在图像中按住鼠标左键，然后在按住【Alt】键的同时拖动鼠标，可实现选中"抹到历史记录"复选框时同样的效果。

2. 背景橡皮擦工具

与橡皮擦工具相比，使用背景橡皮擦工具可以将图像擦除到透明色，在擦除时会不断吸取涂抹经过地方的颜色作为背景色。其属性栏如图4-85所示。

图4-85 背景橡皮擦工具属性栏

背景橡皮擦工具属性栏中相关选项的含义如下。

◎ "取样：连续"按钮：单击该按钮，在擦除图像过程中将连续采集取样点。

◎ "取样：一次"按钮：单击该按钮，将以第一次单击鼠标位置的颜色作为取样点。

◎ "取样：背景色板"按钮：单击该按钮，将当前背景色作为取样色。

◎ "限制"下拉列表框：单击右侧的下拉按钮，在打开的下拉列表中，选择"不连续"选项，指擦除整幅图像上包含样本色彩的区域；选择"连续"选项指只擦除连续的包含样本色彩的区域；选择"查找边缘"选项，自动查找与取样色彩区域连接的边界，也能在擦除过程中更好地保持边缘的锐化效果。

◎ "容差"数值框：用于调整需要擦除点与取样点色彩相近的颜色范围。

◎ "保护前景色"复选框：单击选中该复选框，可保护图像中与前景色匹配的区域不被擦除。

背景橡皮擦工具有别于橡皮擦工具，其作用是擦除指定的颜色。使用背景橡皮擦擦除标签，显示出了背景色。对比效果如图4-86所示。

图4-86 擦除的效果

3. 魔术橡皮擦工具

魔术橡皮擦工具是一种根据像素颜色擦除图像的工具。选择魔术橡皮擦工具，在图层中单击，所有相似的颜色区域将被擦除且变成透明的区域。其属性栏如图4-87所示。

容差：32 ☑ 消除锯齿 ☑ 连续 ☐ 对所有图层取样 不透明度：100%

图4-87 魔术橡皮擦工具属性栏

魔术橡皮擦工具属性栏中相关选项的含义如下。

◎ “容差”文本框：用于设置可擦除的颜色范围。容差值越小，擦除的像素范围越小；容差值越大，擦除的范围越大。

◎ “消除锯齿”复选框：单击选中该复选框，会使擦除区域的边缘更加光滑。

◎ “连续”复选框：单击选中该复选框，只擦除与临近区域中颜色类似的部分；撤销选中该复选框，会擦除图像中所有颜色类似的区域。

◎ “对所有图层取样”复选框：单击选中该复选框，可以利用所有可见图层中的组合数据来采集色样；撤销选中该复选框，只采集当前图层的颜色信息。

◎ “不透明度”下拉列表框：用于设置擦除强度，100% 的不透明度将完全擦除像素，较低的不透明度可部分擦除像素。

4.3.3 使用内容识别功能擦除图像

当图像元素简单，并且擦除图像周围颜色相近时，可以通过内容识别功能快速擦除图像，在文档中选择需要擦除的图像选区，如图4-88所示，按【Delete】键或选择【编辑】→【填充】菜单命令，在打开的“填充”对话框的“使用”下拉列表中默认选择“内容识别”选项，单击 确定 按钮，如图4-89所示，此时，图像将被擦除，并且删除图像的选区将自动获取周围的图像填充相似内容，擦除后的效果如图4-90所示。

图4-88　创建擦除图像选区

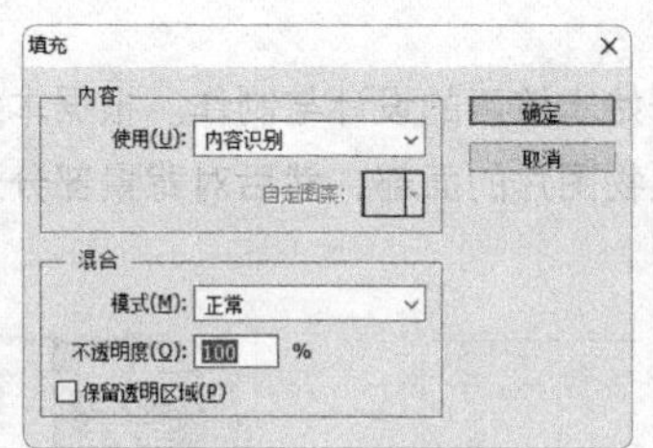

图4-89　内容识别填充

图4-90　最终效果

4.4 课堂练习

本课堂练习将分别制作美容院招贴和商场横幅广告，综合练习本章的知识点，将图像的绘制和编辑操作应用到实践中。

4.4.1 制作美容院招贴

1. 练习目标

本练习要求为“静美”美容院制作一个招贴广告，要求画面精美，突出美容效果。制作时可打开配套资源中提供的素材文件进行操作，参考效果如图4-91所示。

图4-91　美容院招贴效果

视频演示

素材位置　配套资源\素材文件\第4章\人物.jpg、光斑.jpg、花朵.abr、文字.psd

效果位置　配套资源\效果文件\第4章\招贴.psd

2. 操作思路

掌握图片的修复等操作后，开始本练习的设计与制作。根据本练习的练习目标，要使画面精美，且突出美容效果，首先需要精修人物图片的面部，然后对背景部分进行相关处理。本练习的操作思路如图4-92所示。

① 精修人物图片　　② 合成素材和人物

图4-92　制作美容院招贴的操作思路

（1）打开“人物.jpg”素材图像，对人物图像的面部进行修复处理，主要包括去除面部的痘痘、皱纹、红眼，并使用减淡工具提亮人物肤色，对于五官位置使用加深工具将其突出。使用海绵工具增加花朵部分的饱和度。

（2）使用裁剪工具将人物图像多余部分裁剪掉，打开“光斑.jpg”素材，通过复制粘贴的操作将其铺在人物图像背景位置，使用橡皮擦工具擦除与人物重叠部分的像素，载入提供的花朵画笔，设置前景色为“R:178,G:88,B:186”，使用画笔工具在光斑交接处绘制花朵图像。

（3）打开“文字.psd”素材，将“文字”图层复制到图像中，并调整好位置，最后保存图像即可。

4.4.2　绘制店招

1. 练习目标

本练习要求制作某店铺中秋节的促销活动店招，参考效果如图4-93所示。

图4-93　店招效果

视频演示

素材位置　配套资源\素材文件\第4章\中秋.psd

效果位置　配套资源\效果文件\第4章\店招.psd

2. 操作思路

根据上面的练习目标，先对横幅广告效果进行构图，因为是中秋节的促销活动，所以在构图时选择一些中国风元素来突出中秋这一传统节日。对于促销的内容，通过大号文字的形式来体现，以吸引顾客的眼球。本练习的操作思路如图4-94所示。

① 绘制中国风花枝

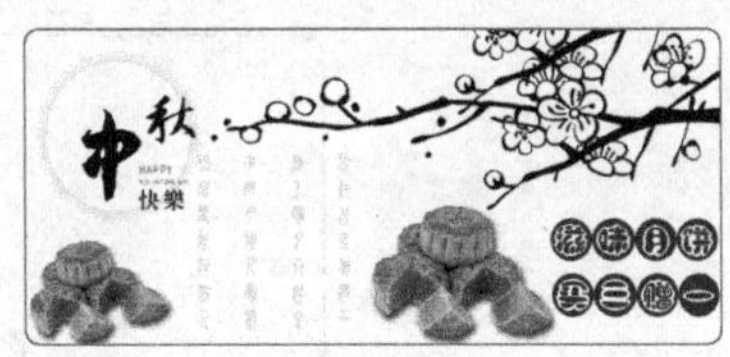

② 合成图像

图4-94　制作商场横幅广告的操作思路

（1）新建一个“2 684 像素 ×1181 像素”的图像文件，将其填充颜色“R:249,G:249,B:231”，使用画笔工具，并通过不断调整画笔笔尖形态和大小来绘制花枝图像。

（2）打开“中秋 .psd”图像文件，将其中的图像复制到花枝图像中，调整好大小和位置，最后保存文件即可。

4.5　拓展知识

在修饰图片过程中，为了更好地体现商品，可以进行一些特殊的处理，如为背景添加虚化效果，为商品添加发光效果或高光与阴影效果。背景虚化是指将商品图片景深变浅，使焦点聚集在主体上，避免背景喧宾夺主，影响主体的表现。在“图层样式”对话框中使用“内发光”效果可沿着图层内容的边缘内侧添加发光效果；使用“外发光”效果，可以沿图层图像边缘向外创建发光效果。利用光影的原理，为一些高反光的商品添加高光与阴影，可以增加商品的立体感；添加高光与阴影的方法是相似的，不同的是应用的颜色不同。

4.6 课后习题

（1）打开“地毯.jpg”商品图像文件，将照片中的污渍与水印裁剪和擦除，并调整图片的色彩与清晰度，处理后的原图与效果图对比如图 4-95 所示。

图4-95 调整和修饰照片前后对比

素材位置 配套资源\素材文件\第4章\地毯.jpg

效果位置 配套资源\效果文件\第4章\地毯.jpg

提示：先使用图章工具修复污渍图像区域，然后使用减淡工具、海绵工具进一步修饰照片，使照片颜色更加明亮鲜艳。

（2）使用画笔工具，在“画笔”面板中设置画笔的参数，然后建立不同的图层，在不同的图层中绘制水粉画，参考效果如图4-96所示。

图4-96 绘制水粉画

素材位置 无

效果位置 配套资源\效果文件\第4章\水粉画.psd

提示：先载入“湿介质画笔”画笔库，选择合适的画笔，设置画笔参数，开始绘制植物轮廓，然后设置前景色并绘制花朵，最后更改前景色绘制昆虫，并为植物轮廓上色。

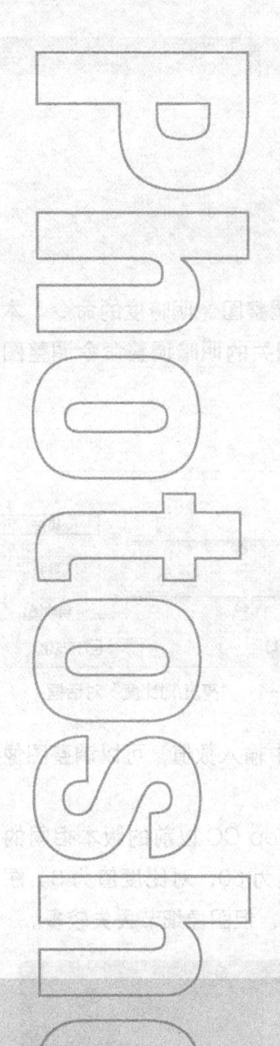

Chapter

5

第5章 调整图像色彩

本章将讲解在Photoshop CC中使用各种色彩命令调整图像色彩的方法，其中包括调整图像明暗度、饱和度、替换颜色，以及添加渐变颜色效果等知识。读者通过本章的学习能够熟练使用相关的调色命令进行调色。

学习要点

- 图像的明暗调整
- 图像的色彩调整
- 特殊图像调整

学习目标

- 掌握色彩的基本知识
- 掌握常用色彩调整命令的使用方法

5.1 图像的明暗调整

Photoshop CC作为一款专业的平面图像处理软件，内置了多种调整图像明暗度的命令。本节将介绍调整图像明暗的知识，使读者能够分析图像明暗度，并能使用相关的明暗调整命令调整图像明暗度。

5.1.1 “亮度/对比度”命令

使用“亮度/对比度”命令可以调整图像的亮度和对比度。方法是选择【图像】→【调整】→【亮度/对比度】菜单命令，打开图5-1所示的“亮度/对比度”对话框进行调整。对话框中相关选项的含义如下。

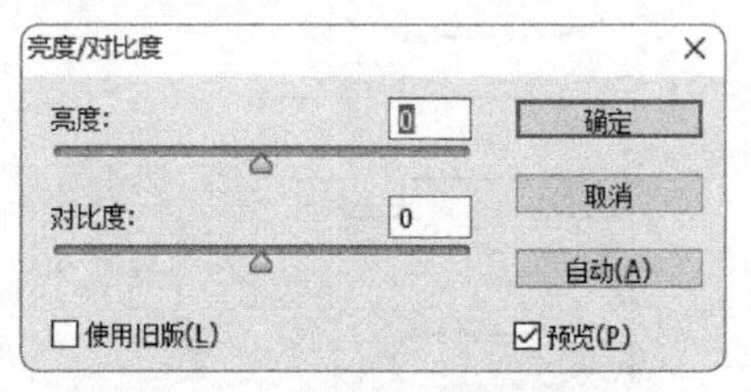

图5-1 “亮度/对比度”对话框

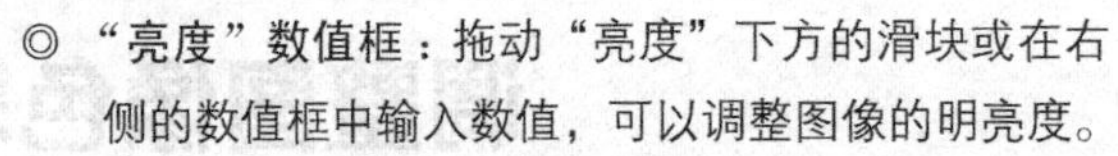

◎ “亮度”数值框：拖动“亮度”下方的滑块或在右侧的数值框中输入数值，可以调整图像的明亮度。

◎ “对比度”数值框：拖动对比度下方的滑块或在右侧的数值框中输入数值，可以调整图像的对比度。

◎ “使用旧版”复选框：单击选中该复选框，可得到与Photoshop CC 以前的版本相同的调整结果。图 5-2 所示为撤销选中该复选框的调整结果，亮度值为 60，对比度值为 3。图 5-3 所示为单击选中该复选框的调整结果。使用旧版的对比度更强，但图像细节丢失较多。

图5-2 撤销选中“使用旧版”后的效果

图5-3 单击选中“使用旧版”后的效果

知识提示

“亮度 / 对比度”命令没有“色阶”和“曲线”命令的可控性强，在调整时有可能丢失图像细节。对于输出要求比较高的图像，建议使用“色阶”或“曲线”进行调整。

5.1.2 “色阶”命令

使用“色阶”命令可以调整图像的高光、中间调、暗调的强度级别，校正色调范围和色彩平衡，即不仅可以调整色调，还可以调整色彩。

使用“色阶”命令可以对整个图像进行操作，也可以调整图像的某一范围、某一图层图像、某一颜色通道。方法是选择【图像】→【调整】→【色阶】菜单命令或按【Ctrl+L】组合键，打开“色阶”对话框进行设置，如图5-4所示。其中各选项的含义如下。

◎ “预设”下拉列表框：在其中可以选择一个需要的预设文件对图像进行调整。

◎ “通道”下拉列表框：在其中可以选择要调整的颜色通道。调整通道会改变图像颜色。

◎ “输入色阶”栏：左侧滑块用于调整图像的暗部，中间滑块用于调整中间调，右侧滑块用于调整亮部。可拖动滑块或在滑块下的数值框中输入数值进行调整。调整暗部时，低于该值的像素将变为黑色；调整亮部时，高于该值的像素将变为白色。

◎ “输出色阶”栏：用于限制图像的亮度范围，从而降低图像对比度，使其呈现褪色效果，如图 5-5 所示。

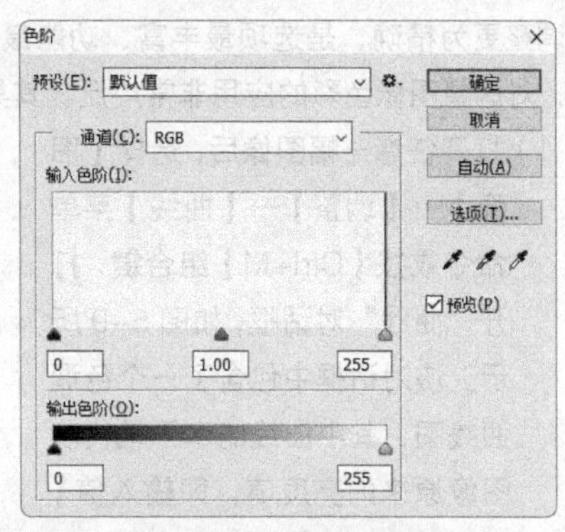

图5-4　“色阶”对话框

图5-5　图像效果对比

◎ “设置黑场”按钮 ：选择该工具在图像中单击，可将单击点的像素调整为黑色，原图中比该点暗的像素也变为黑色，如图 5-6 所示。

◎ “设置灰场”按钮 ：选择该工具在图像中单击，可根据单击点像素的亮度来调整其他中间色调的平均亮度，如图 5-7 所示。它常用于校正偏色。

◎ “设置白场”按钮 ：选择该工具在图像中单击，可将单击点的像素调整为白色，比该点亮度值高的像素都将变为白色，如图 5-8 所示。

图5-6　设置黑场

图5-7　设置灰场

图5-8　设置白场

◎ 自动(A) 按钮：单击该按钮，Photoshop 会以 0.5% 的比例自动调整色阶，使图像的亮度分布更加均匀。

◎ 选项(T)... 按钮：单击该按钮，将打开“自动颜色校正选项”对话框，在其中可设置黑色像素和白色像素的比例。

5.1.3　“曲线”命令

使用“曲线”命令也可以调整图像的亮度、对比度和纠正偏色等，但与“色阶”命令相比，该命令的调整更为精确，是选项最丰富、功能最强大的颜色调整工具。它允许调整图像色调曲线上的任意一点，对调整图像色彩的应用非常广泛。其具体操作如下。

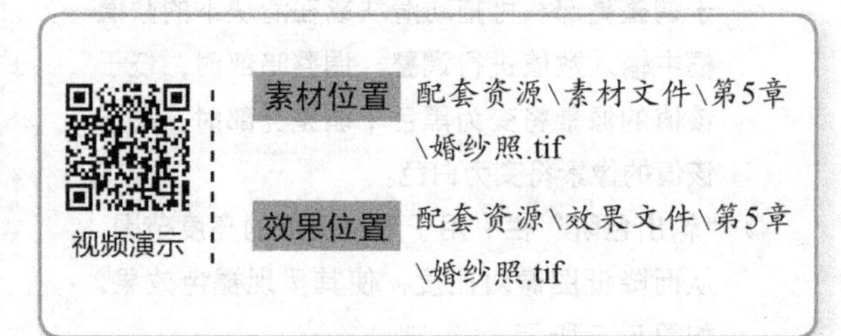

（1）打开任意一幅图像后，选择【图像】→【调整】→【曲线】菜单命令或按【Ctrl+M】组合键，打开“曲线”对话框，如图5-9所示。该对话框中包含了一个色调曲线图，其中曲线的水平轴代表图像原来的亮度值，即输入值；垂直轴代表调整后的亮度值，即输出值。其相关选项的含义如下。

◎ “通道”下拉列表框：显示当前图像文件色彩模式，可从中选择单色通道对单一的色彩进行调整。

◎ “编辑点以修改曲线”按钮 ：是系统默认的曲线工具。单击该按钮后，可以拖动曲线上的调节点来调整图像的色调。

◎ “通过绘制来修改曲线”按钮 ：单击该按钮，可在曲线图中绘制自由形状的色调曲线。

◎ “输出”文本框：设置色彩的输出值。

◎ “输入”文本框：设置色彩的输入值。

◎ “显示数量”栏：选择显示数量，有“光”“颜料/油墨%”两种显示状况。

◎ “网格大小”按钮：其中有两个田字型按钮田和▦，它们用于控制曲线调节区域的网格数量。

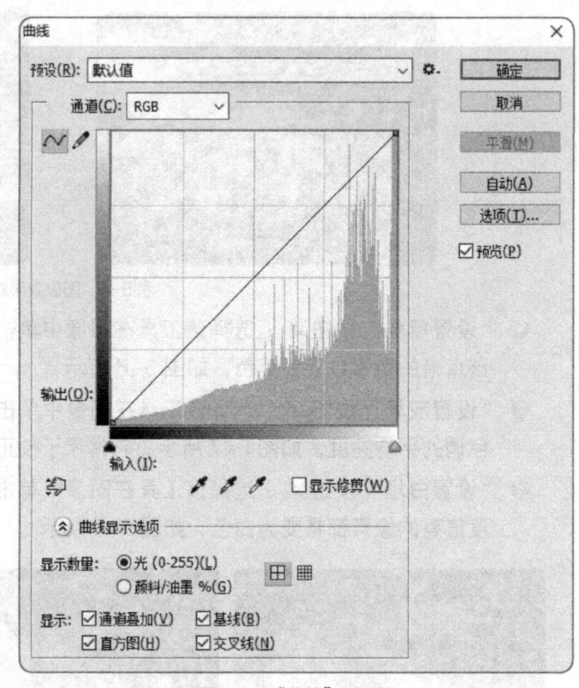

图5-9 “曲线”对话框

◎ “显示”栏：单击选中相应的复选框，选择在色调曲线图中显示或不显示通道叠加、直方图、基线和交叉线。

（2）将鼠标指针移动到曲线中间，单击可增加一个调节点，按住鼠标左键不放向上方拖动添加的调节点，图像会即时显示亮度增加后的效果，如图5-10所示。

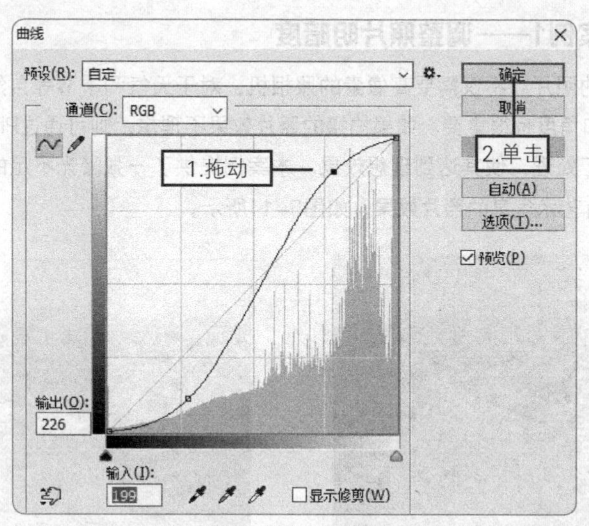

图5-10　增加亮度

（3）单击 确定 按钮，即可保存设置。调整图像曲线前后的对比效果如图 5-11 所示。

图5-11　调整曲线前后的对比效果

5.1.4　“阴影/高光”命令

使用“阴影/高光”命令可以修复图像中过亮或过暗的区域，使图像尽量显示更多的细节。其具体操作为：打开一幅逆光图片，选择【图像】→【调整】→【阴影/高光】菜单命令，打开“阴影/高光”对话框，将图像的阴影数量设置为“10%”，高光数量设置为“60%”，如图5-12所示。单击 确定 按钮，调整“阴影/高光”前后的对比效果如图5-13所示。“阴影/高光”对话框中相关选项的含义如下。

◎“阴影”栏：用来增加或降低图像中的暗部色调。

◎“高光”栏：用来增加或降低图像中的高光部分色调。

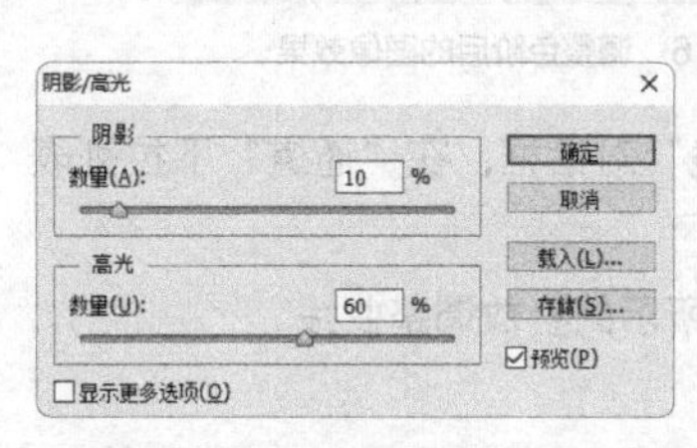

图5-12　设置“阴影/高光”参数

图5-13　调整阴影/高光前后的对比效果

5.1.5 课堂案例1——调整照片明暗度

要想拍摄出漂亮的照片，不仅需要高像素的照相机，对于天气和季节等自然因素的要求也很高，而且掌握拍摄的时机和角度也很重要。如果拍摄的照片效果不理想，则可通过Photoshop CC对拍摄的照片进行后期调色加工处理，使其达到理想效果。本案例提供了一张曝光不足的长城照片，要求将其调整为明媚大气，具有艺术气息的照片效果，如图5-14所示。

图5-14 调整照片色彩前后的对比效果

视频演示

素材位置 配套资源\素材文件\第5章\照片.jpg

效果位置 配套资源\效果文件\第5章\照片.jpg

（1）打开“照片.jpg”照片，观察发现照片整体偏暗，且对比度不够，因此首先需要选择【图像】→【调整】→【色阶】菜单命令，打开“色阶”对话框，在其中按照如图5-15所示进行设置。

（2）单击 确定 按钮，调整后的图像效果如图5-16所示。

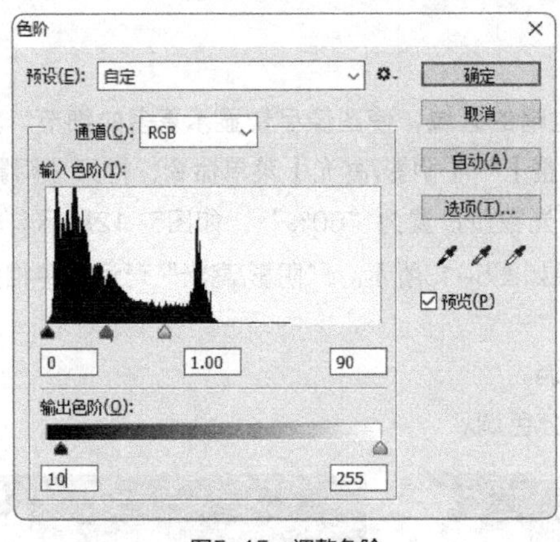

图5-15 调整色阶

图5-16 调整色阶后的图像效果

（3）选择【图像】→【调整】→【曲线】菜单命令，打开“曲线”对话框，在“通道”下拉列表中选择“蓝”选项，按照图5-17所示调整参数。

（4）在“通道”下拉列表中选择“RGB”选项，再按照图5-18所示的参数调整曲线。

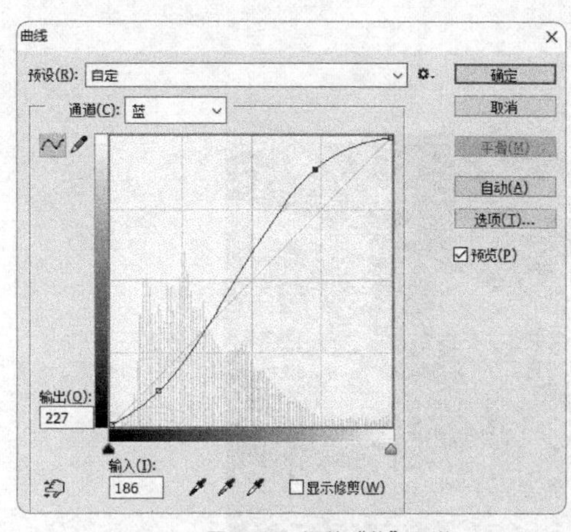

图5-17 调整“蓝”通道

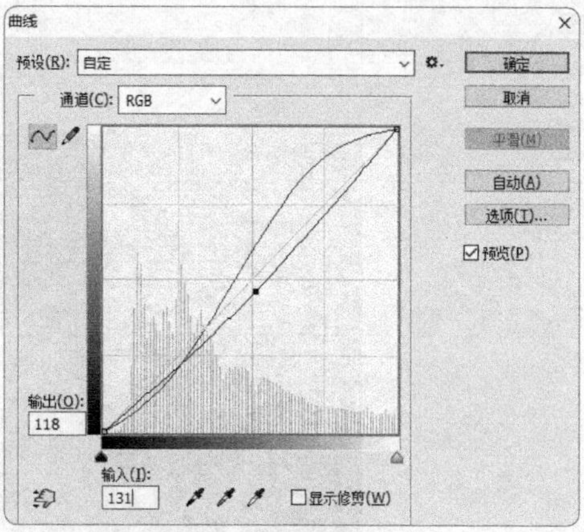

图5-18 调整“RGB”通道

（5）单击 确定 按钮，调整后的图像效果如图 5-19 所示。

（6）选择【图像】→【调整】→【亮度 / 对比度】菜单命令，打开“亮度 / 对比度”对话框，在其中拖动“亮度”“对比度”滑块调整图像，如图 5-20 所示。

图5-19 调整曲线后的图像效果

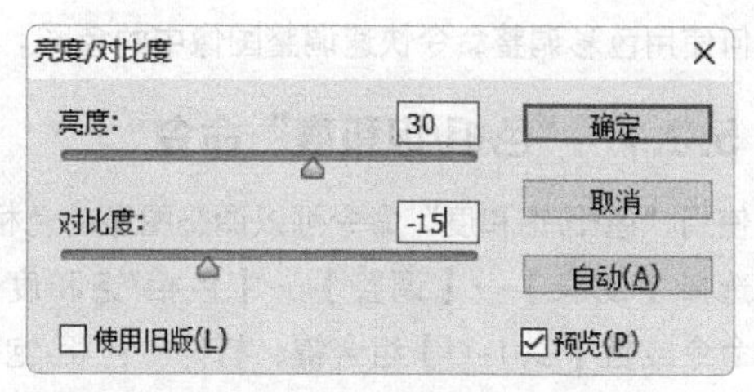

图5-20 调整亮度/对比度

（7）单击 确定 按钮，调整后的图像效果如图 5-21 所示。

（8）选择【图像】→【调整】→【阴影 / 高光】菜单命令，打开“阴影 / 高光”对话框，调整阴影数量和高光数量，如图 5-22 所示。

图5-21 调整亮度/对比度后的图像效果

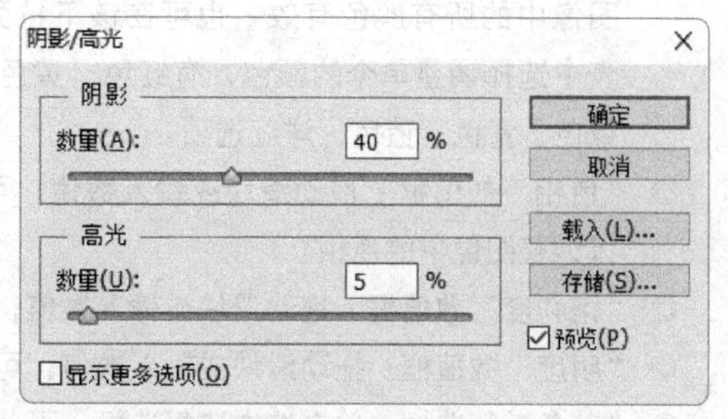

图5-22 调整阴影/高光

（9）单击 确定 按钮，应用设置，调整阴影 / 高光后的图像效果如图 5-23 所示。完成图像的明暗处理，最后保存照片即可。

图5-23　调整阴影/高光后的图像效果

5.2 图像的色彩调整

图像想要达到出色的效果，合理使用及搭配色彩十分重要，这就需要掌握色彩的调整。本节将介绍如何使用色彩调整命令快速调整图像中的色彩。

5.2.1 “色相/饱和度”命令

使用“色相/饱和度”命令可以调整图像的色相、饱和度、亮度，从而改变图像的色彩。

选择【图像】→【调整】→【色相/饱和度】菜单命令或按【Ctrl+U】组合键，打开“色相/饱和度”对话框，如图5-24所示，设置相关参数即可调整图像的色相、饱和度等。对话框中相关选项的含义如下。

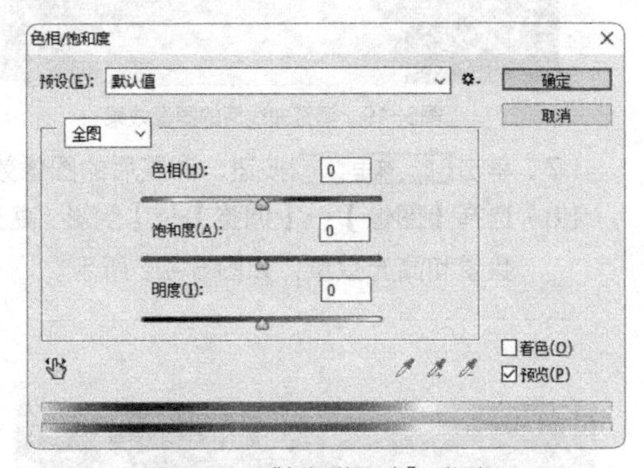

图5-24　“色相/饱和度”对话框

◎ “全图”下拉列表框：在其中可以选择调整范围，系统默认选择“全图”选项，即对图像中的所有颜色有效；也可在该下拉列表中选择调整单个的颜色，有红色、黄色、绿色、青色、蓝色、洋红选项。

◎ “色相”数值框：拖动滑块或输入数值，可以调整图像中的色相。

◎ “饱和度”数值框：拖动滑块或输入数值，可以调整图像中的饱和度。

◎ “明度”数值框：拖动滑块或输入数值，可以调整图像中的明度。

◎ “着色”复选框：单击选中该复选框，可使用同种颜色来置换原图像中的颜色。

对图5-25所示的图像使用“色相/饱和度”命令调整后的图像效果如图5-26所示。

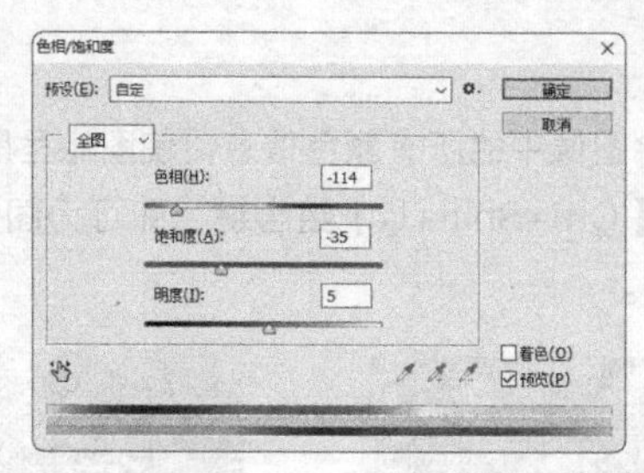

图5-25　原图像

图5-26　调整色相和饱和度

5.2.2　“色彩平衡”命令

使用“色彩平衡”命令可为图像添加其他颜色，或增加某种颜色的补色来减少该颜色的数量，从而改变图像的原色彩，多用于调整明显偏色的图像。其具体操作如下。

（1）打开如图5-27所示的图像。选择【图像】→【调整】→【色彩平衡】菜单命令或按【Ctrl+B】组合键打开“色彩平衡”对话框，如图5-28所示，其相关选项的含义如下。

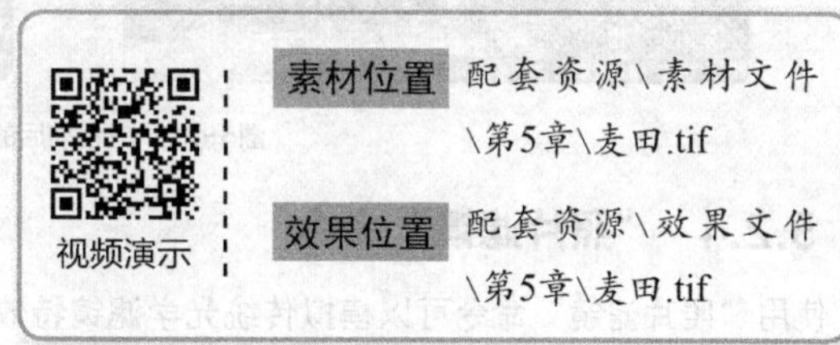

◎“色彩平衡”栏：拖动3个滑块或在色阶后的数值框中输入相应的值，可使图像增加或减少相应的颜色。

◎“色调平衡”栏：用于选择需要着重调整的色彩范围。单击选中“阴影”“中间调”“高光”某个单选项，就会调整相应色调的像素。单击选中“保持明度”复选框，可保持图像的色调不变，防止亮度值随颜色的更改而改变。

图5-27　原图像

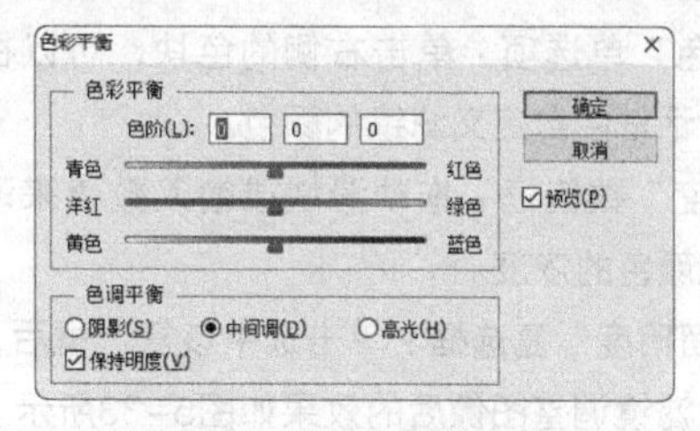

图5-28　“色彩平衡”对话框

（2）在“色调平衡”栏中单击选中“高光”单选项，将“色彩平衡”栏的“黄色”滑块向左移动，减少蓝色；将“青色”栏的滑块向右移动，减少青色，如图5-29所示。

（3）单击 确定 按钮，完成后的效果如图5-30所示。

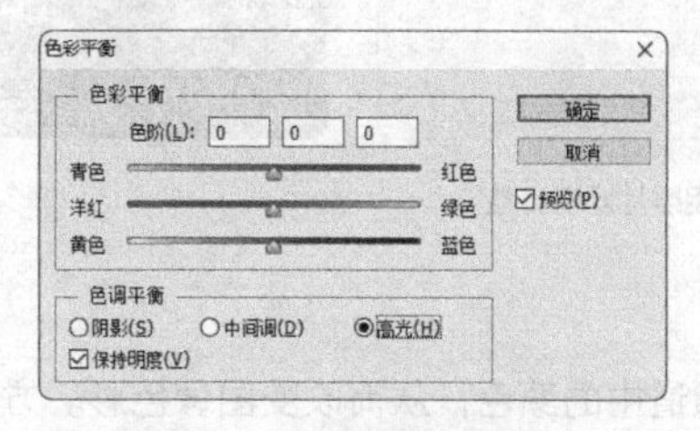

图5-29　调整高光区域的色彩

图5-30　调整色彩平衡后的效果

5.2.3 “去色”命令

使用“去色”命令可以去除图像中的所有颜色信息，使图像呈黑白色显示。选择【图像】→【调整】→【去色】菜单命令或按【Ctrl+Shift+U】组合键，即可为图像去掉颜色。图5-31所示为使用“去色”命令制作旧照片的效果。

图5-31 去色前后的对比效果

5.2.4 “照片滤镜”命令

使用“照片滤镜”命令可以模拟传统光学滤镜特效，以使图像呈暖色调、冷色调、其他颜色色调显示。

选择【图像】→【调整】→【照片滤镜】菜单命令，打开图5-32所示的“照片滤镜”对话框，其中相关选项的含义如下。

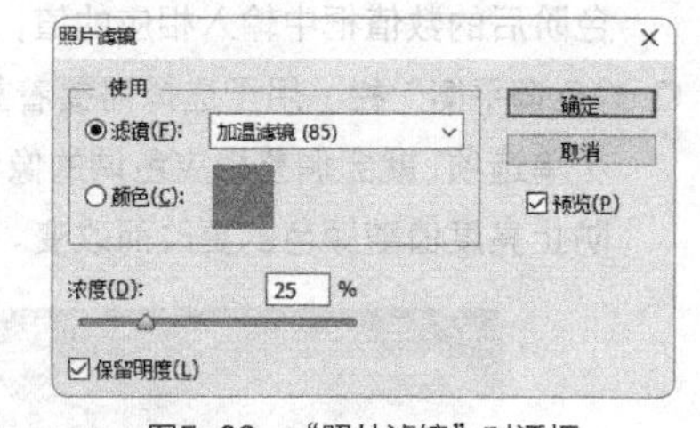

图5-32 “照片滤镜”对话框

◎ “滤镜”下拉列表框：在其中可选择滤镜的类型。

◎ “颜色”单选项：单击右侧的色块，可以在打开的对话框中自定义滤镜的颜色。

◎ “浓度”数值框：拖动滑块或输入数值来调整所添加颜色的浓度。

◎ “保留明度”复选框：单击选中该复选框后，添加颜色滤镜时仍然保持原图像的明度。

使用照片滤镜调整图像后的效果如图5-33所示。

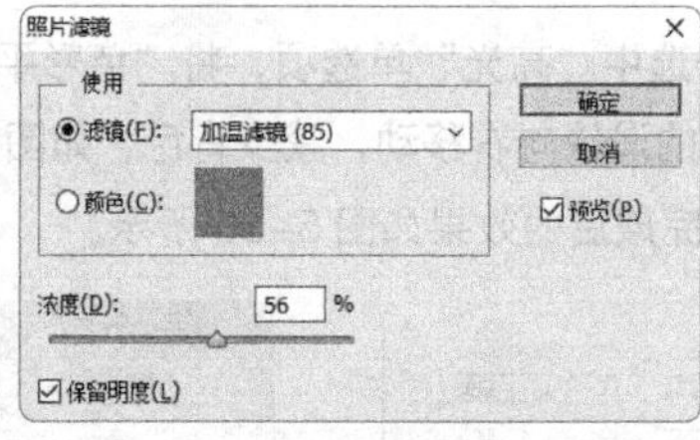

图5-33 使用照片滤镜调整

5.2.5 “通道混合器”命令

使用“通道混合器”命令可以混合图像不同通道中的颜色，从而改变图像色彩。方法是选择【图像】→【调整】→【通道混合器】菜单命令，打开图5-34所示的“通道混合器”对话框。对话框中相关选项的含义如下。

◎ “输出通道”下拉列表框：在其中选择要调整的颜色通道。不同颜色模式的图像，其颜色通道选项也各不相同。

◎ “源通道”栏：拖动色条下方的滑块，可调整源通道在输出通道中占的颜色百分比。

◎ “常数”数值框：用于调整输出通道的灰度值，负值将增加更多的黑色，正值将增加更多的白色。

◎ “单色”复选框：单击选中该复选框，可以将图像转换为灰度模式。

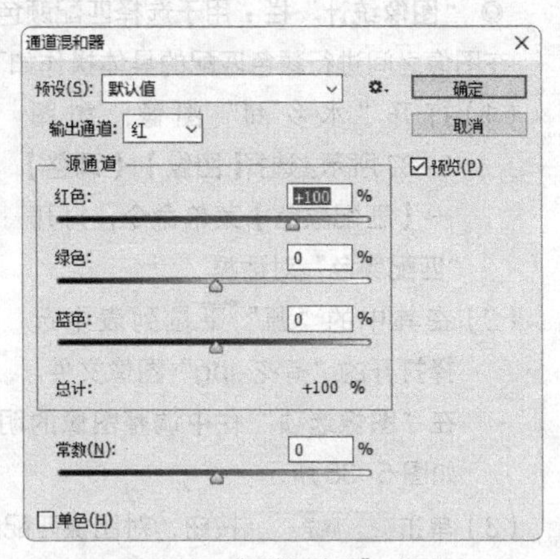

图5-34　“通道混合器”对话框

使用“通道混合器”命令调整图像通道颜色的效果如图5-35所示。

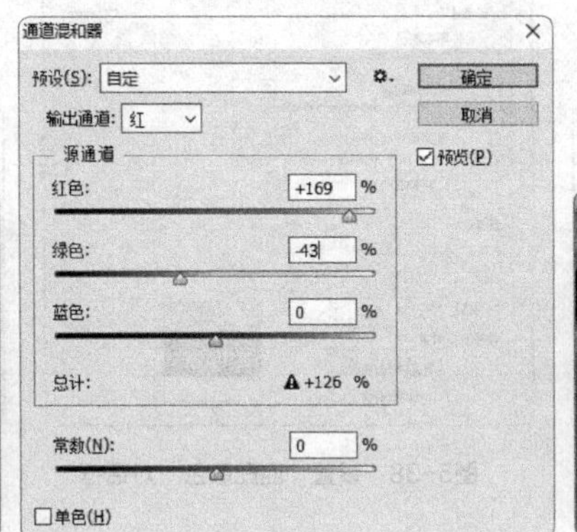

图5-35　使用“通道混合器”命令调整颜色

5.2.6　“匹配颜色”命令

“匹配颜色”命令可以匹配不同图像之间、多个图层之间或者多个颜色选区之间的颜色，还可以更改图像的亮度、色彩范围和中和色调来调整图像的颜色。

选择【图像】→【调整】→【匹配颜色】菜单命令，打开图5-36所示的“匹配颜色”对话框，其中相关选项的含义如下。

◎ “目标图像”栏：用来显示当前图像文件的名称。

◎ “图像选项”栏：用于调整匹配颜色时的亮度、颜色强度、渐隐效果。单击选中“中和”复选框对两幅图像的中间色进行色调中和。

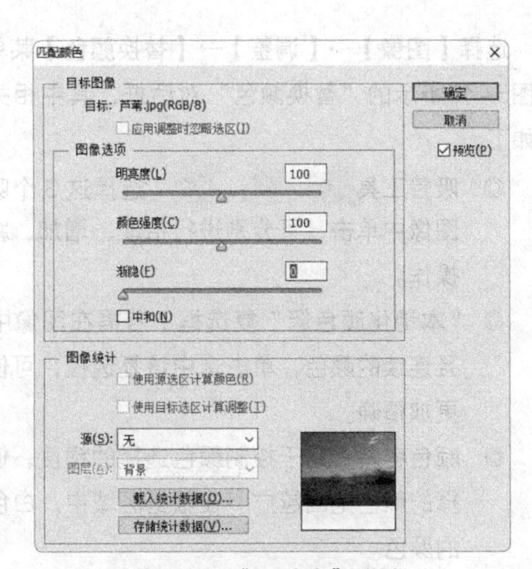

图5-36　“匹配颜色”对话框

◎ “图像统计”栏：用于选择匹配颜色时图像的来源或所在的图层。

在图像之间进行颜色匹配的具体操作如下。

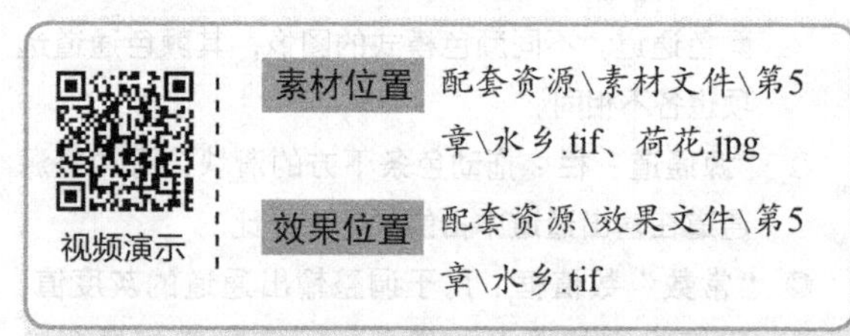

（1）打开“水乡.tif”图像，如图5-37所示。选择【图像】→【调整】→【匹配颜色】菜单命令，打开“匹配颜色”对话框。

（2）在其中的“源”下拉列表中选择打开的“荷花.jpg”图像文件。在“图像选项”栏中调整图像的明亮度、颜色强度、渐隐效果，单击选中“中和”复选框，如图5-38所示。

（3）单击 确定 按钮，对图像匹配颜色后的效果如图5-39所示。

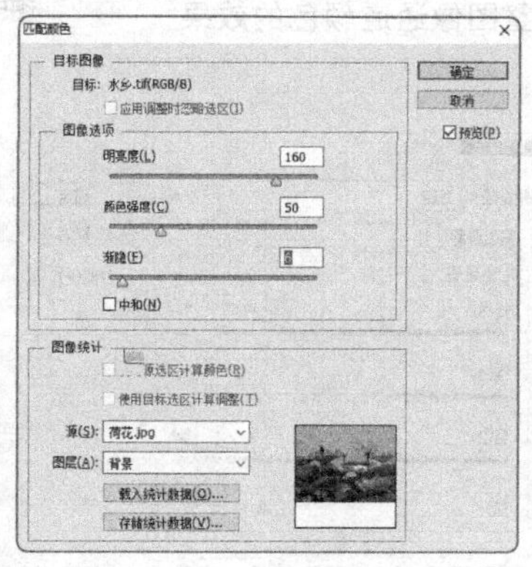

图5-37　原图像　　图5-38　设置“匹配颜色”对话框　　图5-39　匹配颜色后的效果

5.2.7 “替换颜色”命令

使用“替换颜色”命令可以改变图像中某些区域颜色的色相、饱和度、明暗度，从而改变图像色彩。

选择【图像】→【调整】→【替换颜色】菜单命令，打开图5-40所示的“替换颜色”对话框，其中相关选项的含义如下。

◎ 吸管工具 、 、 ：选择这3个吸管工具在图像中单击，可分别进行拾取、增加、减少颜色的操作。

◎ “本地化颜色簇”复选框：若需在图像中选择相似且连续的颜色，单击选中该复选框，可使选择范围更加精确。

◎ 颜色容差：用于控制颜色选择的精度，值越高，选择的颜色范围越广。在预览区域中，白色代表已选的颜色。

◎ “选区”单选项：以白色蒙版的方式在预览区域中

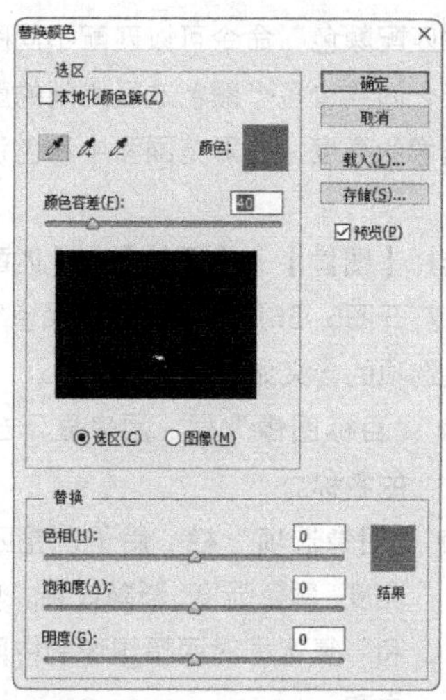

图5-40　“替换颜色”对话框

显示图像，白色代表已选区域，黑色代表未选区域，灰色代表部分被选择区域。

◎ “图像”单选项：以原图的方式在预览区域中显示图像。

◎ 色相、饱和度、明度：该栏分别用于调整图像所拾取颜色的色相、饱和度、明度的值，调整后的颜色变化将显示在“结果”缩略图中，原图像也会发生相应的变化。图 5-41 所示为将图像中的红色替换为蓝色的前后效果。

图5-41　替换颜色对比效果

5.2.8　课堂案例2——制作特效风景画

制作城市的宣传照，需要处理一张简单的街拍图片的色彩，调整图片色调，达到宣传图片的要求。下面将对配套资源中的街拍照进行调色处理，要求采用暖色调，使照片整体给人温馨梦幻的感觉。效果如图5-42所示。

图 5-42　特效风景画效果

视频演示

素材位置　配套资源\素材文件\第5章\水上城市.jpg、相框.psd

效果位置　配套资源\效果文件\第5章\水上城市.psd

（1）打开素材文件“水上城市 .jpg”，按【Ctrl+J】组合键复制背景图层。

（2）选择【图像】→【调整】→【阴影 / 高光】菜单命令，打开“阴影 / 高光”对话框，设置“阴影”栏中的“数量”为“10”，“高光”栏中的“数量”为“50”，如图 5-43 所示。

（3）单击 确定 按钮，调整后的效果如图 5-44 所示。

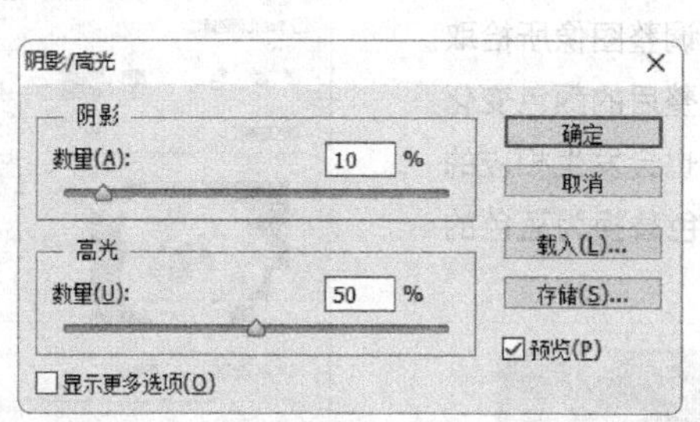

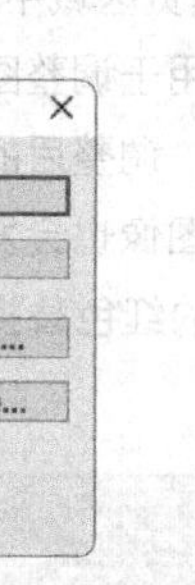

图5-43 设置“阴影/高光”对话框　　图5-44 调整阴影/高光后的效果

（4）选择【图像】→【调整】→【色相 / 饱和度】菜单命令，打开“色相 / 饱和度”对话框，在“全图”下拉列表中选择“红色”选项，设置饱和度为“40”，如图 5-45 所示。

（5）单击 确定 按钮，调整后的效果如图 5-46 所示。

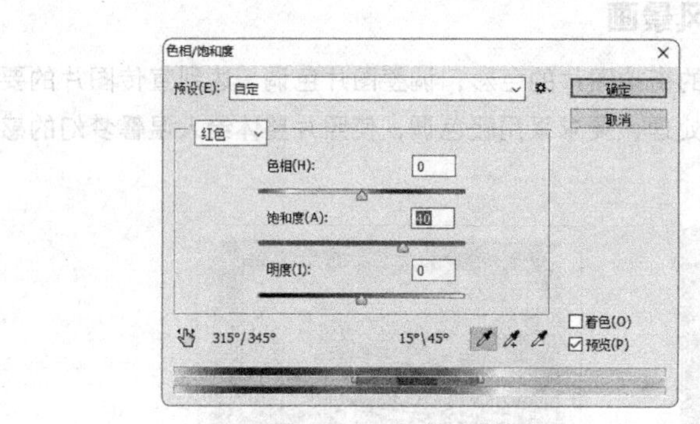

图5-45 调整“红色”通道　　图5-46 调整色相/饱和度后的效果

（6）选择【图像】→【调整】→【色彩平衡】菜单命令，打开“色彩平衡”对话框，在“色彩平衡”栏中的“色阶”选项第一个文本框中输入“30”，如图 5-47 所示。

（7）单击 确定 按钮，调整后的效果如图 5-48 所示。

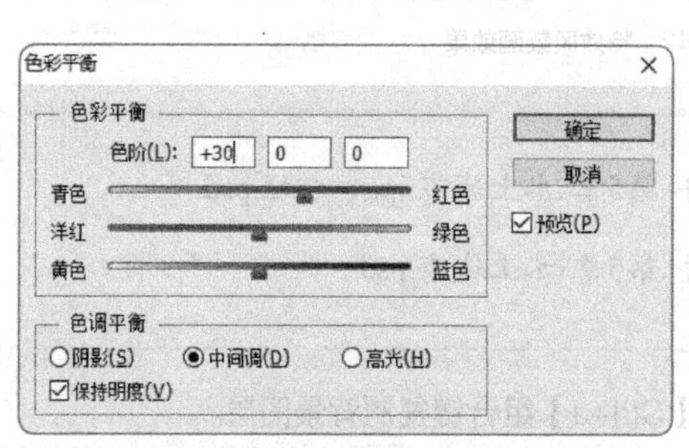

图5-47 调整“可选颜色”参数　　图5-48 调整色彩平衡后的效果

（8）选择【图像】→【调整】→【照片滤镜】菜单命令，打开“照片滤镜”对话框，在“使用”栏中的“滤镜”下拉列表中选择“加温滤镜（85）”，如图 5-49 所示。

（9）单击 确定 按钮，调整后的效果如图 5-50 所示。

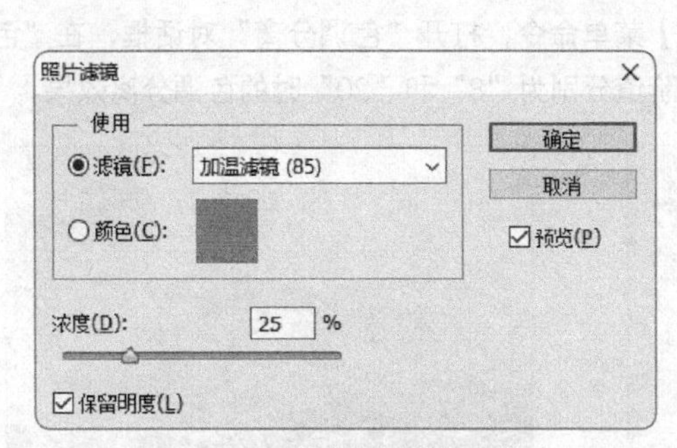

图5-49　调整“照片滤镜”参数

图5-50　调整“照片滤镜”后的效果

（10）打开素材文件“相框.psd”，选择“背景”图层，将处理后的图片拖动到“相框”图像中，调整图像大小及位置，得到的效果如图 5-51 所示。最后存储为“水上城市.psd”文件。

图5-51　添加相框

5.3　特殊图像调整

除了上述文中讲到的调整图像的明暗度和色彩外，还可以对图像进行“反相”“色调分离”“阈值”“渐变映射”“可选颜色”“曝光度”“色调均化”等特殊处理，满足于特殊的图像设计要求。

5.3.1　“反相”命令

使用“反相”命令可以反转图像中的颜色信息，常用于制作胶片效果，如图5-52所示。使用该命令可以创建边缘蒙版，以便向图像的选定区域应用锐化和其他操作。再次使用该命令，可还原图像颜色。

图5-52　反相前后的对比效果

5.3.2 “色调分离”命令

使用“色调分离”命令可以指定图像的色调级数，并按此级数将图像的像素映射为最接近的颜色。选择【图像】→【调整】→【色调分离】菜单命令，打开“色调分离”对话框，在“色阶”数值框中输入不同的数值即可。图5-53所示为色阶值分别为“8”和“20”时的色调分离效果。

图5-53　色阶值分别为“8”和“20”时的效果

5.3.3 “阈值”命令

使用“阈值”命令可以将一张彩色或灰度的图像调整成高对比度的黑白图像，常用于确定图像的最亮和最暗区域。

选择【图像】→【调整】→【阈值】菜单命令，打开“阈值”对话框。该对话框中显示了当前图像亮度值的坐标图，拖动滑块或者在“阈值色阶”数值框中输入数值来设置阈值，其取值范围为1~255，完成后单击 确定 按钮，效果如图5-54所示。

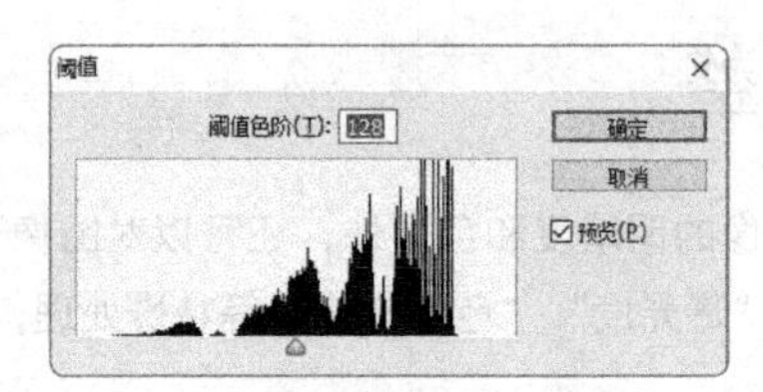

图5-54　调整阈值前后的对比效果

5.3.4 “渐变映射”命令

使用“渐变映射”命令可以用渐变颜色对图像进行叠加，从而改变图像色彩。方法是选择【图像】→【调整】→【渐变映射】菜单命令，打开图5-55所示的“渐变映射”对话框。对话框中相关选项的含义如下。

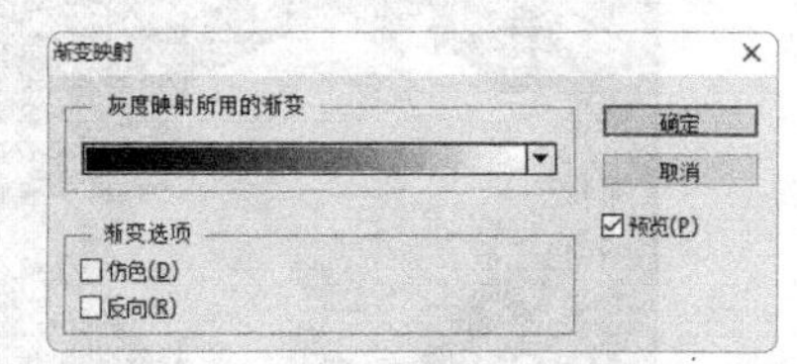

图5-55　“渐变映射”对话框

◎ “灰度映射所用的渐变”栏：在其中可以选择要使用的渐变颜色，也可单击中间的渐变条打开“渐变编辑器”对话框，在其中编辑所需的渐变颜色。

◎ “仿色”复选框：单击选中该复选框，将实现抖动渐变。

◎ “反向”复选框：单击选中该复选框，将实现反转渐变。

使用“渐变映射”命令调整图像通道颜色的效果如图5-56所示。

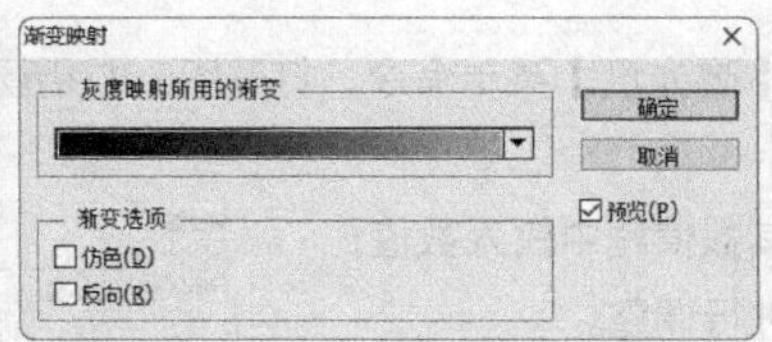

图5-56　使用“渐变映射”命令调整颜色前后的对比效果

操作技巧

渐变映射是根据图像的明度来映射渐变条上的色彩的，因此使用渐变映射时，需要对文字进行模糊处理，否则边缘将直接由最高明度过渡到最低明度，不能达到理想的效果。

5.3.5　“可选颜色”命令

使用“可选颜色”命令可以对RGB、CMYK、灰度等模式图像中的某种颜色进行调整，而不影响其他颜色。

选择【图像】→【调整】→【可选颜色】菜单命令，打开图5-57所示的“可选颜色”对话框，其中相关选项的含义如下。

◎ “颜色”下拉列表：设置要调整的颜色，再拖动下面的各个颜色色块，调整所选颜色中青色、洋红、黄色、黑色的含量。

◎ “方法”栏：选择增减颜色模式，单击选中“相对”单选项，按CMYK总量的百分比来调整颜色；单击选中“绝对”单选项，按CMYK总量的绝对值来调整颜色。

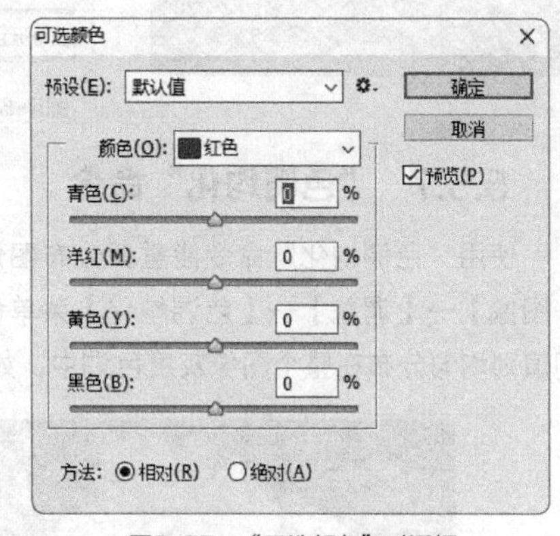

图5-57　“可选颜色”对话框

对图像中的白色进行调整，效果如图5-58所示。

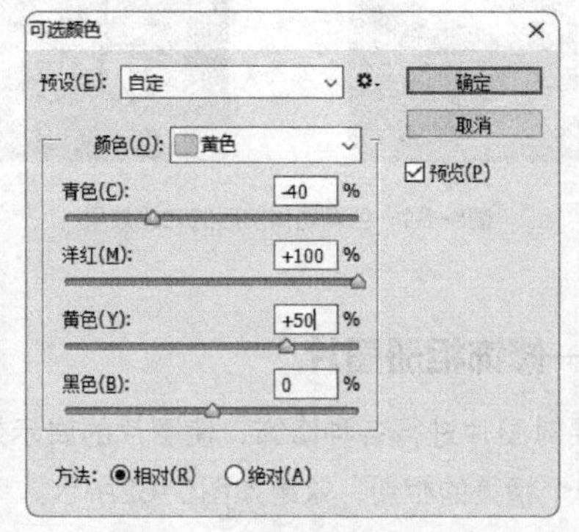

图5-58　使用“可选颜色”调整图像中白色的效果

5.3.6 “曝光度”命令

使用“曝光度”命令调整“曝光度”“位移”和“灰度系数”可以控制图像的明亮程度，使图像变亮或变暗。

选择【图像】→【调整】→【曝光度】菜单命令，打开图5-59所示的“曝光度”对话框。对话框中相关选项的含义如下。

◎ 曝光度：拖动滑块或在其数值框中输入数值，将对图像中的阴影区域进行调整。

◎ 位移：拖动滑块或在其数值框中输入数值，将对图像中的中间色调区域进行调整。

◎ 灰度系数校正：拖动滑块或在其数值框中输入数值，将对图像中的高光区域进行调整。

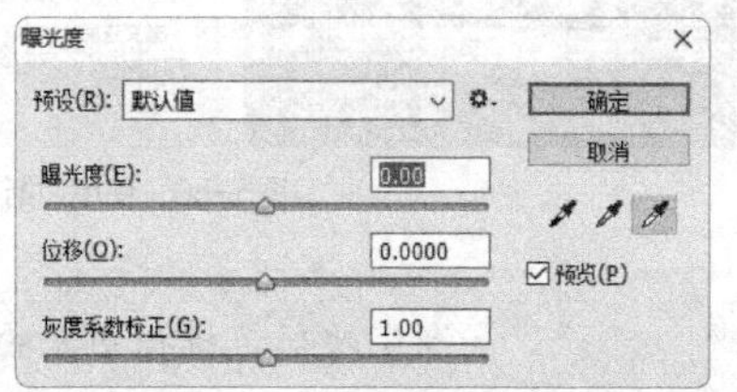

图5-59 “曝光度”对话框

使用“曝光度”命令调整图像的效果如图5-60所示。

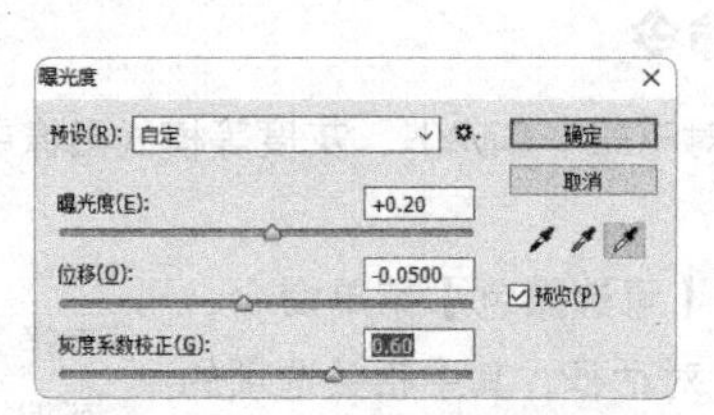

图5-60 调整“曝光度”参数效果

5.3.7 “色调均化”命令

使用“色调均化”命令能重新分布图像中的亮度值，以便更均匀地呈现所有范围的亮度值。选择【图像】→【调整】→【色调均化】菜单命令，图像中的最亮值呈现为白色，最暗值呈现为黑色，中间值则均匀分布在整个图像灰度色调中，如图5-61所示。

图5-61 色调均化前后的对比效果

5.3.8 课堂案例3——修饰相册图片

用于展示宣传的相册，需要对图片进行各种修饰，使图片的展示效果更加美观。下面将对配套资源中的风景照进行处理，制作一个精美的相册，效果如图5-62所示。

图 5-62　相册效果

视频演示

素材位置　配套资源\素材文件\第5章\背景.jpg、威尼斯.jpg、花.jpg、秋.jpg

效果位置　配套资源\效果文件\第5章\相册.jpg

（1）打开素材文件“威尼斯 .jpg”，按【Ctrl+J】组合键复制背景图层。

（2）选择【图像】→【调整】→【曝光度】菜单命令，打开“曝光度”对话框，设置“曝光度”为“-0.60”，“位移”为“-0.0200”，“灰度系数校正”为“0.80”，如图 5-63 所示。

（3）单击 确定 按钮，调整后的效果如图 5-64 所示。

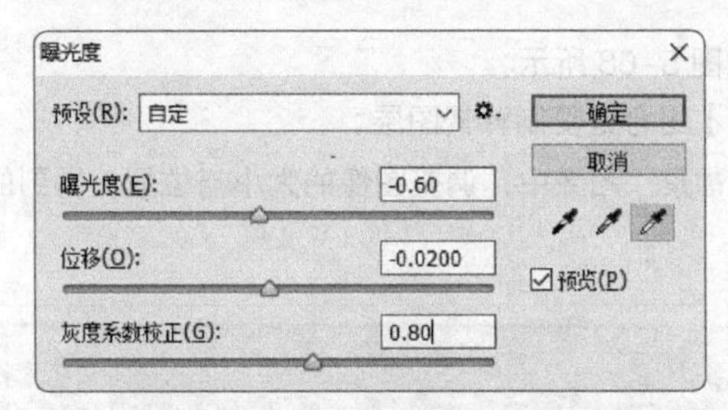

图5-63　设置“曝光度”对话框参数

图5-64　调整曝光度后的效果

（4）打开素材文件“花 .jpg”，按【Ctrl+J】组合键复制背景图层。

（5）使用快速选择工具选择图像中的花创建选区，选择【图像】→【调整】→【色调均化】菜单命令，打开“色调均化”对话框，单击选中“仅色调均化所选区域”单选项，如图 5-65 所示。

（6）单击 确定 按钮，调整后的效果如图 5-66 所示。

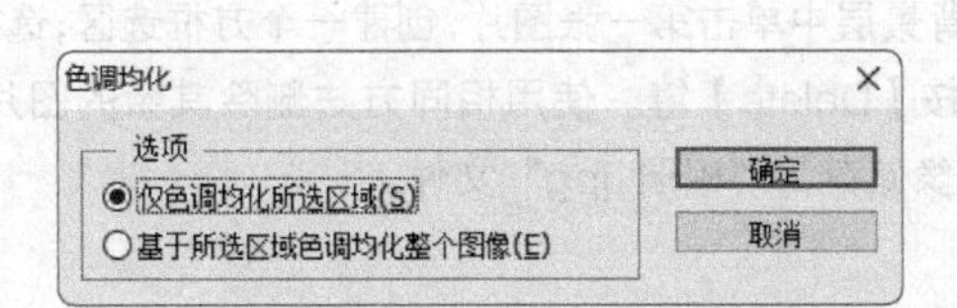

图5-65　设置“色调均化”对话框

图5-66　调整色调均化后的效果

（7）打开素材文件“秋 .jpg”，按【Ctrl+J】组合键复制背景图层。

（8）选择【图像】→【调整】→【可选颜色】菜单命令，打开“可选颜色”对话框，在“颜色”下拉列表框中选择“红色”选项，设置“青色”为“-40”，“洋红”为“20”，“黄色”为“25”。

（9）在“颜色”下拉列表框中选择“黄色”选项，设置“洋红”为“20”，“黄色”为“20”，如图 5-67 所示。

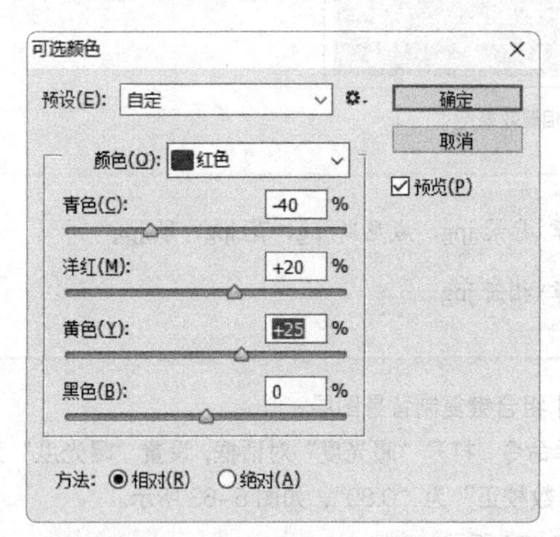

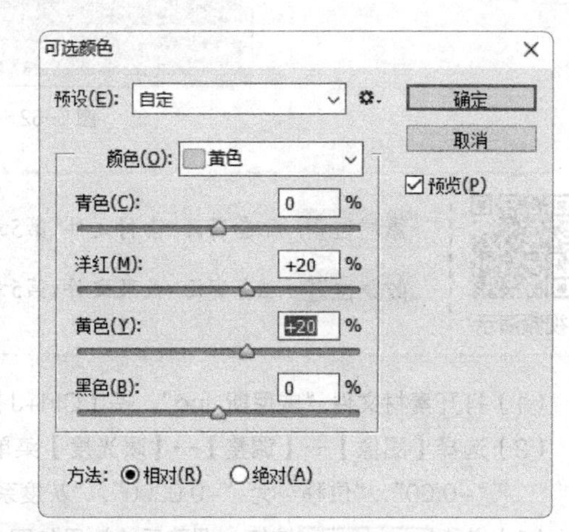

图5-67 设置“可选颜色”对话框参数

（10）单击 确定 按钮，调整后的效果如图 5-68 所示。

（11）打开素材文件“背景 .jpg”，按【Ctrl+J】组合键复制背景图层。

（12）将刚才处理过的 3 张图片依次拖动到“背景”图像中，调整图像的大小与位置，得到的效果如图 5-69 所示。

图5-68 调整可选颜色后的效果

图5-69 移动图像后的效果

（13）选择魔棒工具，选择“背景”图层，在背景层中单击第一张图片，创建一个方框选区，选择“图层 1”，按【Ctrl+Shift+I】组合键，再按【Delete】键。使用相同方法删除其余的图片，得到的效果如图 5-70 所示。完成后将图像储存为“相册 .jpg”文件。

图5-70　相册效果

5.4 课堂练习

本课堂练习将分别制作黄昏暖色调效果的图片和矫正一幅建筑后期效果图，进一步掌握本章学习的知识点，灵活运用各种调色命令来满足工作中不同色彩调整的需要。

5.4.1 制作黄昏暖色调效果

1. 练习目标

在拍摄风景时，有时因为阳光或其他原因，拍摄出来的风景照没有达到理想的效果。本练习将处理一张风景照的暖色调，要求色调自然，带有黄昏时候的暖色效果。参考效果如图5-71所示。

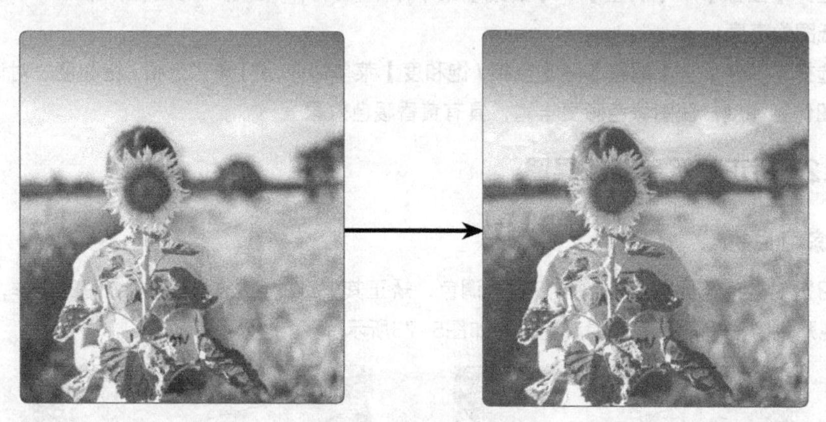

图5-71　黄昏暖色调效果

视频演示

素材位置　配套资源\素材文件\第5章\风景.jpg

效果位置　配套资源\效果文件\第5章\风景.jpg

2. 操作思路

掌握相关色彩调整的操作方法后，即可开始本练习的设计与制作。根据本练习的目标，要将原图的青色调转换为暖色调，应该在图像中减少青色、增加黄色。本练习的操作思路如图5-72所示。

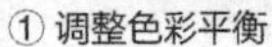

① 调整色彩平衡　② 调整曲线　③ 调整色相/饱和度

图5-72　制作黄昏暖色调效果的操作思路

> **行业知识**　对一张图片进行调色前，需要先分析图片上存在的颜色问题或需要实现的效果，如图片缺少亮度应增加亮度，缺少对比度则应增加对比度。若要调整有色调的图片，则应该增加相应的颜色等。

（1）打开“风景.jpg”素材文件，选择【图像】→【调整】→【色彩平衡】菜单命令，打开“色彩平衡”对话框，设置颜色偏红色和黄色。

（2）选择【图像】→【调整】→【曲线】菜单命令，打开“曲线”对话框，添加一个调节点，调低图像亮度。

（3）选择【图像】→【调整】→【色相/饱和度】菜单命令，打开“色相/饱和度”对话框，增加图像饱和度，使图像色彩更丰富，具有黄昏暖色效果。

5.4.2 矫正建筑后期效果图

1. 练习目标

本练习需对某建筑园林后期效果图进行调色，矫正其偏红的色彩，通过本练习的操作，熟练掌握调整图像色彩的方法。矫正图像的对比效果如图5-73所示。

图5-73　矫正建筑后期效果图前后的对比效果

视频演示

素材位置 配套资源\素材文件\第5章\园林后期.psd

效果位置 配套资源\效果文件\第5章\园林后期.psd

行业知识

在使用三维工具渲染后期图时，往往不能一次就得到需要的效果，通常还需要将渲染出的图片导入 Photoshop 中进行编辑，调整一些偏色问题。

2. 操作思路

本练习可先通过色彩平衡去除多余的红色调，然后调整阴影和高光，增加亮度，最后设置照片滤镜对图片整体色调进行加温处理。本练习的操作思路如图5-74所示。

① 调整色彩平衡

② 调整阴影和高光

③ 设置照片滤镜

图5-74 矫正建筑后期效果图的操作思路

（1）打开“园林后期 .psd”素材文件，选择【图像】→【调整】→【色彩平衡】菜单命令，打开“色彩平衡”对话框进行调整，去除图像中过多的红色，增加图像中的绿色，以真实反映树木的颜色。

（2）选择【图像】→【调整】→【阴影 / 高光】菜单命令，打开“阴影 / 高光”对话框进行调整，增加图像中暗部区域的亮度。

（3）选择【图像】→【调整】→【照片滤镜】菜单命令，打开“照片滤镜”对话框进行调整，为图像增加一点暖色调，以体现黄昏的感觉。

5.5 拓展知识

色彩在广告表现中具有迅速诉诸感觉的作用。它与公众的生理和心理反应密切相关，公众对广告的第一印象是通过色彩得到的。艳丽、典雅、灰暗等色彩感觉，影响着公众对广告内容的注意力。鲜艳、明快、和谐的色彩组合会对公众产生较好的吸引力，陈旧或破碎的用色会导致公众产生“这是旧广告”的观念，而不会引起注意。因此，色彩在平面广告上有着特殊的诉求力。现代平面广告设计由色彩、图形、文案三大要素构成，图形和文案都不能离开色彩的表现，色彩传达从某种意义来说是第一位的。

设计师要表现出广告的主题和创意，充分展现色彩的魅力，首先必须认真分析研究色彩的各种因素。由于生活经历、年龄、文化背景、风俗习惯等有所区别，人们有一定的主观性，同时对颜色的象征性和情感性的表现有许多共同的感受。在色彩配置和色彩组调设计中，设计师要把握好色彩的冷暖对比、明暗对比、纯度对比、面积对比、混合调合、面积调合、明度调合、色相调合、倾向调合等，色彩组调要保持画面的均衡、呼应和色彩的条理性，广告画面有明确的主色调，要处理好图形色和底色的关系。

5.6 课后习题

（1）打开素材文件“自行车.jpg”，制作出怀旧色调的感觉，效果对比如图5-75所示。制作该效果首先要调整出基本的偏红的黄色调，再通过“色相/饱和度”命令进行修饰。

图5-75 制作怀旧照片效果

素材位置 配套资源\素材文件\第5章\自行车.jpg

效果位置 配套资源\效果文件\第5章\怀旧色调.psd

（2）打开素材文件“小镇.jpg”，尝试用不同的方法将其调整为黑白照片。参考效果如图5-76所示。

图5-76 制作黑白照片效果

素材位置 配套资源\素材文件\第5章\小镇.jpg

效果位置 配套资源\效果文件\第5章\小镇.jpg

提示：使用“去色”“自然饱和度”“色相/饱和度”“黑白”“照片滤镜”“渐变映射”等命令可将图像调整为黑白色。

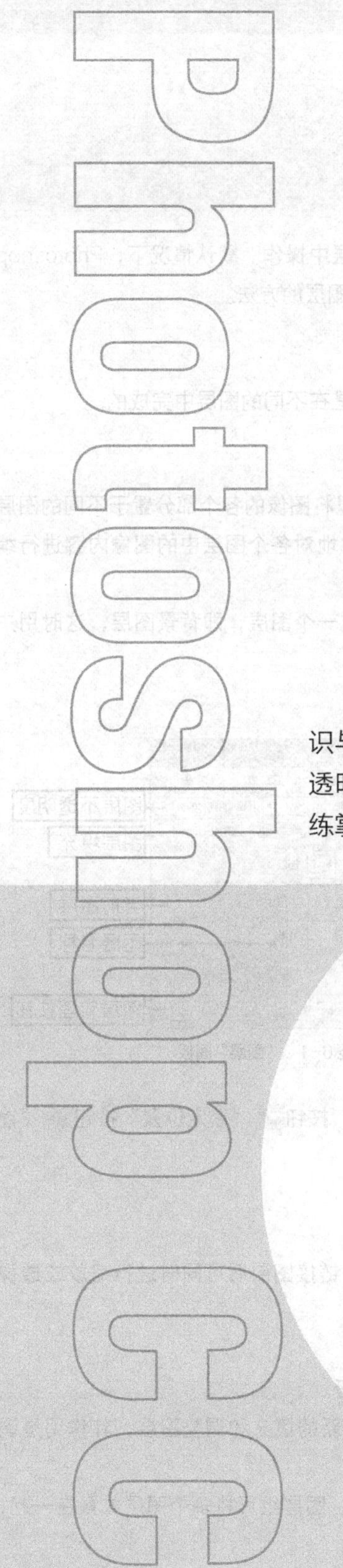

第6章 使用图层编辑图像

本章将详细讲解Photoshop CC图层的使用方法，包括认识与创建图层、图层的编辑与管理、设置图层的混合模式与不透明度、添加与设置图层样式等。读者通过本章的学习能够熟练掌握图层的相关操作。

学习要点

- 认识与创建图层
- 图层的编辑与管理
- 设置图层的混合模式与不透明度
- 添加与设置图层样式

学习目标

- 掌握图层的创建方法
- 掌握图层的基本操作
- 熟悉图层混合模式和不透明度的设置
- 掌握图层样式的使用方法

6.1 认识与创建图层

在Photoshop CC中对图像进行处理时，可能需要在不同的图层中操作。默认情况下，Photoshop只有“背景”图层，这就需要自行创建图层。本节将讲解创建各种图层的方法。

6.1.1 认识图层

图层是Photoshop最重要的元素之一，对图像的编辑基本上都是在不同的图层中完成的。

1. 图层的概念

用Photoshop制作的作品通常由多个图层合成，Photoshop可以将图像的各个部分置于不同的图层中，并将这些图层叠放在一起形成完整的图像效果。用户可以独立地对各个图层中的图像内容进行编辑、修改处理等操作，同时不影响其他图层。

当新建一个图像文件时，系统会自动在新建的图像窗口中生成一个图层，即背景图层，这时用户可以通过绘图工具在图层上绘图。

2. “图层”面板

在Photoshop CC中，对图层的操作可通过“图层”面板和“图层”菜单来实现。选择【窗口】→【图层】菜单命令，打开“图层”面板，如图6-1所示。

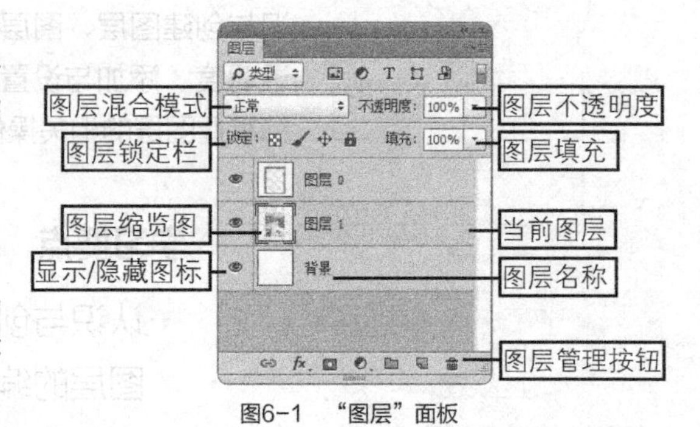

图6-1 “图层”面板

“图层”面板中显示了图像窗口的所有图层，用于创建、编辑、管理图层，以及为图层添加图层样式。“图层”面板中常用按钮的作用如下。

◎ “锁定”栏：用于设置选择图层的锁定方式，其中包括“锁定透明像素”按钮、“锁定图像像素”按钮、“锁定位置”按钮、“锁定全部”按钮。

◎ “不透明度”数值框：用于设置图层总体的不透明度

◎ “填充”数值框：用于设置图层内部的不透明度。

◎ “链接图层”按钮：用于链接两个或两个以上的图层，链接图层后可同时进行缩放或透视等变换操作。

◎ “添加图层样式”按钮：用于选择和设置图层的样式。

◎ “添加图层蒙版”按钮：单击该按钮，可为图层添加蒙版。

◎ “创建新的填充和调整图层”按钮：用于在图层上创建新的填充和调整图层，其作用是调整当前图层中图像的色调效果。

◎ “创建新组”按钮：单击该按钮，可以创建新的图层组。图层组可将多个图层放置在一起，以方便用户的查找和编辑操作。

◎ “创建新图层”按钮：用于创建一个新的空白图层。

◎ “删除图层”按钮：用于删除选择的图层。

3. 图层的类型

Photoshop CC中常用的图层类型包括以下几种。

◎ 背景图层：Photoshop 中的背景图层相当于绘图时最下层不透明的画纸。在 Photoshop 中，一幅图像只能有一个背景图层。背景图层无法与其他图层交换堆叠次序，但可以与普通图层相互转换。

◎ 普通图层：普通图层是最基本的图层类型，相当于一张透明纸。

◎ 文字图层：使用文本工具在图像中创建文字后，软件会自动新建一个图层。文字图层主要用于编辑文字的内容、属性和取向。文字图层可以进行移动、调整堆叠、复制等操作，但大多数编辑工具和命令不能在文字图层中使用。需要对文字图层进行编辑时，首先要将文字图层转换成普通图层。

◎ 填充图层：填充了纯色、渐变、图案的特殊图层。

◎ 形状图层：添加了矢量形状的图层。

◎ 调整图层：调整图层可以调节其下所有图层中图像的色调、亮度、饱和度等，单击“图层”面板下的 按钮，在打开的列表中即可选择。

除此之外，在“图层”面板中还可添加一些其他类型的图层，分别介绍如下。

◎ 效果图层：当为图层添加图层样式后，在“图层”面板上该层右侧将出现一个样式图标，表示该图层添加了样式。

◎ 链接图层：保持链接状态的多个图层。

◎ 剪贴蒙版：蒙版中的一种，可使用一个图层中的图像控制其上面多个图层的显示范围。

◎ 智能对象：包含有智能对象的图层。

◎ 图层蒙版图层：添加了图层蒙版的图层，蒙版可以控制图像的显示范围。

◎ 图层组：以文件夹的形式组织和管理图层，以便于查找和编辑图层。

◎ 变形文字图层：进行变形处理后的文字图层。

◎ 视频图层：包含视频文件帧的图层。

◎ 3D 图层：包含 3D 文件或置入 3D 文件的图层。

6.1.2 新建图层

创建图层时，首先要新建或打开一个图像文件，然后通过“图层”面板快速创建，也可以通过菜单命令创建。在Photoshop中可创建多种图层，下面讲解常用图层的创建方法。

1. 新建普通图层

新建普通图层是指在当前图像文件中创建新的空白图层，新建的图层将位于当前图层的最上方。用户可通过以下两种方法创建。

◎ 选择【图层】→【新建】→【图层】菜单命令，打开图 6-2 所示的“新建图层”对话框，在其中设置图层的名称、颜色、模式、不透明度，然后单击 确定 按钮，即可新建图层，如图 6-3 所示。

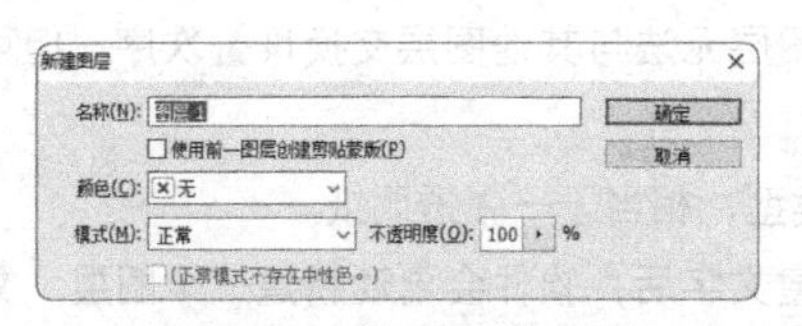

图6-2 “新建图层”对话框

图6-3 新建的图层

◎ 单击“图层”面板底部的“创建新图层”按钮，即可新建一个普通图层。

2. 新建文字图层

当用户在图像中输入文字后，“图层”面板中将自动新建一个相应的文字图层。方法是在工具箱的文字工具组中选择一种文字工具，如图6-4所示。在图像中单击定位插入点，输入文字后即可得到一个文字图层，如图6-5所示。

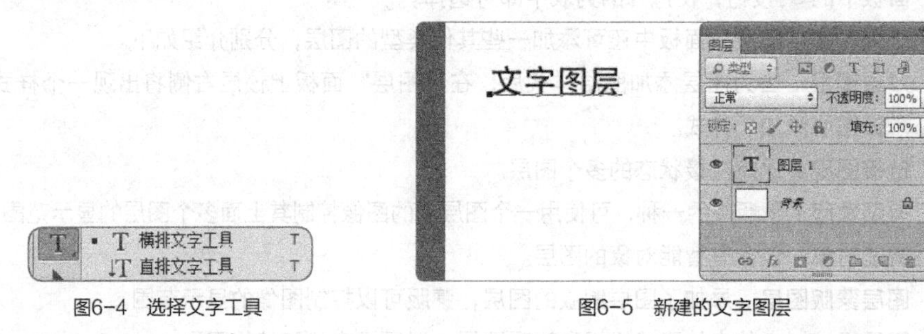

图6-4 选择文字工具　　图6-5 新建的文字图层

3. 新建填充图层

Photoshop CC中有3种填充图层，分别是纯色、渐变、图案。选择【图层】→【新建填充图层】菜单命令，在打开的子菜单中选择相应的命令即可打开“新建图层”对话框，如图6-6所示。单击 确定 按钮，打开“图案填充”对话框，在其中可设置填充图层的图案，如图6-7所示。

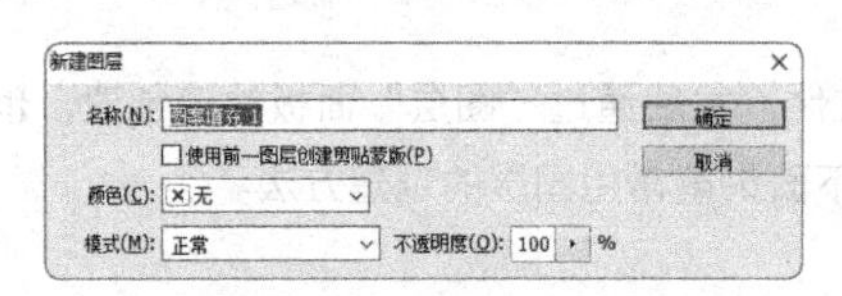

图6-6 “新建图层”对话框

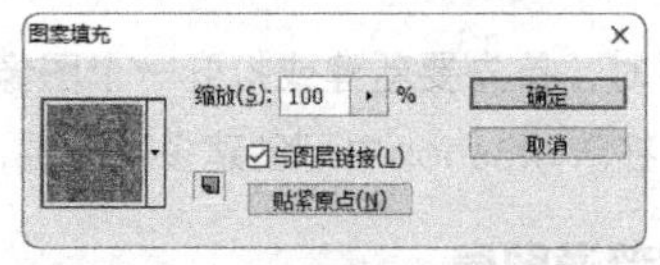

图6-7 “图案填充”对话框

知识提示

若在图像中创建了选区，选择【图层】→【新建】→【通过拷贝的图层】菜单命令，或按【Ctrl+J】组合键，可将选区内的图像复制到一个新的图层中，原图层中的内容保持不变；若没有创建选区，则执行该命令时会将当前图层中的全部内容复制到新图层中。

4. 新建形状图层

在工具箱的形状工具组中选择一种形状工具，如图6-8所示。在工具属性栏中默认为“形状”模式，然后在图像中绘制形状，此时“图层”面板中自动创建一个形状图层。图6-9所示为使用矩形工具绘制图形后创建的形状图层。

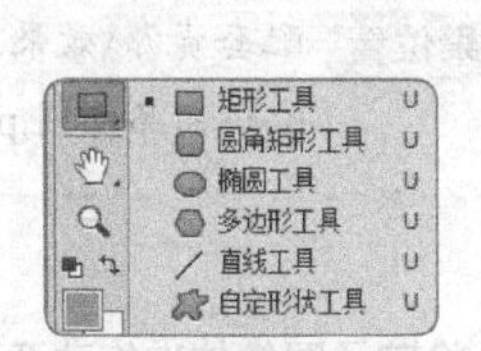

图6-8　选择形状工具

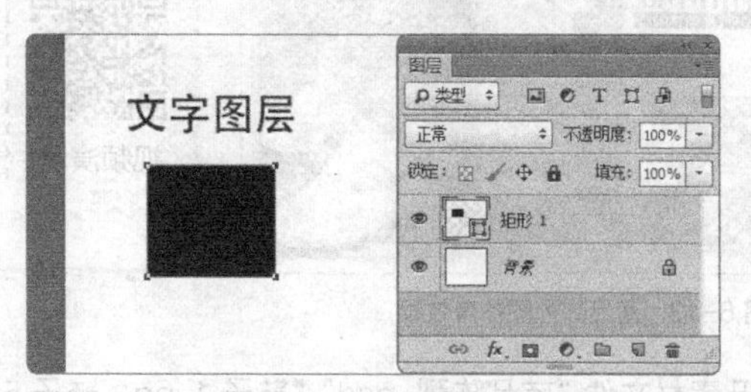

图6-9　创建的形状图层

5. 新建调整图层

调整图层主要用于精确调整图层的颜色。通过色彩命令调整颜色时，一次只能调整一个图层，而通过创建调整图层则可同时调整多个图层上的图像。

在创建调整图层的过程中还可以根据需要调整图像的色调或色彩，在创建后也可随时修改及调整，而不用担心损坏原来的图像。其具体操作为：选择【图层】→【新建调整图层】菜单命令，在打开的子菜单中选择一个调整命令，如图6-10所示，这里选择“色彩平衡”命令，再在打开的“新建图层”对话框中单击 确定 按钮，如图6-11所示。然后在打开的“色彩平衡”对话框中参数调整参数，也可直接单击 确定 按钮完成调整图层的创建，如图6-12所示。

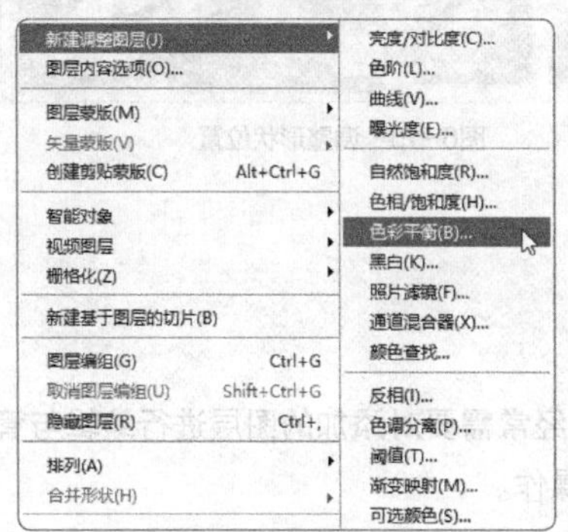

图6-10　选择调整命令

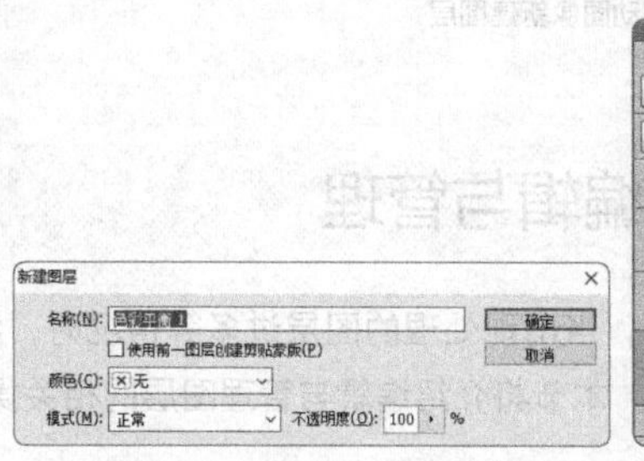

图6-11　“新建图层”对话框

图6-12　创建色彩平衡调整图层

知识提示

调整图层类似于图层蒙版，由调整缩略图和图层蒙版缩略图组成。调整缩略图由于创建调整图层时选择的色调或色彩命令不一样而显示出不同的图像效果；图层蒙版随调整图层的创建而创建，默认情况下填充为白色，即表示调整图层对图像中的所有区域起作用；调整图层名称会随着创建调整图层时选择的调整命令来显示，例如，创建的调整图层是用来调整图像的色彩平衡时，名称为“色彩平衡 1”。

6.1.3　课堂案例1——制作商品陈列图

在网店中为了吸引顾客，需要展示店铺商品，突出商品的特色。本案例制作商品陈列图，参考效果如图6-13所示。

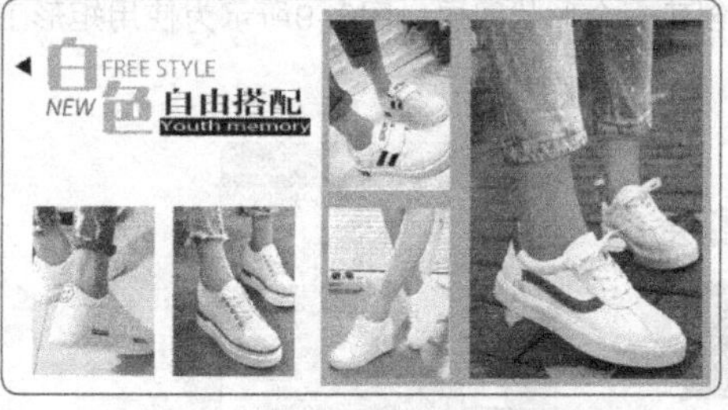

视频演示

素材位置 配套资源\素材文件\第6章\商品陈列.psd、鞋子1~5.jpg

效果位置 配套资源\效果文件\第6章\商品陈列.psd

图 6-13 商品陈列图参考效果

（1）打开素材文件“商品陈列 .psd”“鞋子 1.jpg~ 鞋子 5.jpg”，将鞋子图像依次拖动至“商品陈列”图像中，并进行排列，效果如图 6-14 所示，此时“图层”面板中新建了 5 个图层。

（2）在“图层”面板中选择“图层 0”，单击“创建新图层”按钮，新建“图层 6”，选择矩形选区工具绘制选区，并填充颜色“#63cacb”。

（3）调整图层中形状的位置，效果如图 6-15 所示。完成陈列图的制作并保存文件。

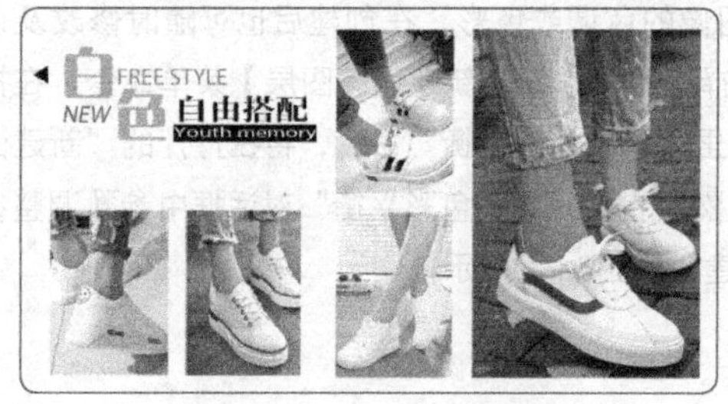

图6-14 移动图像新建图层

图6-15 调整形状位置

6.2 图层的编辑与管理

在编辑图像的过程中，当出现处理的图层过多等情况时，经常需要对添加的图层进行编辑与管理操作，方便用户处理图像。本节将介绍编辑与管理图层的相关操作。

6.2.1 复制与删除图层

复制图层就是为已存在的图层创建图层副本，对于不需使用的图层可以将其删除，删除图层后，该图层中的图像也将被删除。

1. 复制图层

复制图层主要有以下方法。

◎ 在“图层”面板中复制：在“图层”面板中选择需要复制的图层，按住鼠标左键不放，将其拖动到“图层”面板底部的“创建新图层”按钮上，释放鼠标，即可在该图层上复制一个图层副本，而按【Ctrl+J】组合键可快速复制，如图 6-16 所示。

◎ 通过菜单命令复制：选择要复制的图层，选择【图层】→【复制图层】菜单命令，在打开的“复制图层”对话框中设置图层名称与选项，单击 确定 按钮，如图 6-17 所示。

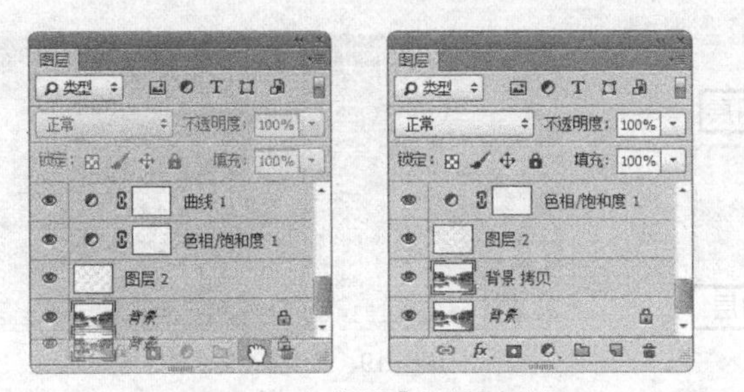
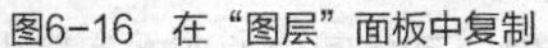
图6-16　在“图层”面板中复制

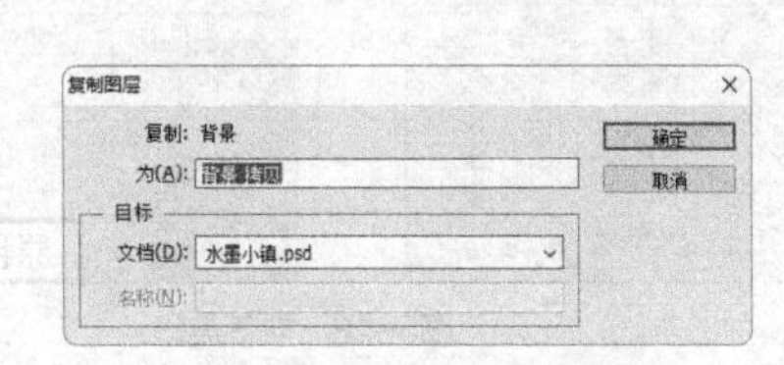
图6-17　“复制图层”对话框

2. 删除图层

删除图层有以下方法。

◎ 通过菜单命令删除：在“图层”面板中选择要删除的图层，选择【图层】→【删除】→【图层】菜单命令即可。

◎ 通过“图层”面板删除：在“图层”面板中选择要删除的图层，单击“图层”面板底部的“删除图层”按钮 或按【Delete】键即可。

6.2.2 合并与盖印图层

图层数量以及图层样式的使用都会占用计算机资源，合并相同属性的图层或者删除多余的图层能减小文件的大小，同时便于管理。合并与盖印图层是图像处理中的常用操作。

1. 合并图层

合并图层就是将两个或两个以上的图层合并到一个图层上。较复杂的图像处理完成后，一般都会产生大量的图层，从而使图像变大，使计算机处理速度变慢。这时可根据需要合并图层，以减少图层的数量。合并图层的操作主要有以下几种。

◎ 合并图层：在“图层”面板中选择两个或两个以上要合并的图层，选择【图层】→【合并图层】菜单命令，或按【Ctrl+E】组合键即可。

◎ 合并可见图层：选择【图层】→【合并可见图层】菜单命令或按【Shift+Ctrl+E】组合键即可，该操作不合并隐藏的图层。

◎ 拼合图像：选择【图层】→【拼合图像】菜单命令，可将“图层”面板中所有可见图层合并，并打开对话框询问是否丢弃隐藏的图层，同时以白色填充所有透明区域。

2. 盖印图层

盖印图层是比较特殊的图层合并方法，可将多个图层的内容合并到一个新的图层中，同时保留原来的图层不变。盖印图层的操作主要有以下几种。

◎ 向下盖印：选择一个图层，按【Ctrl+Alt+E】组合键，可将该图层盖印到下面的图层中，原图层保持不变，如图 6-18 所示。

◎ 盖印多个图层：选择多个图层，按【Ctrl+Alt+E】组合键，可将选择的图层盖印到一个新的图层中，原图层中的内容保持不变，如图 6-19 所示。

◎ 盖印可见图层：按【Shift+Ctrl+Alt+E】组合键，可将所有可见图层中的图像盖印到一个新的图层中，原图层保持不变。

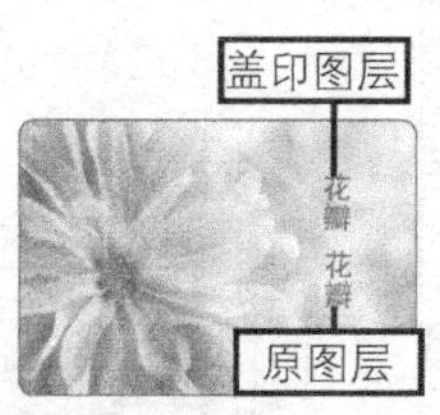

图6-18 向下盖印

图6-19 盖印多个图层

◎ 盖印图层组：选择图层组，按【Ctrl+Alt+E】组合键，可将图中的所有图层内容盖印到一个新的图层中，原图层组保持不变。

6.2.3 移动图层

在“图层”面板中，图层是按创建的先后顺序堆叠在一起的，上面图层中的内容会遮盖下面图层的内容。改变图层的排列顺序即为改变图层的堆叠顺序。改变图层排列顺序的方法是选择要移动的图层，选择【图层】→【排列】菜单命令，在打开的子菜单中选择需要的命令即可移动图层，如图6-20所示。

其相关选项含义如下。

◎ 置为顶层：将当前选择的活动图层移动到最顶部。

◎ 前移一层：将当前选择的活动图层向上移动一层。

◎ 后移一层：将当前选择的活动图层向下移动一层。

◎ 置为底层：将当前选择的活动图层移动到最底部。

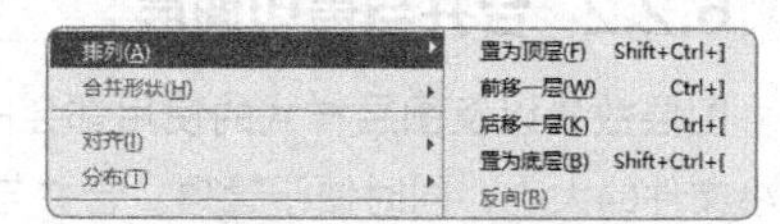

图6-20 排序命令

知识提示

使用鼠标直接在“图层”面板拖动图层也可改变图层的顺序。如果选择的图层在图层组中，则在选择“置为顶层”或“置为底层”命令时，可将图层调整到当前图层组的最顶层或最底层。

6.2.4 对齐与分布图层

在Photoshop CC中可通过对齐与分布图层快速调整图层内容，以实现图像间的精确移动。

1. 对齐图层

要对齐多个图层中的图像内容，可以按【Shift】键，在“图层”面板中选择多个图层，然后选择【图层】→【对齐】菜单命令，在其子菜单中选择对齐命令进行对齐，如图6-21所示。如果所选图层与其他图层链接，则可以对齐与之链接的所有图层。

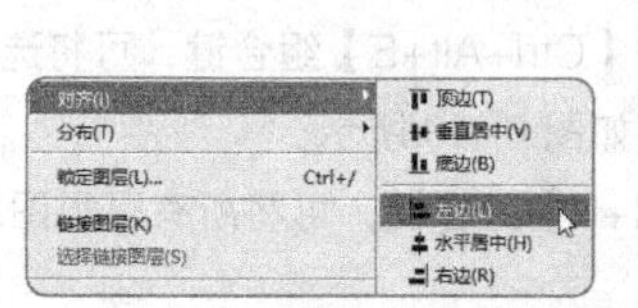

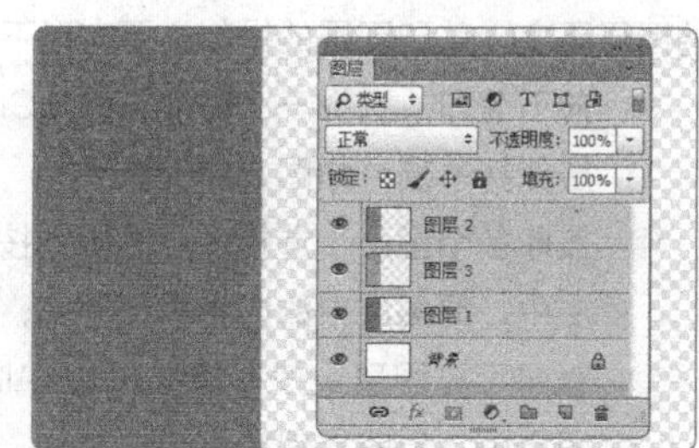

图6-21 图层对齐操作

2. 分布图层

要让3个或更多的图层采用一定的规律均匀分布，可选择这些图层，然后选择【图层】→【分布】菜单命令，在其子菜单中选择相应的分布命令，如图6-22所示。

图6-22　图层分布命令

3. 将选区与图层对齐

在图像窗口中创建选区后，选择一个包含图像的图层，选择【图层】→【将图层与选区对齐】菜单命令，在其子菜单中选择相应的对齐命令，如图6-23所示。可基于选区对齐所选图层，如图6-24所示。

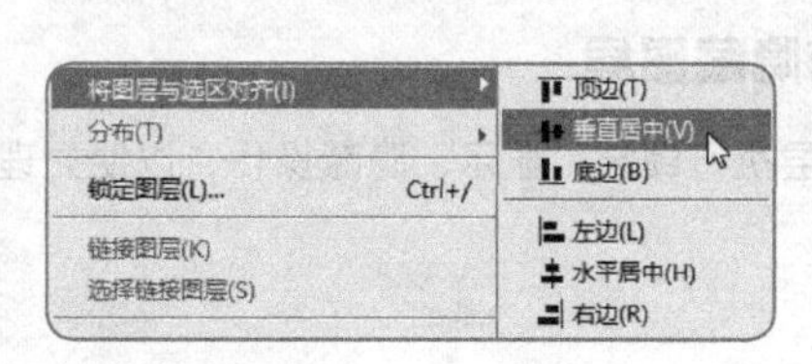

图6-23　对齐命令

图6-24　对齐效果

6.2.5　链接图层

要同时处理多个图层中的图像，如同时变换、颜色调整、设置滤镜等，则可将这些图层链接在一起再进行操作。

在“图层”面板中选择两个或多个需要处理的图层，单击面板中的“链接图层”按钮，或选择【图层】→【链接图层】菜单命令，即可将其链接，如图6-25所示。

知识提示

如果要取消图层间的链接，需要先选择所有的链接图层，然后单击“图层”面板底部的“链接图层”按钮；如果只想取消某一个图层与其他图层间的链接关系，只需选择该图层，再单击“图层”面板底部的“链接图层”按钮即可。

图6-25　链接图层

6.2.6　修改图层名称和颜色

在图层数量较多的文件中，可在“图层”面板中命名各个图层，或设置不同颜色以区别于其他图层，以快速找到所需图层。

1. 修改图层名称

选择需要修改名称的图层，选择【图层】→【重命名图层】菜单命令，或直接双击该图层的名称，使其呈可编辑状态，然后输入新的名称即可，如图6-26所示。

2. 修改图层颜色

选择要修改颜色的图层，在 图标上单击鼠标右键，在弹出的快捷菜单中选择一种颜色，效果如图6-27所示。

图6-26 修改图层名称

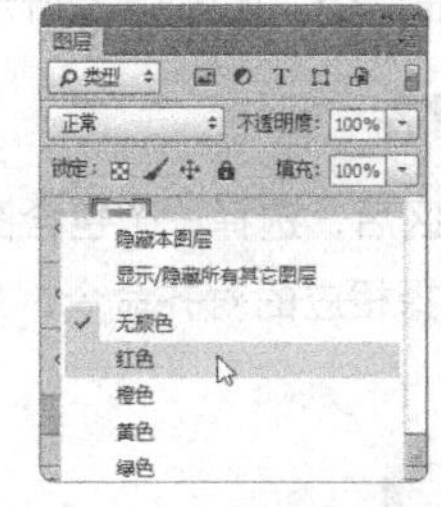

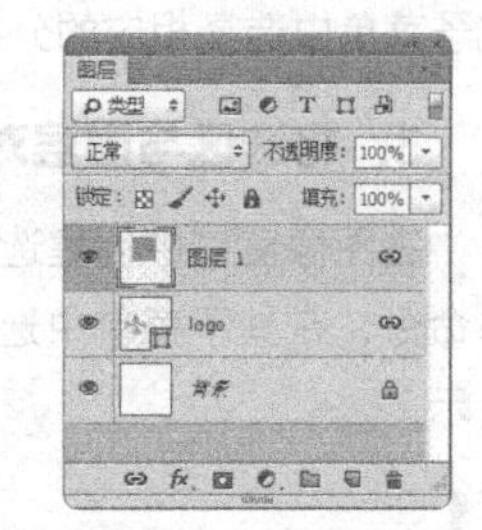

图6-27 修改图层颜色

6.2.7 锁定、显示与隐藏图层

在“图层”面板中可对图层执行锁定、显示、隐藏操作，以便处理图层中的内容，或保护其中的内容不被更改。

1. 锁定图层

锁定图层可防止图层中的内容被更改。“图层”面板中有4个选项可设置锁定图层内容。

◎ “锁定透明像素”按钮 ：单击该按钮，当前图层上透明的部分被保护起来，不允许被编辑，后面的所有操作只对不透明图像起作用。

◎ “锁定图像像素”按钮 ：单击该按钮，当前图层被锁定，不管是透明区域还是图像区域，都不允许填充或编辑色彩。此时，如果将绘图工具移动到图像窗口上会出现 图标。该功能对背景图层无效。

◎ “锁定位置”按钮 ：单击该按钮，当前图层的变形编辑将被锁定，图层上的图像不允许被移动或进行各种变形编辑，但仍然可以对该图层进行填充或描边等操作。

◎ “锁定全部”按钮 ：单击该按钮，当前图层的所有编辑将被锁定，不允许对图层上的图像进行任何操作，只能改变图层的叠放顺序。

2. 显示与隐藏图层

单击图层前方的 图标，可隐藏该图层中的图像，再次单击该图标可显示该图层中的图像，如图6-28所示。

图6-28 隐藏图层

6.2.8 图层组的使用

当图层的数量越来越多时，可创建图层组来管理，将同一属性的图层归类，从而方便快速找到需要的图层。图层组以文件夹的形式显示，可以像普通图层一样执行移动、复制、链接等操作。

1. 创建图层组

选择【图层】→【新建】→【组】菜单命令，打开“新建组”对话框，如图6-29所示。在该对话框中可以分别设置图层组的名称、颜色、模式、不透明度，单击 确定 按钮，即可在面板上创建一个空白的图层组。

在“图层”面板中单击面板底部的“创建新组”按钮，也可创建一个图层组，如图6-30所示。选择创建的图层组，单击面板底部的“创建新图层”按钮，可在该图层组中创建一个新图层，如图6-31所示。

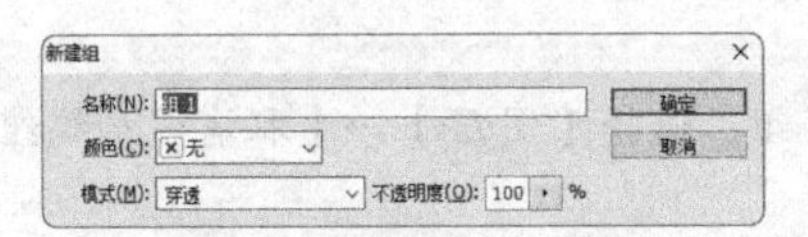

图6-29 “新建组”对话框

图6-30 创建新组

图6-31 创建新图层

知识提示 图层组的默认模式为“穿透”，表示图层组不产生混合效果。若选择其他模式，则图层组中的图层将以该组的混合模式与下面的图层混合。

2. 从所选图层创建图层组

若要将多个图层创建在一个组内，可先选择这些图层，然后选择【图层】→【图层编组】菜单命令，或按【Ctrl+G】组合键进行编组，效果如图6-32所示。编组后，可单击组前的三角图标展开或者收缩图层组，如图6-33所示。

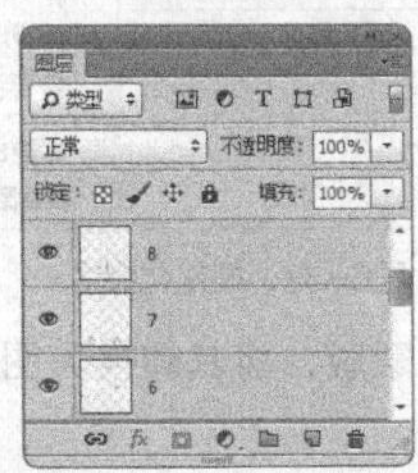

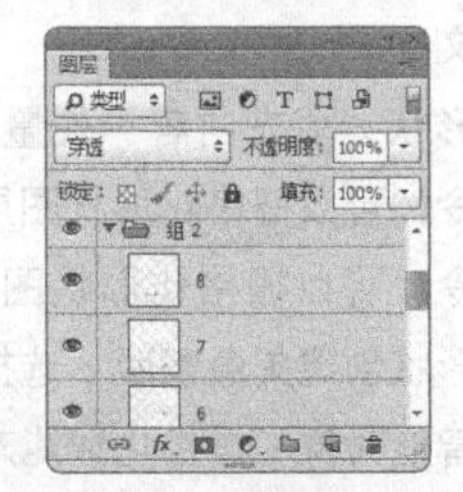

图6-32 编组　　图6-33 展开图层组

知识提示 选择图层后，选择【图层】→【新建】→【从图层建立组】菜单命令，打开“从图层新建组”对话框，在其中设置图层组的名称、颜色、模式等属性，可将其创建在设置特定属性的图层组内。

图6-34 嵌套图层组

3. 创建嵌套结构的图层组

创建图层组后，在图层组内还可以继续创建新的图层组，这种多级结构的图层组称为嵌套图层组，如图6-34所示。

4. 将图层移入或移出图层组

将一个图层拖入另一个图层组，可将其添加到该图层组中，如图6-35所示。将一个图层拖出所在图层组，可将其从该图层组中移出，如图6-36所示。

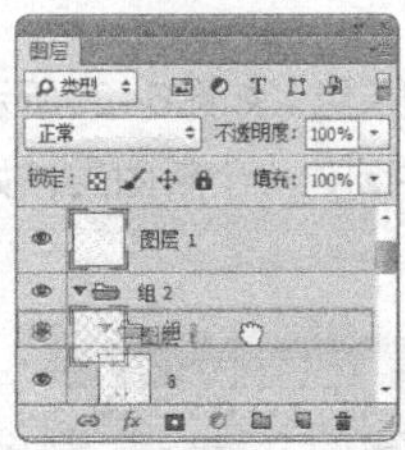

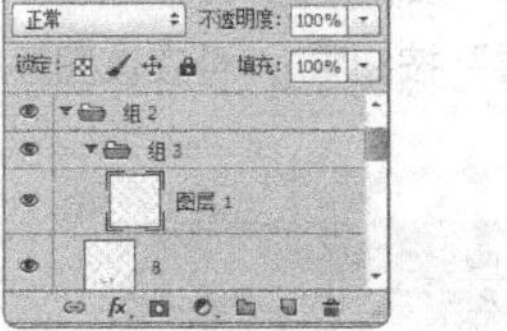

图6-35 移入图层组

图6-36 移出图层组

知识提示

若要取消图层编组，可以选择该图层组，选择【图层】→【取消图层编组】菜单命令，或按【Shift+Ctrl+G】组合键。

6.2.9 栅格化图层内容

要使用绘画工具编辑文字图层、形状图层、矢量蒙版、智能对象等包含矢量数据的图层，需要先将其转换为位图，然后才能编辑。转换为位图的操作即为栅格化。

选择需要栅格化的图层，选择【图层】→【栅格化】菜单命令，在其子菜单中可选择栅格化图层选项，如图6-37所示。

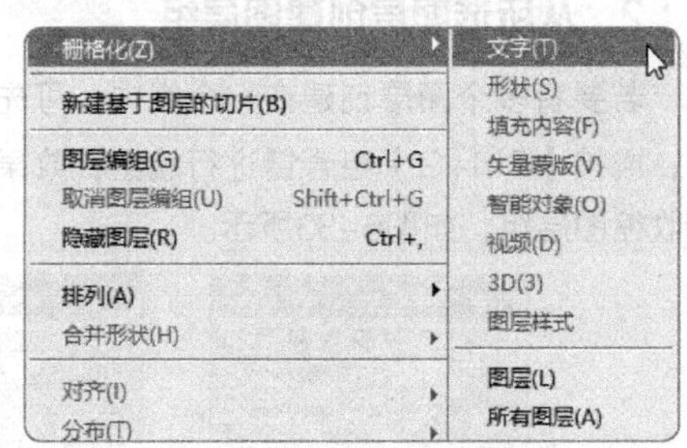

图6-37 栅格化命令

部分命令介绍如下。

◎ 文字：栅格化文字图层，使文字变为光栅图像，即位图。栅格化以后，不能使用文字工具修改文字。

◎ 形状／填充内容／矢量蒙版：选择“形状”命令，可以栅格化形状图层；选择“填充内容”命令，可以栅格化形状图层的填充内容，并基于形状创建矢量蒙版；选择“矢量蒙版”命令，可以栅格化矢量蒙版，将其转换为图层蒙版。

◎ 智能对象：栅格化智能对象，使其转换为像素。

◎ 视频：栅格化视频图层，选择的图层将拼合到“时间轴”面板中所选的当前帧的图层中。

◎ 3D：栅格化 3D 图层。

◎ 图层样式：栅格化图层样式，将其应用到图层内容中。

◎ 图层／所有图层：选择“图层”命令，可以栅格化当前选择的图层；选择“所有图层”命令，可以栅格化包含矢量数据、智能对象、生成数据的所有图层。

6.2.10 课堂案例2——制作网店活动图

合成图像是Photoshop的特色功能之一，通过处理图层可以合成具有特殊效果的图像文件，达到宣传与吸引顾客的目的。本案例以制作网店的活动图为例进行介绍，参考效果如图6-38所示。

图 6-38 网店活动图参考效果

视频演示

素材位置 配套资源\素材文件\第6章\网店活动图.psd

效果位置 配套资源\效果文件\第6章\网店活动图.psd

（1）打开素材文件“网店活动图.psd”，在“图层”面板中选择“矩形3”图层，使用鼠标将其拖动到“创建新图层”按钮上，复制图层，再复制一次“矩形3”图层，效果如图6-39所示。

（2）在复制的图层文字上双击鼠标，修改图层的名称分别为“矩形4”“矩形5”，效果如图6-40所示。使用相同的方法将“图层8”“图层9”的名称修改为“丝带”“产品”。

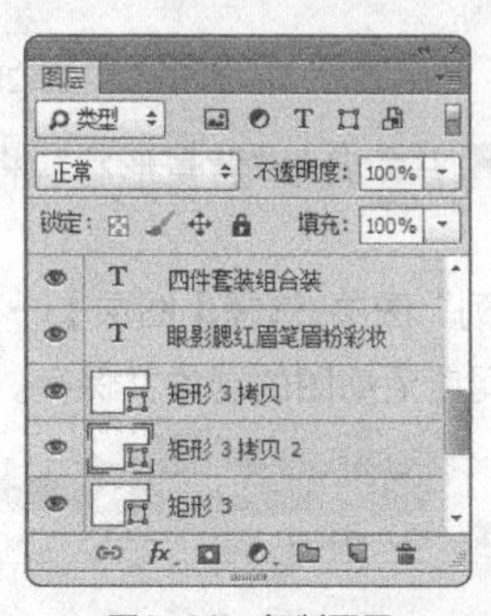

图6-39 复制图层

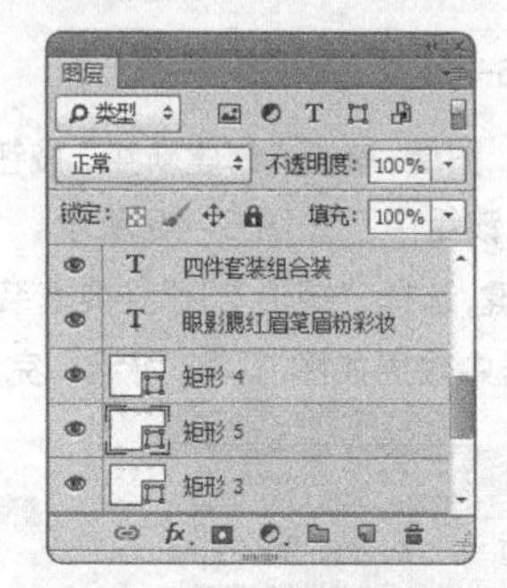

图6-40 修改图层名称

（3）选择“矩形5”图层，将其拖动到“矩形3”图层下方，按【Ctrl+T】组合键，在属性栏的“旋转”数值框中输入“4.5”，旋转图像，单击✓按钮，应用变换。

（4）在工具箱中选择矩形工具，在属性栏单击“填充”色框，在打开的下拉列表中单击“拾色器”按钮，打开“拾色器（填充颜色）”对话框，在图像上单击“经典套装系列”后的背景色，拾取颜色，如图6-41所示。单击 确定 按钮，完成填充，如图6-42所示。

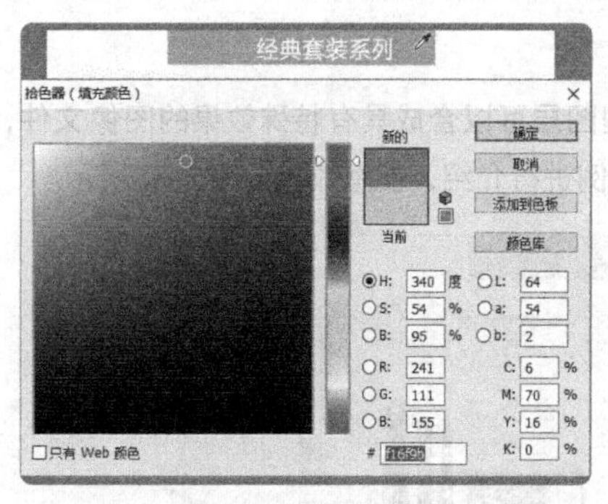

图6-41 拾取颜色

图6-42 完成填充

（5）选择“矩形 4”图层，按【Ctrl+T】组合键，接着按【Shift+Alt】组合键拖动图像控制点，等比缩小图像，如图 6-43 所示。

（6）在工具箱中选择矩形工具 ，在属性栏单击“填充”色框，在打开的下拉列表中单击“无颜色”按钮 。在属性栏中单击“描边”色框，在打开的下拉列表中的“最近使用的颜色”色条中拾取第一个颜色，完成填充。然后在“描边宽度”数值框中输入“2 像素”，设置描边粗细，得到如图 6-44 所示的效果。

图6-43 调整图像

图6-44 描边图像

（7）选择“矩形 4”图层，单击“创建新组”按钮 ，并命名为“背景形状”，将“矩形 3”“矩形 4”“矩形 5”拖动至该组中，如图 6-45 所示。

（8）使用【Ctrl】键，选择“矩形 2”“经典套装系列”图层，选择【图层】→【对齐】→【水平居中】菜单命令，居中效果如图 6-46 所示，完成网店活动图的制作并保存。

图6-45 创建新组

图6-46 活动图效果

6.3 设置图层的混合模式与不透明度

图层的混合模式在图像处理过程中起着非常重要的作用，主要用来调整图层间的相互关系，从而生成新的图像效果。本节将介绍图层混合模式的使用和调整不透明度的方法。

6.3.1 设置图层混合模式

图层混合模式是指将上一层图层与下一层图层的像素混合，从而得到一种新的图像效果。通常情况下，上层的像素会覆盖下层的像素。Photoshop CC提供了二十多种不同的色彩混合模式，不同的色彩混合模式可以产生不同的效果。

单击“图层”面板中的 正常 按钮，在打开的下拉列表中选择需要的模式，如图6-47所示。下面分别介绍各种混合模式选项的作用。

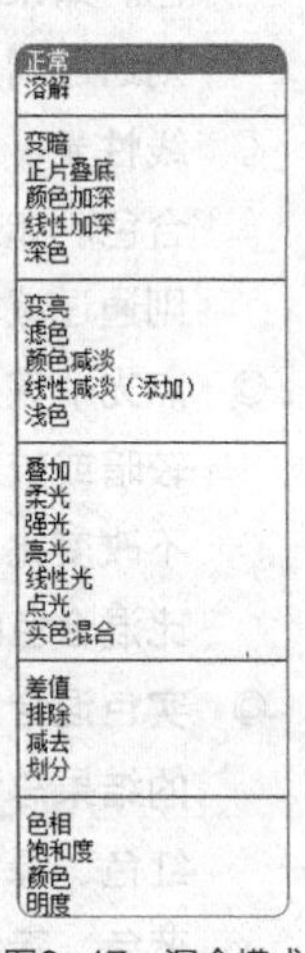

图6-47 混合模式

◎ 正常：系统默认的图层混合模式，未设置时均为此模式，上面图层中的图像完全遮盖下面图层上对应的区域。

◎ 溶解：如果上面图层中的图像具有柔和的半透明效果，选择该混合模式可生成像素点状效果。

◎ 变暗：选择该模式后，上面图层中较暗的像素将代替下面图层中与之相对应的较亮像素，而下面图层中较暗的像素将代替上面图层中与之相对应的较亮像素，从而使叠加后的图像区域变暗。

◎ 正片叠底：该模式对上面图层中的颜色与下面图层中的颜色进行混合相乘，形成一种光线透过两张叠加在一起的幻灯片的效果，从而得到比原来两种颜色更深的颜色效果。

◎ 颜色加深：选择该模式后，可增强上面图层与下面图层之间的对比度，从而得到颜色加深的图像效果。

◎ 线性加深：该模式将变暗所有通道的基色，并通过提高其他颜色的亮度来反映混合颜色。此模式对白色不产生任何变化。

◎ 深色：该模式与“变暗”模式相似。

◎ 变亮：该模式与“变暗”模式作用相反，将下面图层中较亮的像素代替上面图层中较暗的像素。

◎ 滤色：该模式对上面图层与下面图层中相对应的较亮颜色进行合成，从而生成一种漂白增亮的图像效果。

◎ 浅色：该模式与“变亮”模式相似。

◎ 颜色减淡：该模式通过减小上下图层中像素的对比度来提高图像的亮度。

◎ 线性减淡：该模式与“线性加深”模式的作用刚好相反，是加亮所有通道的基色，并降低其他颜色的亮度来反映混合颜色。此模式对黑色将不产生任何变化。

◎ 叠加：该模式根据下面图层的颜色，与上面图层中相对应的颜色进行相乘或覆盖，产生变亮或变暗的效果。

◎ 柔光：该模式根据下面图层中颜色的灰度值对与上面图层中相对应的颜色进行处理，高亮度的区域更亮，暗部区域更暗，从而产生一种柔和光线照射的效果，具体取决于混合色。此效果与发散的聚光灯照在图像上相似。如果混合色（光源）比 50% 灰色亮，则图像变亮，就像被减淡一样；如果混合色（光源）比 50% 灰色暗，则图像变暗，就像被加深一样。用纯黑色或纯白色绘画会产生明显较暗或较亮的区域，但不会产生纯黑色或纯白色。

◎ **强光**：该模式与“柔光”模式类似，也是对下面图层中的灰度值与上面图层进行处理。不同的是产生的效果就像一束强光照射在图像上一样，具体取决于混合色。此效果与耀眼的聚光灯照在图像上相似。如果混合色（光源）比 50% 灰色亮，则图像变亮，就像过滤后的效果，这对于向图像添加高光非常有用；如果混合色（光源）比 50% 灰色暗，则图像变暗，就像复合后的效果，这对于向图像添加阴影非常有用。用纯黑色或纯白色绘画会产生纯黑色或纯白色。

◎ **亮光**：该模式通过增加或减小上下图层中颜色的对比度来加深或减淡颜色，具体取决于混合色。如果混合色比 50% 灰色亮，则通过减小对比度使图像变亮；如果混合色比 50% 灰色暗，则通过增加对比度使图像变暗。

◎ **线性光**：该模式将通过减小或增加上下图层中颜色的亮度来加深或减淡颜色，具体取决于混合色。如果混合色比 50% 灰色亮，则通过增加亮度使图像变亮；如果混合色比 50% 灰色暗，则通过减小亮度使图像变暗。

◎ **点光**：该模式与“线性光”模式相似，是根据上面图层与下面图层的混合色来决定替换部分较暗或较亮像素的颜色。如果混合色（光源）比 50% 灰色亮，则替换比混合色暗的像素，而不改变比混合色亮的像素；如果混合色比 50% 灰色暗，则替换比混合色亮的像素，而不改变比混合色暗的像素，这对于向图像添加特殊效果非常有用。

◎ **实色混合**：该模式是将混合颜色的红色、绿色、蓝色通道值添加到基色的 RGB 值。如果通道的结果总和大于或等于 255，则值为 255；如果小于 255，则值为 0。因此，所有混合像素的红色、绿色、蓝色通道值要么是 0，要么是 255。这会将所有像素更改为原色：红色、绿色、蓝色、青色、黄色、洋红、白色、黑色。

◎ **差值**：该模式比较上面图层与下面图层中颜色的亮度值，将两者的差值作为结果颜色。当不透明度为 100% 时，白色将全部反转，而黑色保持不变。

◎ **排除**：该模式由亮度决定是否从上面图层中减去部分颜色，得到的效果与“差值”模式相似，只是更柔和一些。

◎ **减去**：该模式与“差值”模式相似。

◎ **划分**：如果混色与基色相同，则结果为白色，如果混色为白色，则结果为原色，如果混色为黑色，则结果为白色。

◎ **色相**：该模式只是对上下图层中颜色的色相进行相融，形成特殊的效果，但并不改变下面图层的亮度与饱和度。

◎ **饱和度**：该模式只是对上下图层中颜色的饱和度进行相融，形成特殊的效果，但并不改变下面图层的亮度与色相。

◎ **颜色**：该模式只将上面图层中颜色的色相和饱和度融入下面图层中，并与下面图层中颜色的亮度值混合，但不改变其亮度。

◎ **明度**：该模式与“颜色”模式相反，只将当前图层中颜色的亮度融入下面图层中，但不改变下面图层中颜色的色相和饱和度。

6.3.2 设置图层不透明度

设置图层的不透明度可以使图层产生透明或半透明效果，其方法为在“图层”面板右上方的“不透明度”数值框中输入数值来进行设置，范围是0%～100%。

要设置某图层的不透明度，应先在“图层”面板中选择该图层，当图层的不透明度小于100%时，将显示该图层和下面图层的图像，不透明度值越小，就越透明；当不透明度值为0%时，该图层将不会显示，而完全显示其下面图层的内容。

图6-48所示为具有两个图层的图像，背景图层上为一个名为“8”图层。将“8”所在图层的不透明度分别设置为70%和40%时，效果分别如图6-49和图6-50所示。

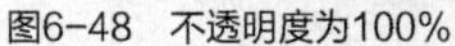
图6-48　不透明度为100%

图6-49　不透明度为70%

图6-50　不透明度为40%

6.3.3 课堂案例3——制作合成图像效果

图层的混合模式和不透明度功能经常用于图片的叠加处理。下面以合成商品宣传图为例进行练习，效果如图6-51所示。

视频演示

素材位置　配套资源\素材文件\第6章\人物.jpg、商品宣传素材.psd

效果位置　配套资源\效果文件\第6章\商品宣传图.psd

（1）在 Photoshop CC 中打开素材文件“商品宣传素材.psd”“人物.jpg”，在“商品宣传素材”图像中选择“背景”图层，将“人物”中的人物图像抠取出来并拖动至此图像中，调整大小及位置。在“图层”面板中的“正常”下拉列表框中选择“正片叠底”选项，如图6-52所示。

图6-51　合成效果

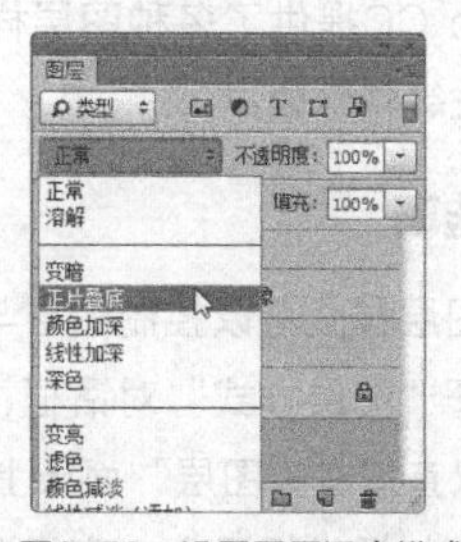

图6-52　设置图层混合模式

（2）选择“矢量智能对象”图层，选择【图层】→【复制图层】菜单命令复制图层，并将其移动至“矢量智能图层”图层下方。

（3）按【Ctrl】键单击图层缩略图，设置前景色为黑色，按【Alt+Delete】组合键填充，并将不透明度设置为“20%”，选择移动工具调整其位置。

6.4 添加与设置图层样式

在编辑图像过程中，通过添加并设置图层样式，可创建出各种特殊的图像效果。图层样式的使用非常广泛，组合使用可设计出具有立体效果的作品。本节将讲解各种图层样式的应用效果。

6.4.1 添加图层样式

Photoshop CC使用图层样式可为图层中的图像内容添加阴影或高光等效果，还可以创建水晶、玻璃、金属等特效。主要可通过以下几种方式添加图层样式。

◎ 选择【图层】→【图层样式】菜单命令，在打开的子菜单中选择一种效果命令，如图6-53所示，打开“图层样式”对话框，并进入相应效果的设置面板。

◎ 在“图层”面板中单击“添加图层样式”按钮 fx，再在打开的下拉列表中选择一种效果选项，如图6-54所示。也可打开“图层样式”对话框，并进入相应效果的设置面板设置图层样式。

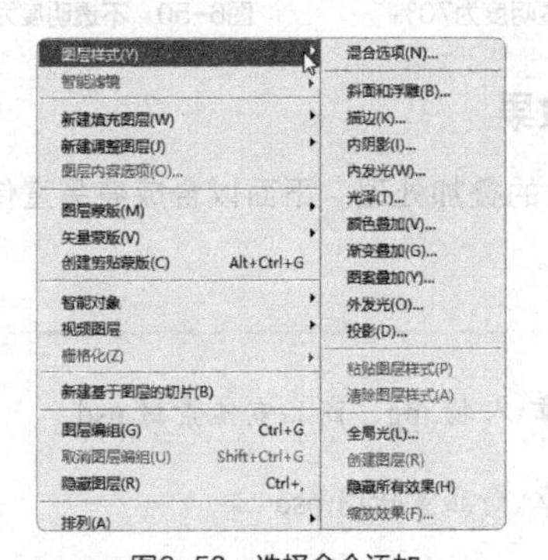

图6-53 选择命令添加

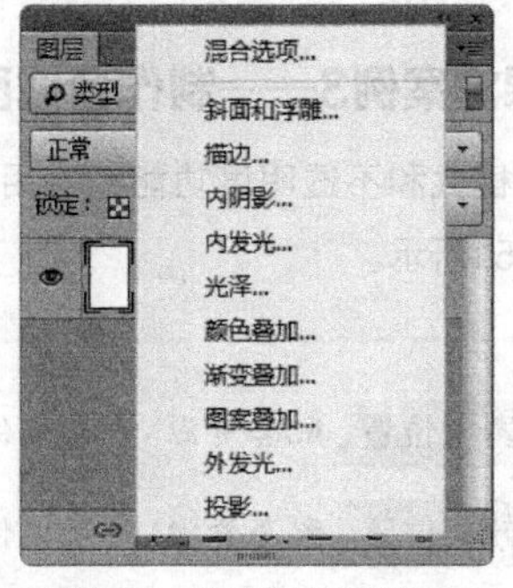

图6-54 通过样式按钮添加

◎ 双击需要添加效果的图层右侧的空白部分，可快速打开“图层样式”默认的“混合选项：默认”对话框。

6.4.2 设置图层样式

Photoshop CC提供了多种图层样式，用户应用其中一种或多种样式后，就可以制作出光照、阴影、斜面、浮雕等特殊效果。

1. 混合选项

混合选项图层样式可以控制图层与其下面的图层像素混合的方式。选择【图层】→【图层样式】菜单命令，打开“图层样式”对话框，在其中可对整个图层的不透明度与混合模式进行详细设置，其中某些设置可以直接在“图层”面板上进行。

混合选项中包括常规混合、高级混合、混合颜色带等，每个选项中可分别设置对应的样式效果，如图6-55所示，其含义如下。

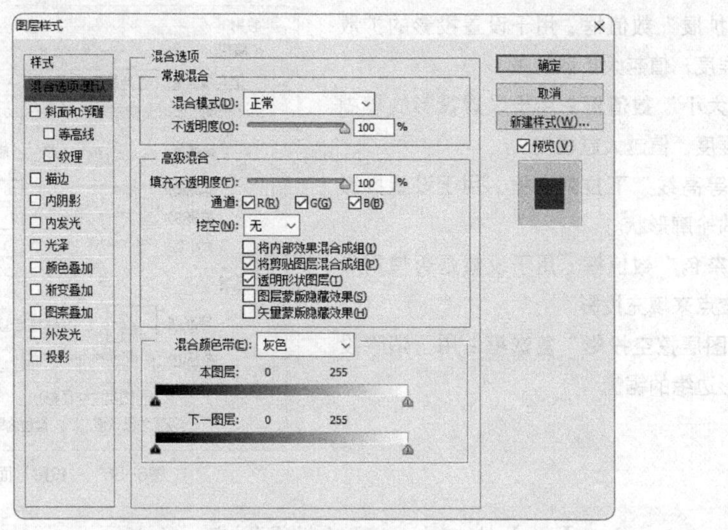

图6-55　混合选项

◎ “常规混合”栏：此栏中的“混合模式”下拉列表框用于图层和下方图层之间的混合模式；“不透明度”用于设置当前图层的不透明度，与在“图层”面板中的操作一样。

◎ “高级混合”栏：此栏中的“填充不透明度”数值框用于设置当前图层上应用填充操作的不透明度；“通道”用于控制单独通道的混合；“挖空”下拉列表框用于控制通过内部透明区域的视图，其下方的“将内部效果混合成组”复选框用于将内部形式的图层效果与内部图层混合。

◎ “混合颜色带”栏：用于设置进行混合的像素范围。在该下拉列表中可以选择颜色通道，与当前的图像色彩模式相对应。若是 RGB 模式的图像，则下拉列表框中包含灰色、红色、绿色、蓝色共 4 个选项。若是 CMYK 模式的图像，则下拉列表框中包含灰色、青色、洋红、黄色、黑色共 5 个选项。

◎ 本图层：拖动滑块可以设置当前图层所选通道中参与混合的像素范围，其值为 0~255。在左右两个三角形滑块之间的像素就是参与混合的像素范围。

◎ 下一图层：拖动滑块可以设置当前图层的下一层中参与混合的像素范围，其值为 0~255。在左右两个三角形滑块之间的像素就是参与混合的像素范围。

2. 投影

投影图层样式用于模拟物体受光后产生的投影效果，可以增加层次感。“投影”面板如图6-56所示，相关选项的含义如下。

◎ “混合模式”下拉列表框：用于设置投影图像与原图像间的混合模式。其右侧的颜色块用来控制投影的颜色，单击可在打开的“拾色器”对话框中设置投影颜色，系统默认为黑色。

◎ “不透明度”数值框：用于设置投影的不透明度。

◎ “角度”数值框：用于设置光照的方向，投影在该方向的对面出现。

◎ “使用全局光”复选框：选中该复选框表示图像中的所有图层效果使用相同光线照入角度。

◎ “距离”数值框：用于设置投影与原图像间的距离，值越大距离越大。

◎ “扩展”数值框：用于设置投影的扩散程度，值越大扩散越多。

◎ “大小”数值框：用于设置投影的模糊程度，值越大越模糊。

◎ “等高线”下拉列表框：用于设置投影的轮廓形状。

◎ “杂色”数值框：用于设置是否使用噪波点来填充投影。

◎ “图层挖空投影”复选框：用于消除投影边缘的锯齿。

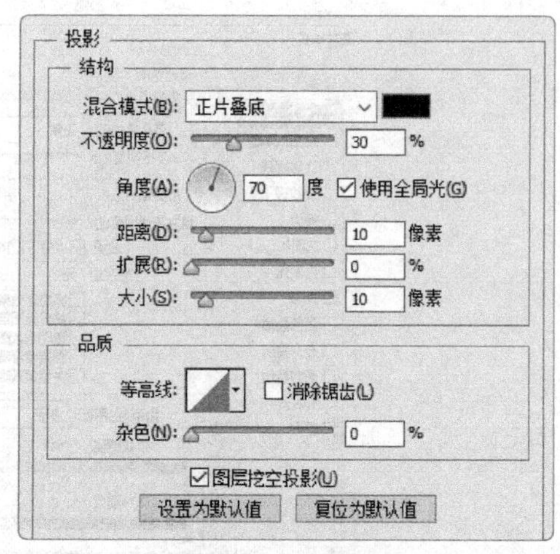

图6-56 “投影”面板

知识提示

按住【Alt】键不放，“图层样式”窗口中的 取消 按钮将会变为 复位 按钮，此时单击 复位 按钮，可将“图层样式”窗口中所有设置的值恢复为默认值。

3. 内阴影

内阴影图层样式可以在紧靠图层内容的边缘内添加阴影，使图像产生凹陷效果。内阴影与投影的选项设置方式基本相同，不同之处在于：投影是通过“扩展”选项来控制投影边缘的渐变程度；而内阴影则通过“阻塞”选项来控制，“阻塞”可以在模糊之前收缩内阴影的边界，且其与“大小”选项相关联，“大小”值越高，可设置的“阻塞”范围也就越大。“内阴影”面板如图6-57所示。

4. 外发光

外发光图层样式是沿图像边缘向外产生发光效果。其参数面板如图6-58所示，相关选项的含义如下。

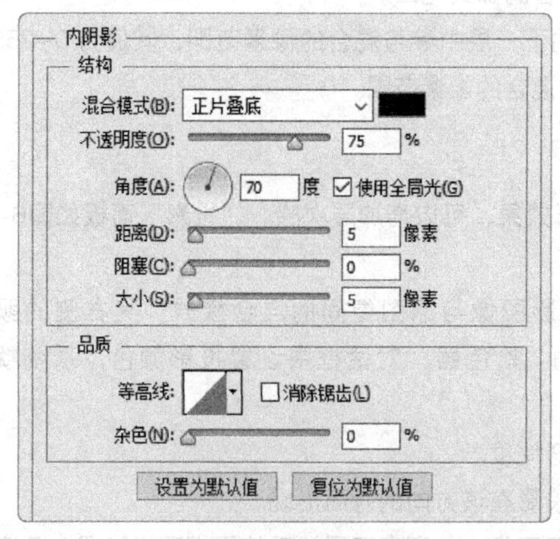

图6-57 “内阴影”面板

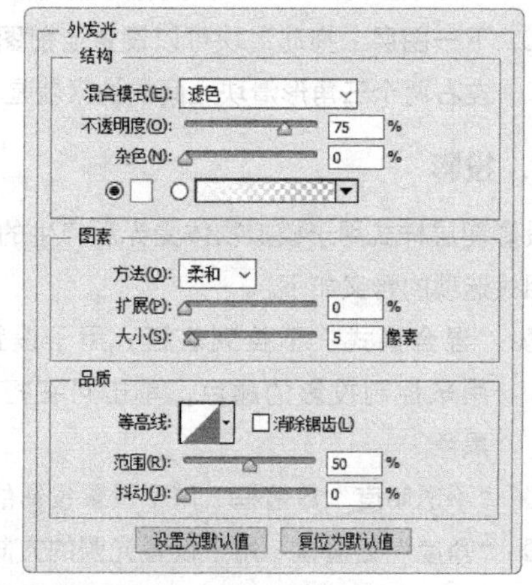

图6-58 “外发光”面板

◎ “混合模式”下拉列表框：用于设置发光效果与下面图层的混合方式。

◎“不透明度”数值框：用于设置发光效果的不透明度，值越小发光效果越弱。

◎“杂色”数值框：在发光效果中添加随机的杂色，使光晕呈现颗粒感。

◎“颜色”单选项：单击选中该单选项，使用单一的颜色作为发光效果的颜色。单击其中的色块，在打开的“拾色器”对话框中可以选择其他颜色。

◎“渐变条”单选项：单击选中该单选项，则使用一个渐变颜色作为发光效果的颜色。单击按钮，可在打开的下拉列表框中选择其他渐变色作为发光颜色。

◎“方法”下拉列表框：用于设置对外发光效果，包括“柔和”和“精确”选项。选择“柔和”选项可以对发光应用模糊效果，得到柔和的边缘；选择“精确”选项，则得到精确的边缘。

◎“扩展 / 大小”数值框：“扩展”用于设置发光范围的大小；“大小”数值框用于设置光晕范围的大小。

◎“范围”数值框：用于设置外发光效果的轮廓范围。

◎“抖动”数值框：用于改变渐变的颜色和不透明度的范围。

5. 内发光

内发光图层样式可以沿图层图像的边缘向内创建发光效果。“内发光”的参数面板如图6-59所示，相关选项的含义如下。

◎“源”栏：用于控制发光光源的位置。单击选中“居中”单选项，表示应用从图像中心发出的光；单击选中“边缘”单选项，表示应用从图像内部边缘发出的光。

◎“阻塞”数值框：用于在模糊之前收缩内发光的杂边边界。

6. 斜面和浮雕

“斜面和浮雕”图层样式可使图层中的图像产生凸出和凹陷的斜面和浮雕效果，还可以添加不同组合方式的高光和阴影。“斜面和浮雕”面板如图6-60所示，相关选项的含义如下。

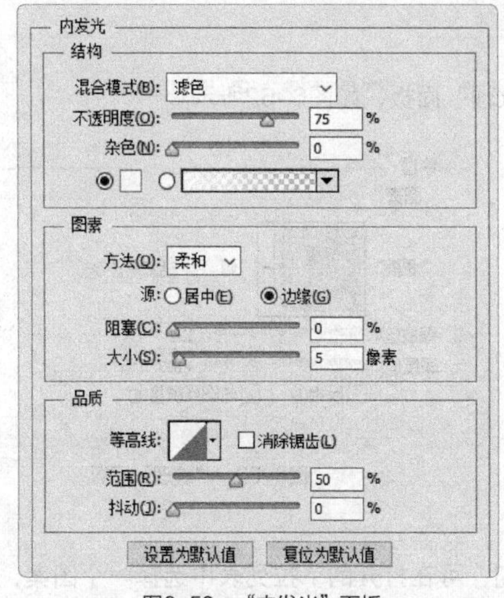

图6-59　“内发光”面板

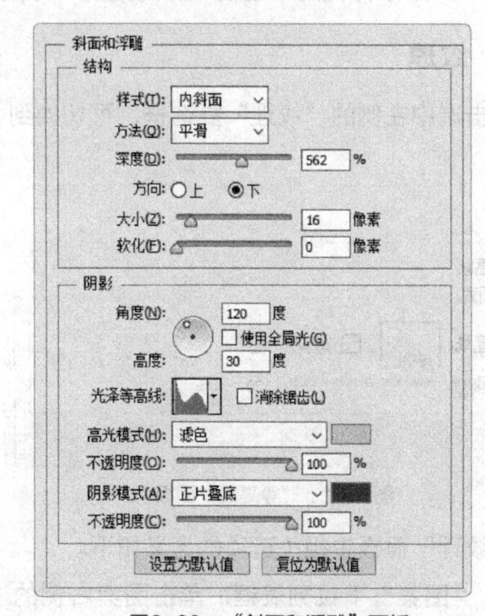

图6-60　“斜面和浮雕”面板

◎“样式”下拉列表框：用于设置斜面和浮雕的样式，包括“内斜面”“外斜面”“浮雕效果”“枕状浮雕”“描边浮雕”5 个选项。“内斜面”可在图层图像的内边缘上创建斜面效果；“外斜面”可在图层内容的外边缘上创建斜面效果；“浮雕效果”可使图层图像相对于下层图层呈现浮雕状的效果；“枕状浮雕”可产生将图层边缘压入下层图像中的效果；“描边浮雕”可将浮雕效果仅应用于图像的边界。

◎ “方法”下拉列表框：“平滑”表示将生成平滑的浮雕效果；“雕刻清晰”表示将生成一种线条较生硬的雕刻效果；“雕刻柔和”表示将生成一种线条柔和的雕刻效果。

◎ “深度”数值框：用于控制斜面和浮雕效果的深浅程度，取值范围为1%~1000%。

◎ “方向”栏：单击选中“上”单选项，表示高光区在上，阴影区在下；单击选中“下”单选项，表示高光区在下，阴影区在上。

◎ “大小”数值框：用于设置斜面和浮雕中阴影面积的大小。

◎ “软化”数值框：用于设置斜面和浮雕的柔和程度，该值越高，效果越柔和。

◎ “角度”数值框：用于设置光源的照射角度，可在数值框中输入数值进行调整，也可以拖动圆形图标内的指针来调整。单击选中“使用全局光”复选框，可以让所有浮雕样式的光照角度保持一致。

◎ “高度”数值框：用于设置光源的高度。

◎ “高光模式”下拉列表框：用于设置高光区域的混合模式。单击右侧的颜色块可设置高光区域的颜色，下侧的“不透明度”数值框用于设置高光区域的不透明度。

◎ “阴影模式”下拉列表框：用于设置阴影区域的混合模式。单击右侧的颜色块可设置阴影区域的颜色，下侧的“不透明度”数值框用于设置阴影区域的不透明度。

7. 等高线

单击选中“图层样式”窗口左侧的“等高线”复选框，可切换到“等高线”面板中。使用“等高线”可以勾画在浮雕处理中被遮住的起伏、凹陷、凸起的线，且设置不同等高线生成的浮雕效果也不同。图6-61所示为使用“线性”等高线的“等高线”面板。

8. 纹理

单击选中左侧的“纹理”复选框，可切换到“纹理”面板，如图6-62所示。

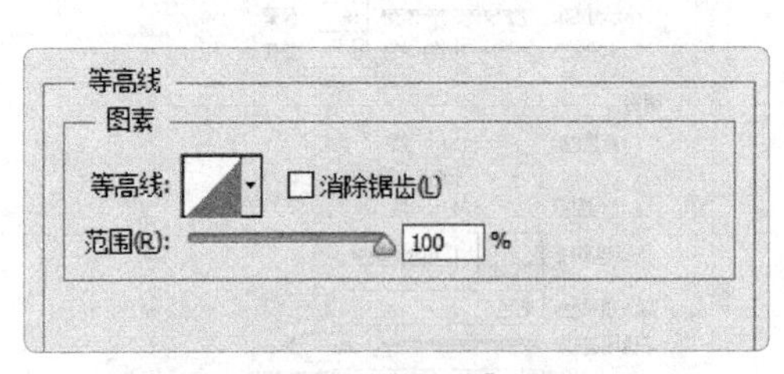

图6-61 “等高线”面板

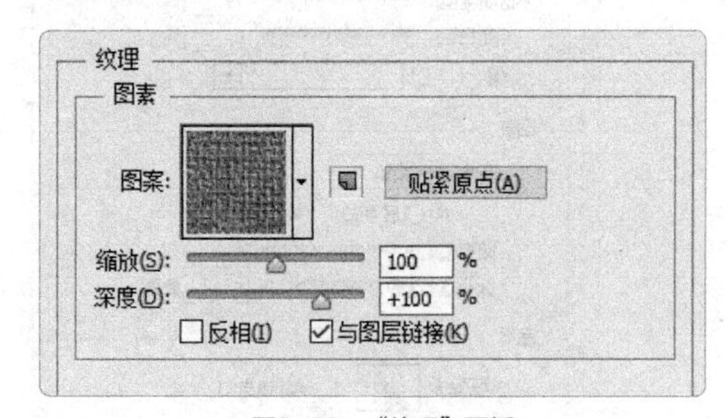

图6-62 “纹理”面板

“纹理”面板中相关选项的含义如下。

◎ “图案”下拉列表框：单击图案右侧的按钮，可在打开的下拉列表中选择一个图案，将其应用到斜面和浮雕上。

◎ “从当前图案创建新的预设”按钮：单击该按钮，可以将当前设置的图案创建为一个新的预设图案，新图案会保存在“图案”下拉列表中。

◎ “缩放”数值框：拖动滑块或输入数值可以调整图案的大小。

◎ “深度”数值框：用于设置图案的纹理应用程度。

◎ “反相”复选框：单击选中该复选框，可以反转图案纹理和凹凸方向。

◎ “与图层链接”复选框：单击选中该复选框可以将图案链接到图层。此时对图层进行变换操作，图案也会一同变换，单击选中该复选框后，单击 贴紧原点(A) 按钮，可将图案的原点对齐到文档的原点；若撤销选中该复选框，单击 贴紧原点(A) 按钮，则可将原点放在图层的左上角。

9. 光泽

为图层添加光泽样式，可以在图像中产生游离的发光效果。“光泽”面板参数如图6-63所示。

10. 颜色叠加

颜色叠加图层样式可以在图层上叠加指定的颜色，通过设置颜色的混合模式和不透明度来控制叠加效果。图6-64所示为“颜色叠加”面板。

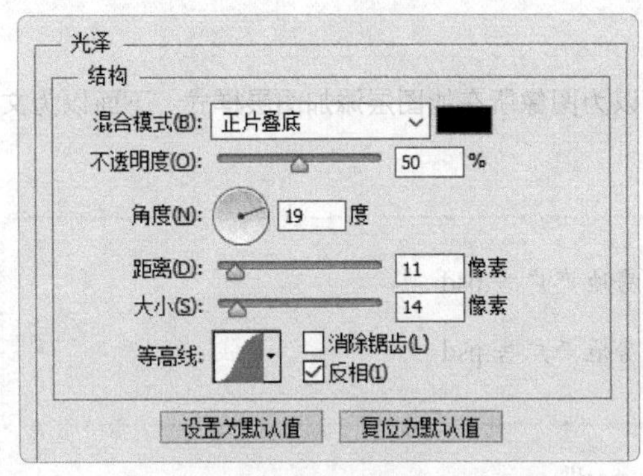

图6-63　“光泽”面板

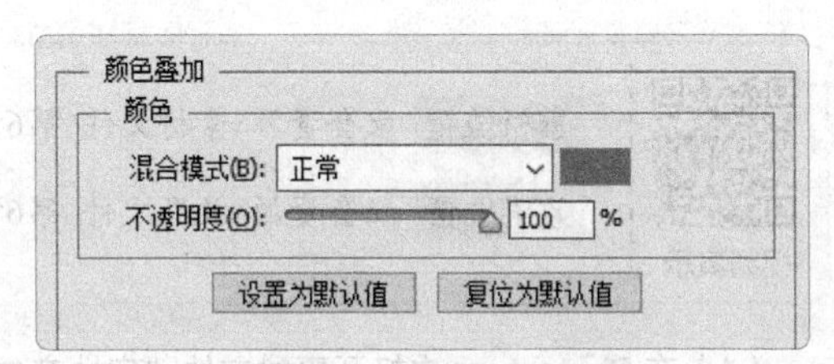

图6-64　“颜色叠加”面板

11. 渐变叠加

渐变叠加图层样式可以在图层上叠加指定的渐变颜色。“渐变叠加”面板如图6-65所示。

12. 图案叠加

图案叠加图层样式可以在图层上叠加指定的图案，并且可以缩放图案，设置图案的不透明度和混合模式。“图案叠加”面板如图6-66所示。

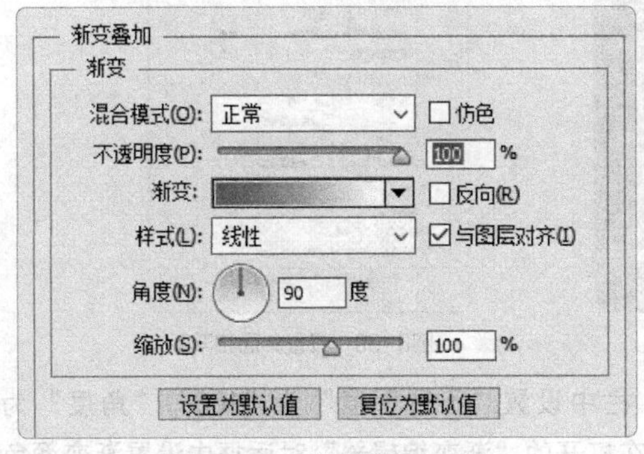

图6-65　“渐变叠加”面板

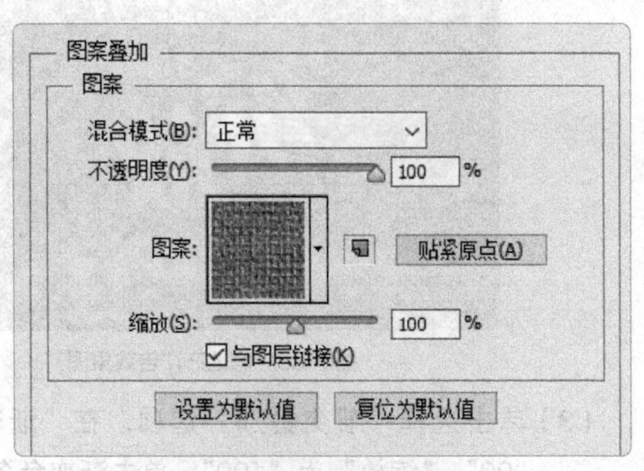

图6-66　“图案叠加”面板

13. 描边

描边图层样式可以沿图像边缘填充一种颜色。“描边”面板如图6-67所示，相关选项的含义如下。

◎ “位置”下拉列表框：用于设置描边的位置，包含“外部”“内部”“居中”3个选项。

◎ “填充类型”下拉列表框：用于设置描边填充的类型，包含“颜色”“渐变”“图案”3种类型。

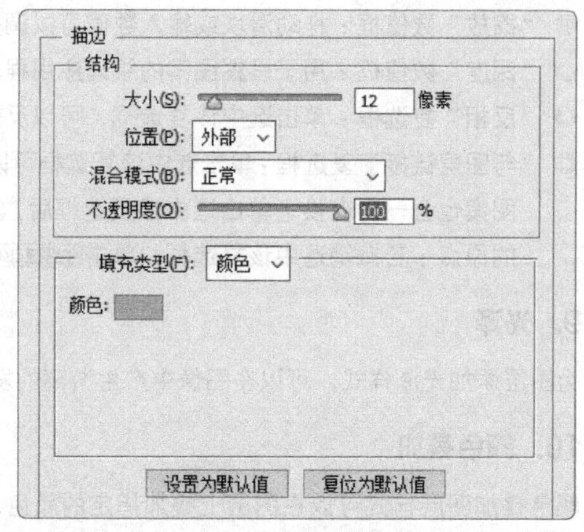

图6-67 “描边”面板

6.4.3 课堂案例4——编辑房地产广告

掌握各种图层的创建、编辑以及管理操作后，可以为图像所在的图层添加图层样式。下面以为文字图层添加样式为例进行练习，效果如图6-68所示。

视频演示

素材位置 配套资源\素材文件\第6章\房地产广告.psd

效果位置 配套资源\效果文件\第6章\房地产广告.psd

（1）在 Photoshop 中打开素材文件“房地产广告 .psd”。

（2）双击图层“绽”，打开“图层样式”对话框，单击选择“斜面和浮雕”选项，在“结构”栏中设置“深度”为“562”,“方向”为“下”,“大小”为“16”;在“阴影”栏中设置“角度”为“120”，调整“高光模式”的颜色为“#ffd98f”，“阴影模式”的颜色为“#883000”，单击 确定 按钮，如图 6-69 所示。

图6-68 房地产广告效果图

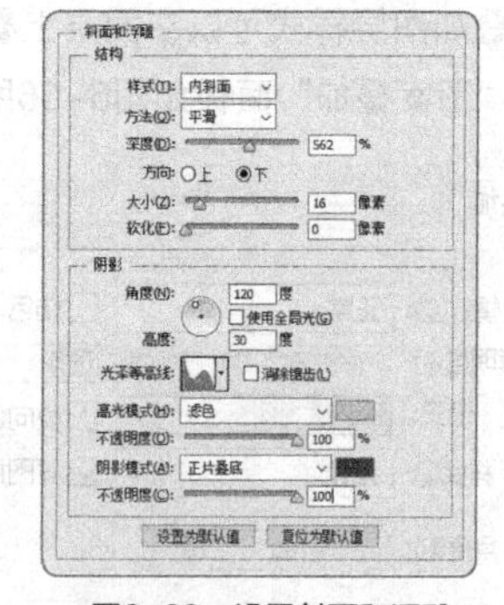

图6-69 设置斜面和浮雕

（3）单击选择“渐变叠加”选项，在“渐变”栏中设置“不透明度”为“100”，“角度”为“90”，“缩放”为“100”；单击渐变色条，在打开的“渐变编辑器”对话框中设置渐变颜色为“#ffb331”“#ffe683”“#ffb331”，单击 确定 按钮，返回“图层样式”对话框，单击 确定 按钮，如图 6-70 所示。

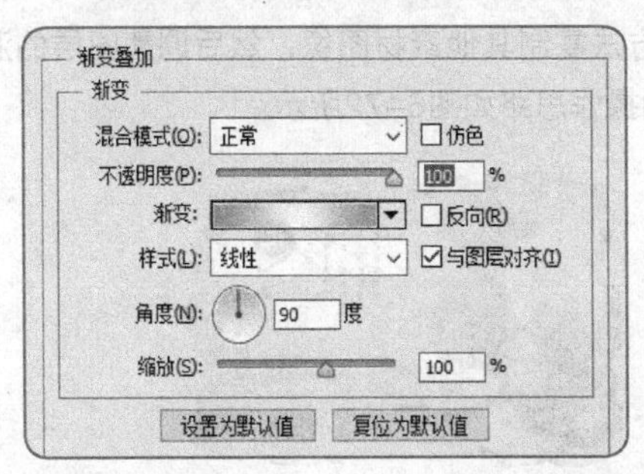

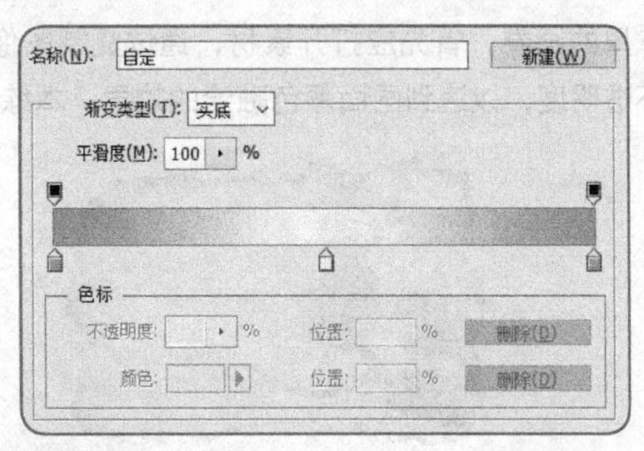

图6-70　设置渐变叠加

（4）在按【Alt】键的同时，单击图层“绽”的 fx 按钮，拖动鼠标至“放”“Bloom”“华丽”“Gorgeous”图层上，添加相同的图层样式，完成后保存文件。

6.5 课堂练习

本课堂练习将分别制作“忆江南”图像和网店商品活动图效果，综合应用本章的知识点，将图层的相关操作应用到实践中。

6.5.1 制作忆江南图像

1. 练习目标

本练习要求将一幅现代风格的图片处理成具有浓浓的古典韵味的图片，参考效果如图6-71所示。

图6-71　“忆江南”图像效果

视频演示

素材位置　配套资源\素材文件\第6章\画布.jpg、江南.jpg、梅花.jpg、亭子.jpg

效果位置　配套资源\效果文件\第6章\忆江南.psd

2. 操作思路

掌握图层的相关操作后，即可开始本练习的设计与制作。根据本练习的目标，要制作出一幅古典韵味浓厚的画卷，首先应打开素材，通过复制图像的方法复制其他素材图像，然后调整图层的混合模式和不透明度，以达到画面颜色融洽的效果。本练习的操作思路如图6-72所示。

① 设置图层混合模式

② 设置图层不透明度

图6-72 制作“忆江南”的操作思路

行业知识

水墨江南具有很浓厚的中国古典风格，在设计时可注意以下几方面。

① 一定要选择与当前设计主题相切合的素材。

②文字内容和字体等最好都带有古典宁静的气息。

③注意对色彩的调整。

（1）打开“画布.jpg”和“梅花.jpg”素材文件，合并梅花图层和空白图层。

（2）分别设置不同图层的混合模式，将两幅图像完美融合。

（3）为亭子所在的图层设置不透明度，以达到很好的过渡效果，最后保存图像即可。

6.5.2 制作网店商品活动图

1. 练习目标

本练习将制作网店商品活动图，首先将光盘中的茶杯图像素材添加到活动图中，然后使用图层样式制作活动图效果，如图6-73所示。

图6-73 网店商品活动图效果

视频演示

素材位置 配套资源\素材文件\第6章\茶杯.jpg、网店商品活动图.psd

效果位置 配套资源\效果文件\第6章\网店商品活动图.psd

2. 操作思路

首先为“茶杯”创建选区，然后将茶杯拖动到活动图中，调整图层顺序和茶杯大小，接着为云朵图层和茶杯图层设置投影图层样式。本练习的操作思路如图6-74所示。

① 选择茶杯选区

② 填充图案

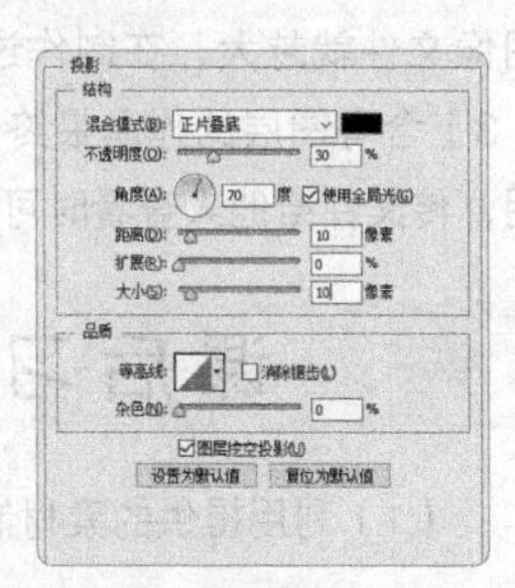
③ 设置填充透明度

图6-74　活动图的操作思路

（1）打开素材文件“茶杯.jpg”“网店商品活动图.psd”，将“茶杯.jpg”置为当前，使用快速选择工具选择白色背景区域，然后按【Ctrl+Shift+I】组合键反选茶杯选区。

（2）使用移动工具将茶杯拖动到“网店商品活动图.psd”文件中，按【Ctrl+T】组合键调整图像大小和位置。

（3）选择“图层 39”，选择【图层】→【图层样式】→【投影】菜单命令，在打开的对话框中将“不透明度”设置为“30%”，“角度”设置为“70”，“距离”和“大小”均设置为“10”，单击 确定 按钮。

（4）在按【Alt】键的同时单击图层 39 的 fx 按钮，拖动鼠标至其他云朵的图层和茶杯图层上，添加相同的图层样式，完成后保存文件。

6.6 拓展知识

图层应用是Photoshop中非常强大的功能，下面补充介绍图层的相关知识。

1. 将背景图层转换为普通图层

将背景图层转换为普通图层的方法是在“图层”面板中双击背景图层，打开“新建图层”对话框，输入图层名称再单击 确定 按钮即可。按住【Alt】键双击“背景”图层，可以在不打开“新建图层”对话框的情况下将背景图层转换为普通图层。

2. 将普通图层转换为背景图层

在创建图像文件时，若在“新建”对话框的“背景内容”下拉列表框中选择“白色”或“背景色”选项，那么创建的图像文件在“图层”面板最底层的便是背景图层。若选择“透明”选项，则创建的图像文件没有背景图层。若需要将普通图层转换为背景图层，可选择要转换的图层，然后选择【图层】→【新建】→【背景图层】菜单命令。

3. 合理使用“背后”和“清除”选项

“背后”模式和“清除”模式是绘图工具、填充命令、描边命令特有的混合模式。“背后”模式仅在图层的透明部分编辑，不影响图层中原有的图像。

4. 在设计作品时关于图层的应用需注意的问题

操作图层时应注意以下几点。（1）文字图层若不需要添加滤镜等特殊效果，最好不要将其栅格化，因为栅格化后再对文字进行修改会比较麻烦。（2）一幅作品并不是图层越多越好，图层越多，图像文件就越大，在制作过程中或制作完成后可以将某些图层合并，并删除不再使用的隐藏图层。（3）含有图层的作品最终一定要保存为PSD格式文件，以便于后期修改，同时为防止他人修改和盗用，传文件给他人查看时可另存为TIF或JPG等格式。

6.7 课后习题

（1）利用提供的素材制作一个CD海报，要求简约明了，参考效果如图6-75所示。

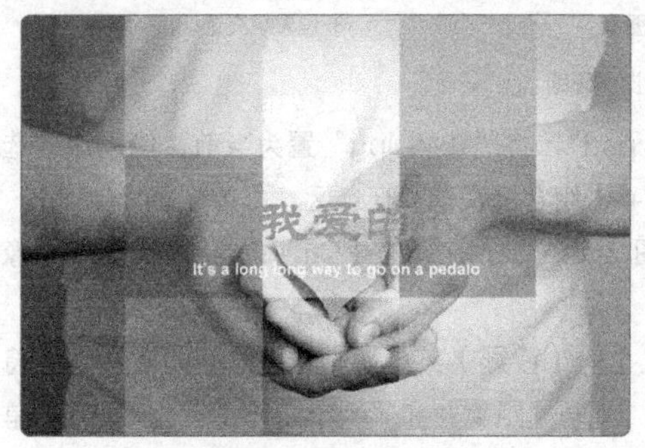

图6-75 CD海报效果

提示：利用矩形选区工具绘制固定大小的选区（850 像素 ×850 像素），新建图层，然后为选区填充颜色并设置不透明度。使用相同的方法制作其余 6 个矩形，填充不同颜色，并组合成字母 H 形状，合并这 7 个图层并重命名为“背景条纹”，调整图层位置和图像位置，完成制作。

（2）使用图层样式、图层混合模式及不透明度，制作一个特效文字图像。要求特效文字具有立体感，参考效果如图 6-76 所示。

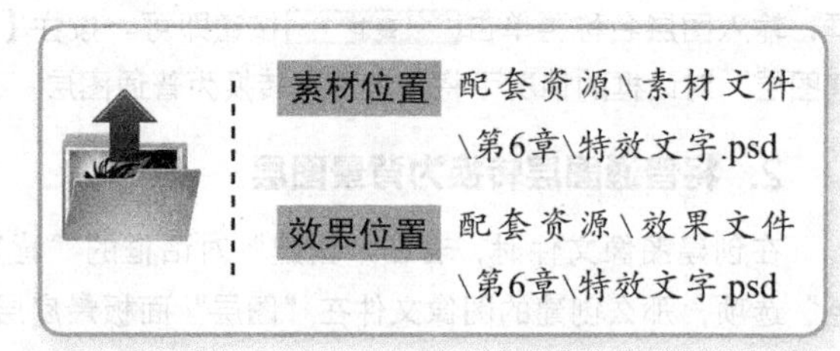

图6-76 特效文字效果

提示：打开素材，复制背景，为水珠图层添加“斜面和浮雕、内阴影、内发光、颜色叠加、投影”图层样式，创建水珠效果，使用相同的方法，为文字图层“果蔬家园”添加“斜面和浮雕、内阴影、内发光、光泽、外发光、投影”图层样式，新建图层，使用矩形选区工具为文字添加一个背景条，并设置其不透明度。

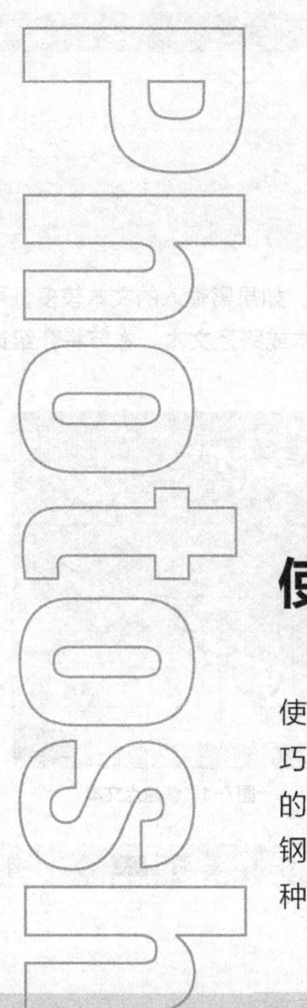

Chapter

7

第7章 使用文字、形状与路径完善图像

本章将讲解Photoshop CC中文字、路径和形状工具的使用，包括文字、钢笔和形状等工具的具体使用方法和操作技巧。读者通过本章的学习，能熟练使用文字工具创建不同类型的文本，并能熟练掌握文本的编辑与格式化操作的方法；使用钢笔工具进行抠图和绘图；认识矢量工具的绘制模式，以及各种工具的综合使用等。

学习要点

- 创建与编辑文本
- 绘制与编辑路径
- 使用形状工具

学习目标

- 掌握点文本、段落文本、文字选区和路径文字的创建方法
- 掌握编辑文本的常见操作方法
- 掌握绘制路径的方法
- 掌握编辑路径的常见方法
- 掌握使用形状工具绘制图形的方法

7.1 创建与编辑文本

在Photoshop CC中，可使用文字工具直接在图像中添加点文本，如果需输入的文本较多，可选择创建段落文本。此外，为了满足特殊编辑的需要，还可创建选区文本或路径文本。本节将介绍这些文本的创建方法。

7.1.1 创建点文本

选择横排文字工具 T 或直排文字工具 ↓T，在图像中需要输入文本的位置单击鼠标定位文本插入点，此时将新建文字图层，直接输入文本，然后在工具属性栏中单击 ✔ 按钮完成点文本的创建，如图7-1所示。

图7-1 创建点文本

在输入文本前，为了得到更好的点文本效果，可在文本工具的属性栏设置文本的字体、字形、字号、颜色、对齐方式等参数，如图7-2所示。不同的文字工具属性栏基本相同，下面以横排文本工具属性栏为例进行介绍。

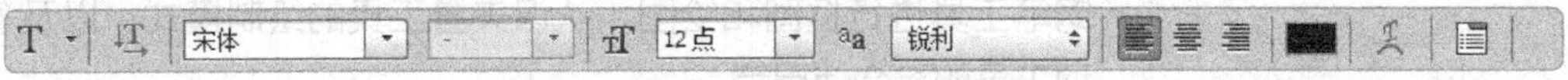

图7-2 横排文本工具属性栏

横排文本工具属性栏中相关选项的含义如下。

◎ ↓T 按钮：单击该按钮，可将文本方向转换为水平方向或垂直方向。

◎ “字体”下拉列表框：用于设置文本的字体。

◎ “字形”下拉列表框：用于设置文本的字形，包括常规、斜体、粗体、粗斜体等选项。需要注意的是，部分字体对某部分字形无效。

◎ “字号”下拉列表框：用于输入或选择文本的大小。

◎ “锯齿效果”下拉列表框：用于设置文本的锯齿效果，包括无、锐利、平滑、明晰、强等选项。

◎ 按钮：分别单击对应的按钮可设置段落文本的对齐方式。

◎ 颜色块：单击该颜色块，在打开的对话框中可设置文本的颜色。

◎ “变形文字”按钮：单击该按钮，在打开的对话框中可为文本设置上弧或波浪等变形效果。该知识将在后面创建变形文字时详细讲解。

◎ 按钮：单击该按钮，可显示或隐藏“字符”面板或“段落”面板。

操作技巧

若要放弃文字输入，可在工具属性栏中单击 ⊘ 按钮，或按【Esc】键，此时自动创建的文字将会被删除。另外，单击其他工具按钮，或按【Enter】键或【Ctrl+Enter】组合键，也可以结束文本的输入操作；若要换行，可按【Enter】键。

7.1.2 创建段落文本

段落文本是指在文本框中创建的文本，具有统一的字体、字号、字间距等文本格式，并且可以整体修改与移动，常用于杂志排版。段落文本同样需要通过横排文字工具T或直排文字工具IT创建，其具体操作为：打开图像，在工具箱中选择横排文字工具IT，在属性栏设置文本的字体和颜色等参数，拖动鼠标以创建文本框，效果如图7-3所示。输入段落文本，如图7-4所示。若绘制的文本框不能完全显示文字，则移动鼠标指针至文本框四周的控制点，当其变为↖形状时，可通过拖动控制点来调整文本框大小，从而使文字完全显示出来。

图7-3 绘制文本框

图7-4 创建段落文本

7.1.3 创建文字选区

Photoshop CC提供了横排文字蒙版工具和直排文字蒙版工具，可以帮助用户快速创建文字选区，常用于广告设计，其创建方法与创建点文本的方法相似。选择横排文字蒙版工具或直排文字蒙版工具后，在图像中需要输入文本的位置单击鼠标定位文本插入点，直接输入文本，然后在工具属性栏中单击✔按钮完成文字选区的创建，如图7-5所示。文字选区与普通选区一样，可以进行移动、复制、填充、描边等操作。

图7-5 创建文字选区

7.1.4 创建路径文字

在图像处理过程中，创建路径文字可以使文本沿着斜线、曲线、形状边缘等路径排列，或在封闭的路径中输入文本，以产生不同的效果。下面介绍创建路径文本的常用方法。

1. 输入沿路径排列的文字

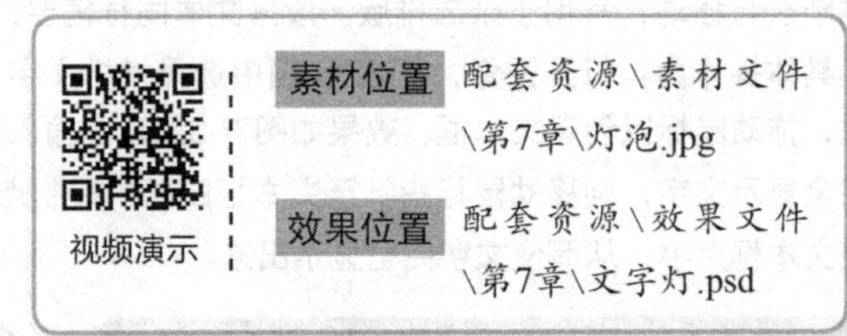

输入沿路径排列的文字时需要先创建文本排列的路径，然后使用文本工具在路径上输入文本即可。其具体操作如下。

（1）打开图像，选择钢笔工具，在图像窗口中单击鼠标确定路径起点，在终点拖动鼠标，绘制曲线路径，在“路径”面板中可查看新建的路径，如图 7-6 所示。

（2）选择横排文字工具 T，在属性栏设置文本的字体和颜色等参数，将光标移动到路径上，当光标呈形状时，单击即可将文本插入点定位到路径上，如图 7-7 所示。

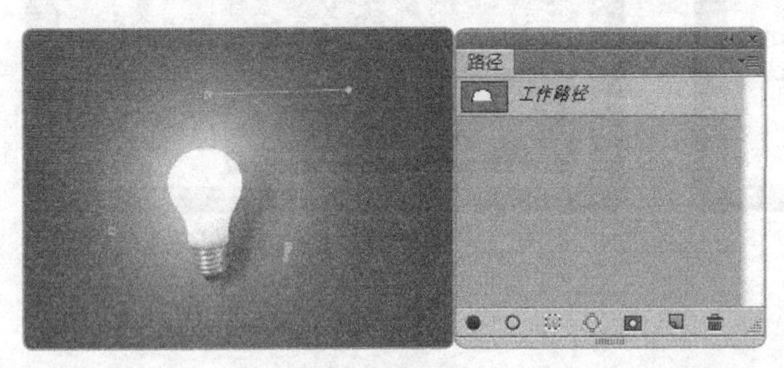

图7-6 绘制并查看路径

图7-7 定位文本插入点

（3）输入文本，选择路径选择工具，调整文本在路径上的位置，效果如图 7-8 所示。在“图层”面板中取消选择该图层，将隐藏路径线段，效果如图 7-9 所示。

图7-8 调整文本位置

图7-9 路径文本效果

2. 在路径内部输入文本

在封闭的路径中，也可输入文本，或进行图文绕排处理。在路径内部输入文本的方法是：绘制封闭路径，将光标移动到封闭路径内部，当光标呈形状时，单击将文本插入点定位到路径内部，然后输入文本即可。图7-10所示为在绘制的心形路径中输入文本的效果。

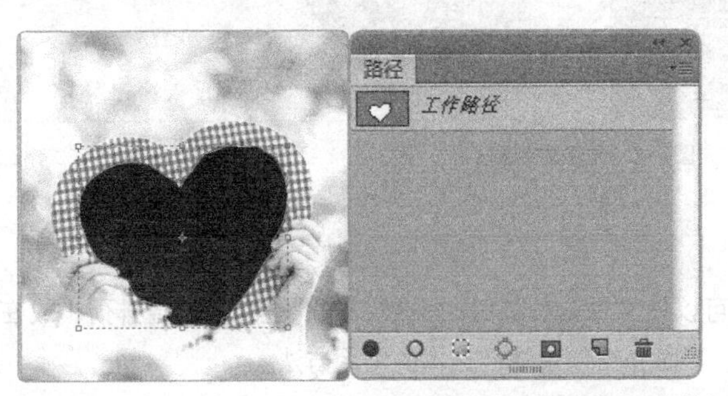

Happy every one day! 开心每一天!

图7-10 在封闭的路径内部输入文本

7.1.5　使用“字符”面板

输入文本后，可选择输入的文本内容，通过文本工具的属性栏对其格式进行一般设置。若需要设置更详细的字符格式，可选择【窗口】→【字符】菜单命令，在打开的“字符”面板中设置，如图7-11所示。

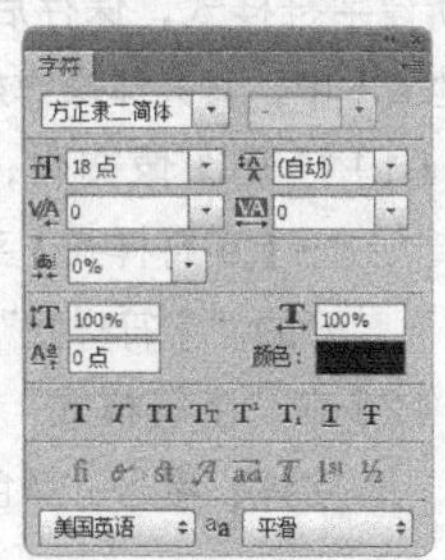

图7-11　“字符”面板

“字符”面板中主要按钮的作用如下。

◎ 按钮组：分别用于对文字进行加粗、倾斜、全部大写字母、将大写字母转换成小写字母、上标、下标、添加下画线、添加删除线等操作。设置时，选择文本后单击相应的按钮即可。

◎ 下拉列表框：单击右侧的下拉按钮，在打开的下拉列表中可以选择行间距的大小。

◎ 数值框：设置选择文本的垂直缩放效果。

◎ 数值框：设置选择文本的水平缩放效果。

◎ 下拉列表框：设置所选字符的字距，单击右侧的下拉按钮，在打开的下拉列表中选择字符间距，也可以直接在数值框中输入数值。

◎ 下拉列表框：设置两个字符间的微调。

◎ 数值框：设置基线偏移，当设置参数为正值时，向上移动；为负值时，向下移动。

7.1.6　使用“段落”面板

与字符格式相对应的是段落格式，段落格式即当前文本所在段落的格式。比如对齐方式、缩进间距、行间距与段间距等。选择【窗口】→【段落】菜单命令，打开“段落”面板，在其中可对段落格式进行详细设置，如图7-12所示。

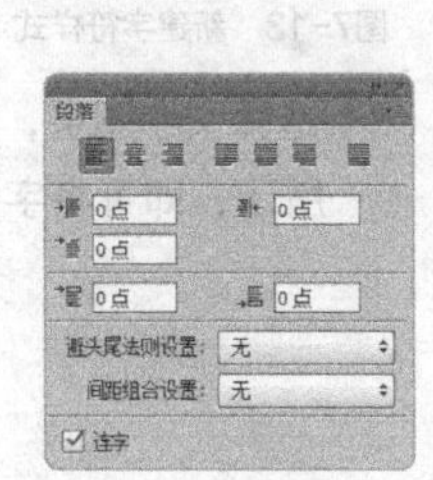

图7-12　“段落”面板

“段落”面板中主要按钮的作用如下。

◎ 按钮组：分别用于设置段落左对齐、居中对齐、右对齐、最后一行左对齐、最后一行居中对齐、最后一行右对齐、全部对齐。设置时，选择文本后单击相应的按钮即可。

◎ “左缩进”文本框：用于设置所选段落文本左边向内缩进的距离。

◎ “右缩进”文本框：用于设置所选段落文本右边向内缩进的距离。

◎ “首行缩进”文本框：用于设置所选段落文本首行缩进的距离。

◎ “段前添加空格”文本框：用于设置插入光标所在段落与前一段落间的距离。

◎ “段后添加空格”文本框：用于设置插入光标所在段落与后一段落间的距离。

◎ “连字”复选框：单击选中该复选框，表示可以将文本的最后一个外文单词拆开形成连字符号，使剩余的部分自动换到下一行。

7.1.7　使用字符样式和段落样式

Photoshop中的“字符样式”和“段落样式”面板可以保存文字样式，并可快速应用于其他文本或文本段落中，节省操作时间。

1. 字符样式

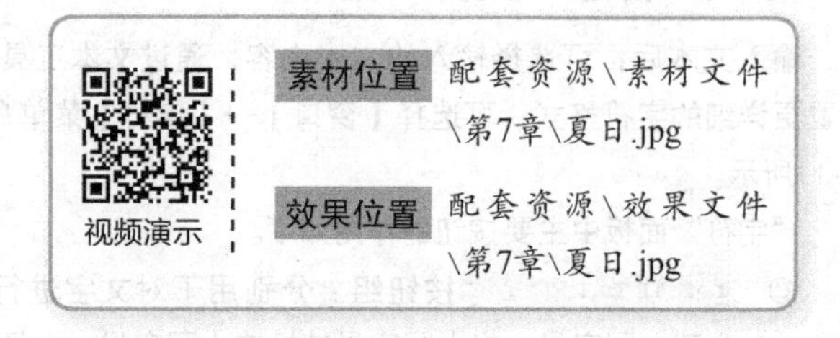

字符样式是文本的字体、大小、颜色等属性的集合。下面在Photoshop CC中新建字符样式，保存后，将其应用到其他文本中，其具体操作如下。

（1）打开图像文件，选择【窗口】→【字符样式】菜单命令，在打开的“字符样式”面板中单击按钮，新建空白的字符样式，如图7-13所示。

（2）在“字符样式”面板中双击新建的字符样式，打开“字符样式选项”对话框，在其中设置字体、字号、颜色等属性，然后单击 确定 按钮，如图7-14所示。

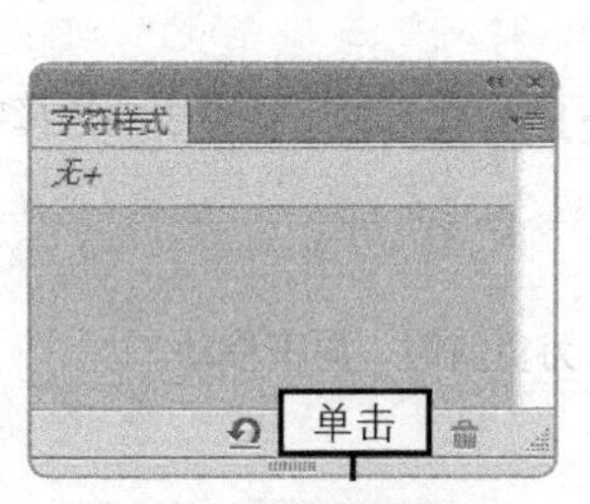

图7-13 新建字符样式

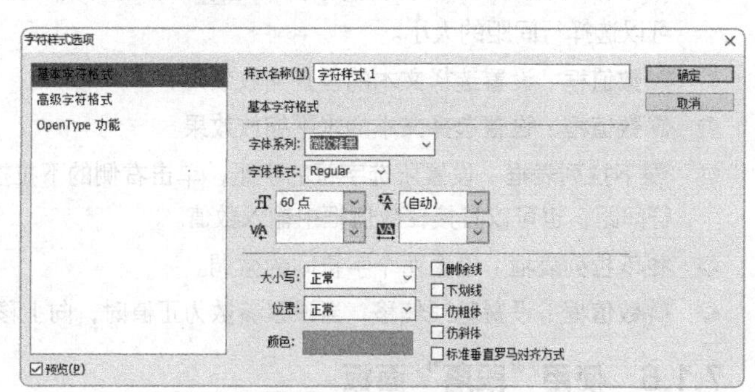

图7-14 设置文字属性

（3）选择文字图层，然后选择“字符样式”面板中新建的样式，单击“确认”按钮✓，如图7-15所示，即可将字符样式应用到文字，如图7-16所示。

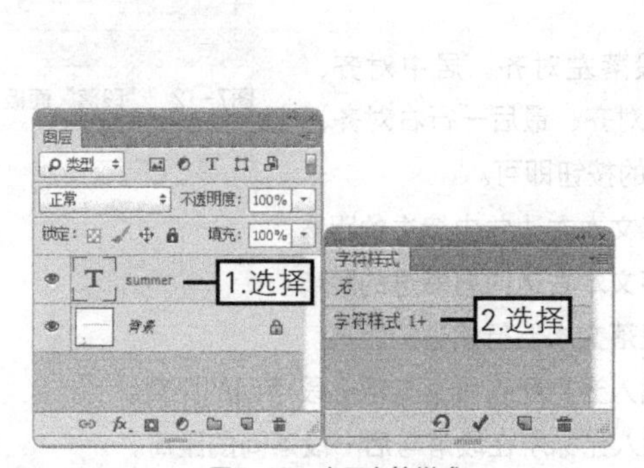

图7-15 应用字符样式

图7-16 应用样式后的效果

2. 段落样式

段落样式的创建和使用方法与字符样式基本相同。选择【窗口】→【段落样式】菜单命令，在打开的“段落样式”面板中单击按钮，新建空白的段落样式，双击样式选项，在打开的“段落样式选项”对话框中设置段落属性并保存，然后选择文字图层，将段落样式应用到文本中。

7.1.8 点文本与段落文本的转换

为了使排版更方便，可对创建的点文本与段落文本进行相互转换。若要将点文本转换为段落文本，可选择需要转换的文字图层，在其上单击鼠标右键，在弹出的快捷菜单中选择“转换为段落文本”命令即可，如图7-17所示。若要将段落文本转换为点文本，则在弹出的快捷菜单中的“转换为段落文本”命令将变为“转换为点文本”命令，选择该命令即可。

图7-17 选择“转换为段落文本”命令

7.1.9 创建变形文本

在平面设计中经常可以看到一些变形文字。在Photoshop中可使用3种方法创建变形文字，包括文字变形、自由变换文本、将文本转换为路径。下面分别进行介绍。

1. 文字变形

在文本工具的属性栏中提供了文字变形工具，通过该工具可以对选择的文本进行变形处理，以得到更加艺术化的效果。使用文字变形工具变形文本的具体操作如下。

视频演示

素材位置 配套资源\素材文件\第7章\花海.jpg

效果位置 配套资源\效果文件\第7章\花海.jpg

（1）打开素材文件，在工具箱中选择横排文字工具 T，然后在图像中输入文本。

（2）拖动鼠标选择输入的文本，在工具属性栏设置字体格式为“方正隶二简体，18 点”，颜色为“紫色”，然后单击“创建文本变形”按钮，如图 7-18 所示。

（3）打开“变形文字”对话框，在“样式”下拉列表中选择变形选项，如选择“凸起”选项，其他设置如图 7-19 所示。

（4）完成后单击 确定 按钮，变形效果如图 7-20 所示。

图7-18 选择文本

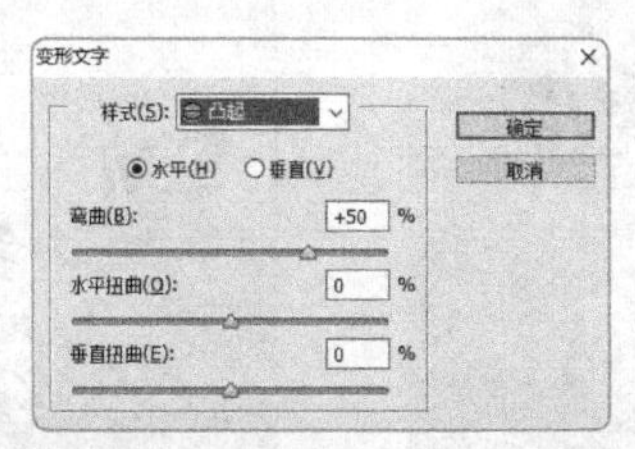

图7-19 设置变形方式

图7-20 凸起变形效果

2. 文字的自由变换

在对文本进行自由变换前，需要先对文字进行栅格化处理。栅格化文本的方法是：选择文本所在图层，在其上单击鼠标右键，在弹出的快捷菜单中选择“栅格化文字”命令，如图7-21所示。这样可将其转换为普通图层，然后选择【编辑】→【变换】菜单命令，在打开的子菜单中选择相应的菜单命令，拖动控制点变换字体。如图7-22所示为变形文本效果。

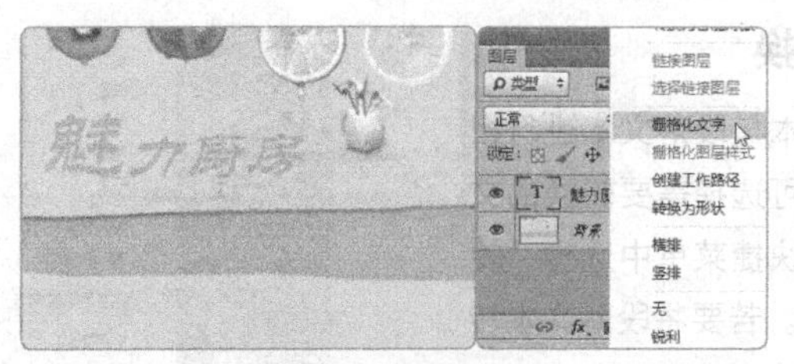

图7-21 栅格化文本

图7-22 变形文本效果

3. 将文本转化为路径

输入文本后，在文字图层上单击鼠标右键，在弹出的快捷菜单中选择“转换为形状”或“创建工作路径”命令，即可将文字转换为路径，如图7-23所示。将文字转换为路径之后，使用直接选择工具或钢笔工具编辑路径即可将文字变形，如图7-24所示。使用直接选择工具或钢笔工具编辑路径的方法将在第8章详细讲解，这里不再赘述。

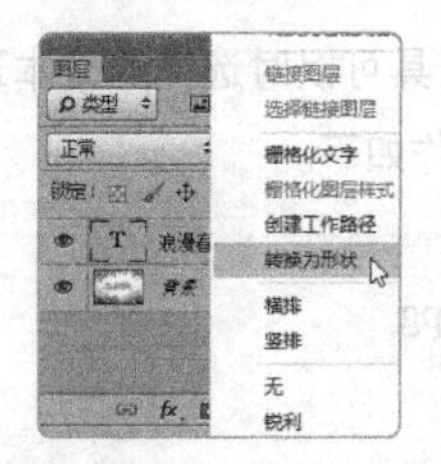

图7-23 将文本转化为形状

图7-24 编辑文本路径的效果

7.1.10 课堂案例1——制作夏日海报

本案例将制作夏日海报，先在其中输入文本，并设置其字符格式，然后为文本设置渐变、描边和投影图层样式，编辑文字的效果，使文字呈现出立体感，最后将文字进行旋转。参考效果如图7-25所示。

图7-25 夏日海报对比效果

视频演示

素材位置 配套资源\素材文件\第7章\素材.psd、夏日海报.psd

效果位置 配套资源\效果文件\第7章\夏日海报.psd

（1）打开“夏日海报 .psd”素材文件，在工具箱中选择横排文字工具 T 。在其工具属性栏中设置字体为“方正剪纸简体”，字号为“76 点”，消除锯齿为“平滑”，字体颜色为“黑色”，在图像窗口中单击鼠标，输入文本“缤纷夏日”。更改字号为“48 点”，在下方输入文本“清凉放价”，如图 7-26 所示。

（2）选择“缤纷夏日”文本图层，按【Ctrl+T】组合键进入自由变换状态，在工具属性栏中的“角度”数值框中输入“-5”，调整文字方向。使用相同的方法调整文本“清凉放价”，如图 7-27 所示。

图7-26　设置并输入文本

图7-27　旋转文字

（3）在“缤纷夏日”文本图层上双击，打开“图层样式”对话框，单击选中“渐变叠加”复选框，在“样式”下拉列表框中选择“线性”选项，如图 7-28 所示。

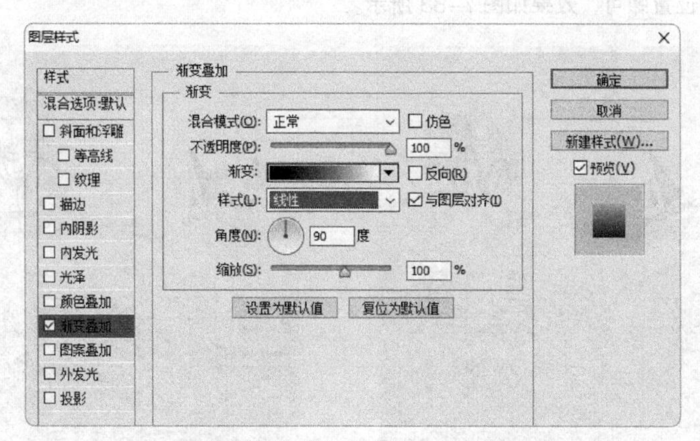

图7-28　为文本添加“渐变叠加”效果

（4）单击渐变色条，打开“渐变编辑器”对话框，在“预设”栏中选择“黄、紫、橙、蓝渐变”选项，在渐变条上双击第一个色标，打开“拾色器（色标颜色）”对话框，在其中设置背景色为“#1587b6”，使用相同的方法，设置另外 3 个色标颜色为“#00a1fd、#49d2f4、#afe9e3”，完成后单击 确定 按钮，如图 7-29 所示。

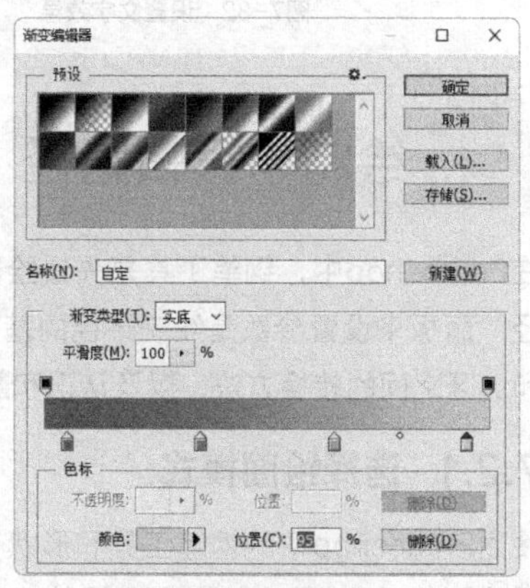

图7-29　设置渐变颜色

（5）在“图层样式”对话框中单击选中“描边”复选框，在右侧的“结构”栏中设置大小为“8

像素”，同时，设置颜色为“白色”，如图 7-30 所示。

（6）在“图层样式”对话框中单击选中“投影”复选框，在右侧的“结构”栏中设置不透明度、角度、距离、扩展和大小分别为“58、120、10、16、7”，如图 7-31 所示。

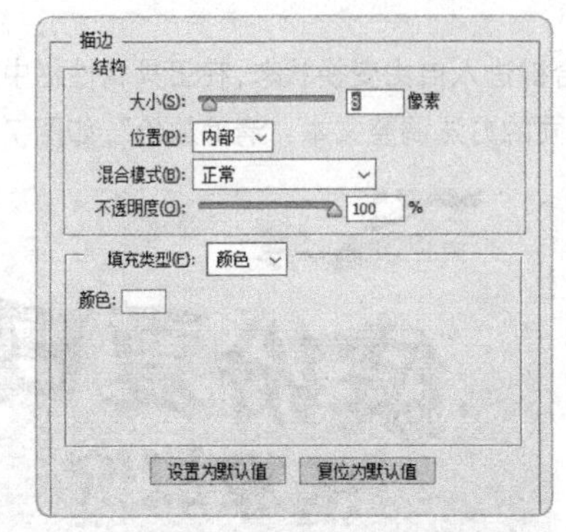

图7-30 为文本添加“描边”效果

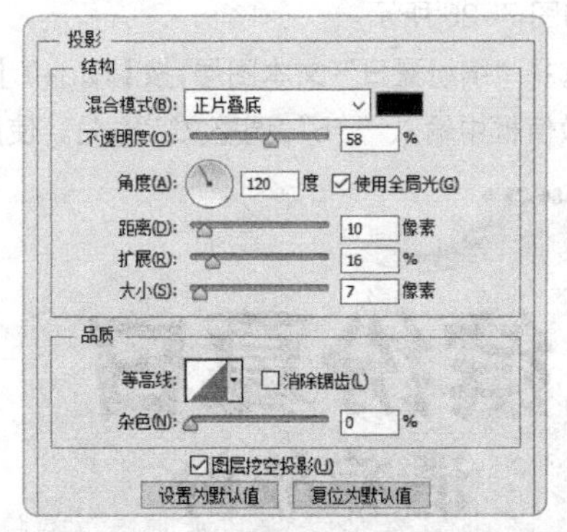

图7-31 为文本添加“投影”效果

（7）单击 确定 按钮，完成图层样式的设计，按【Alt】键拖动 fx 按钮至“清凉放价”图层上，将图层样式拷贝至本图层，修改描边大小为“6 像素”，效果如图 7-32 所示。

（8）完成后打开“素材.psd”素材文件，将其中的小素材拖动到“夏日海报.psd”图像文件中，并调整其位置即可，效果如图 7-33 所示。

图7-32 设置文字效果

图7-33 最终效果

7.2 绘制与编辑路径

在Photoshop中，钢笔工具是矢量绘图工具，使用钢笔工具绘制出来的矢量图形即为路径。使用“路径”面板来设置参数是绘制路径的基础操作。本节将讲解钢笔工具和自由钢笔工具的使用方法、路径和选区之间的转换方法，以及认识和熟悉“路径”面板等知识，为绘制与编辑路径打下基础。

7.2.1 选择绘图模式

使用Photoshop中的钢笔工具和形状等矢量工具创建不同对象时，首先可选择绘图模式。绘图模式是指绘制图形后，图像形状所呈现的状态，包括路径、形状和像素3种模式。选择形状工具或路径工具后，可在其工具属性栏中选择绘图模式，如图7-34所示。

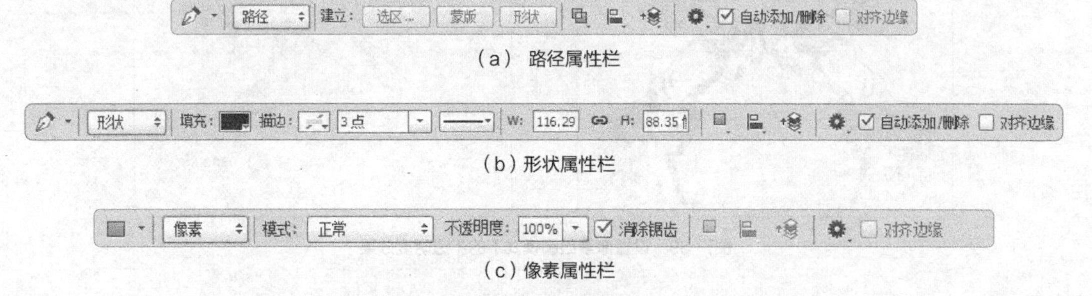

（a） 路径属性栏

（b）形状属性栏

（c）像素属性栏

图7-34 矢量工具属性栏

矢量工具属性栏中相关选项的含义如下。

◎ 路径：一段封闭或开放的线段，能够通过锚点调整路径的曲线，使线条更柔和。它将出现在“路径”面板中，能够将其转换为选区、矢量蒙版或形状图层，也可进行填充和描边得到光栅化的图像。图 7-35 所示为路径绘图模式效果，图 7-36 所示为将路径转化为选区的效果。

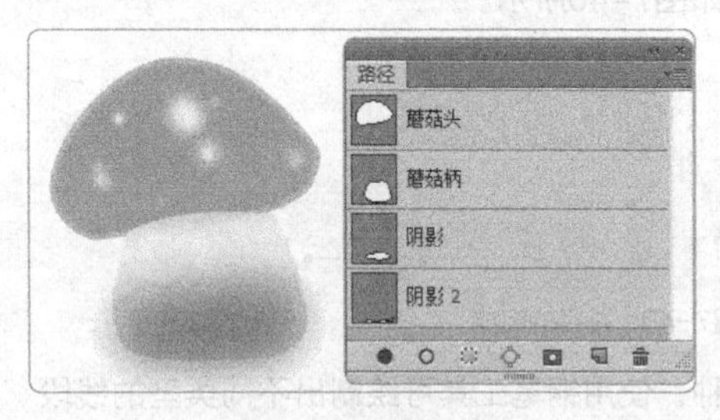

图7-35 路径绘图效果

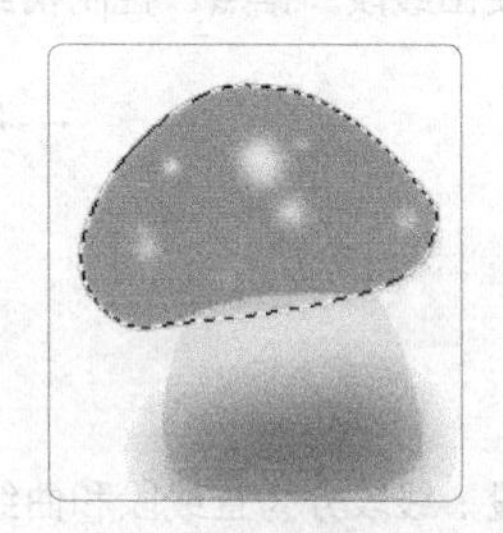

图7-36 载入选区

◎ 形状：是指绘制的图形将位于一个单独的形状图层中。它由形状和填充区域两部分组成，是一个矢量图形，同时出现在路径面板中。用户可以根据需要设置形状的描边颜色、样式，以及填充区域的颜色等。图 7-37 所示为形状绘图模式填充效果，图 7-38 所示为描边形状绘图描边效果。

图7-37 形状模式填充效果

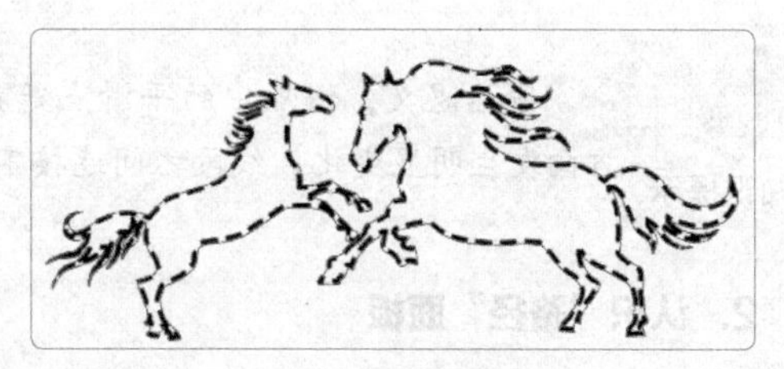

图7-38 描边效果

◎ 像素：在像素模式下绘制的图像可设置其混合模式和不透明度，使图像效果更加丰富。该选项不能用于钢笔工具，适用于形状工具，不能创建矢量图形，因此“路径”面板中不会有路径。图 7-39 所示为设置不透明度的效果。

图7-39 设置像素绘图模式下的不透明度效果

7.2.2 认识路径

路径是由贝塞尔曲线构成的图像，即由多个节点的线条构成的一段闭合或者开放的曲线线段。在Photoshop中，路径常用于勾画图像区域（对象）的轮廓，在图像中显示为不可打印的矢量图像。用户可以沿着产生的线段或曲线对其进行填充和描边，还可将其转换为选区。

1. 认识路径元素

路径主要由线段、锚点、控制柄组成，如图7-40所示。

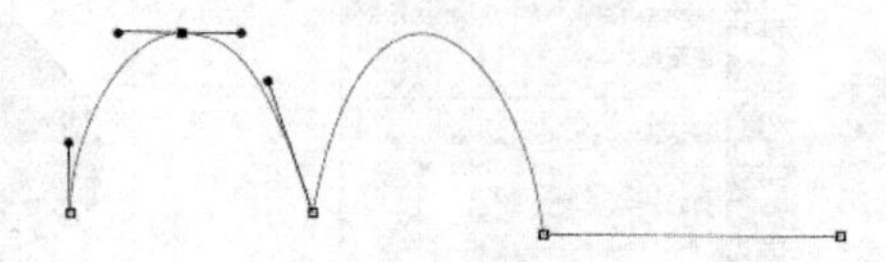

图7-40 路径的组成

◎ 线段：线段分为直线段和曲线段两种，使用钢笔工具可绘制出不同类型的线段。

◎ 锚点：锚点是指与路径相关的点，即每条线段两端的点，由小正方形表示，其中锚点表现为黑色实心时，表示该锚点为当前选择的定位点。定位点分为平滑点和拐点两种。

◎ 控制柄：是指调整线段（曲线线段）位置、长短、弯曲度等参数的控制点。选择任意锚点后，该锚点上将显示与其相关的控制柄，拖动控制柄一端的小圆点，可修改该线段的形状和曲度。

知识提示

顾名思义，锚点中的平滑点是指平滑连接两个线段的定位点；拐点则为线段方向发生明显变化，线段之间连接不平滑的定位点。

2. 认识“路径”面板

“路径”面板主要用于储存和编辑路径。默认情况下“路径”图层与“图层”面板在同一面板组中，但由于路径不是图层，所以创建的路径不会显示在“图层”面板中，而是单独存在于“路径”面板中。选择【窗口】→【路径】菜单命令可打开“路径”面板，如图7-41所示。

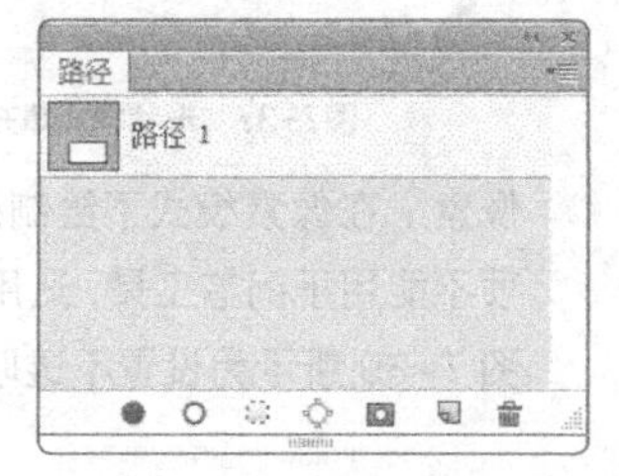

图7-41 “路径”面板

“路径”面板中相关选项的含义如下。

◎ 当前路径："路径"面板中以蓝色底纹显示的路径为当前活动路径，选择路径后的所有操作都是针对该路径的。

◎ 路径缩略图：用于显示该路径的缩略图，通过它可查看路径的大致样式。

◎ 路径名称：显示该路径的名称，双击路径后，其名称处于可编辑状态，此时可重命名路径。

◎ "用前景色填充路径"按钮 ：单击该按钮，将在当前图层为选择的路径填充前景色。

◎ "用画笔描边路径"按钮 ：单击该按钮，将在当前图层为选择的路径以前景色描边，描边粗细为画笔笔触大小。

◎ "将路径转为选区载入"按钮 ：单击该按钮，可将当前路径转换为选区。

◎ "从选区生成工作路径"按钮 ：单击该按钮，可将当前选区转换为路径。

◎ "创建新路径"按钮 ：单击该按钮，将创建一个新路径。

◎ "添加图层蒙版"按钮 ：单击该按钮，将以此路径形状创建图层蒙版。

◎ "删除当前路径"按钮 ：单击该按钮，将删除选择的路径。

7.2.3 使用钢笔工具绘图

在Photoshop中，可使用钢笔工具组来绘制和编辑路径，钢笔工具主要包括钢笔工具、自由钢笔工具、添加锚点工具、删除锚点工具和转换点工具。

1. 钢笔工具

选择钢笔工具 后，可使用钢笔工具绘制直线和曲线线段。

◎ 绘制直线线段：选择钢笔工具 ，在图像中拖动鼠标并单击，即可在生成的锚点之间绘制一条直线线段，如图7-42所示。

◎ 绘制曲线线段：选择钢笔工具 ，在图像上拖动鼠标并单击，可生成带控制柄的锚点，继续单击并拖动鼠标，可在锚点之间生成一条曲线线段，如图7-43所示。

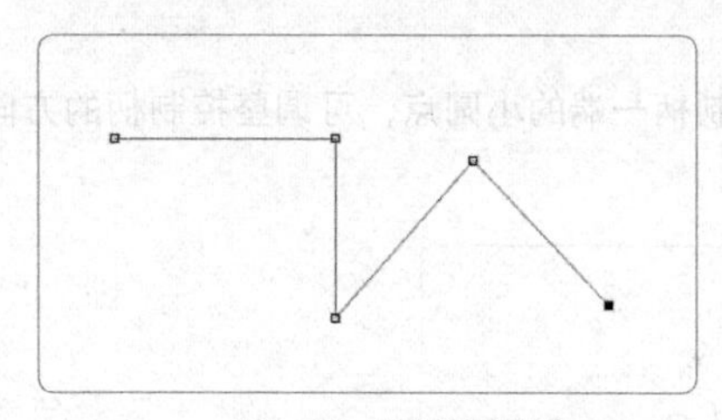

图7-42 绘制直线线段

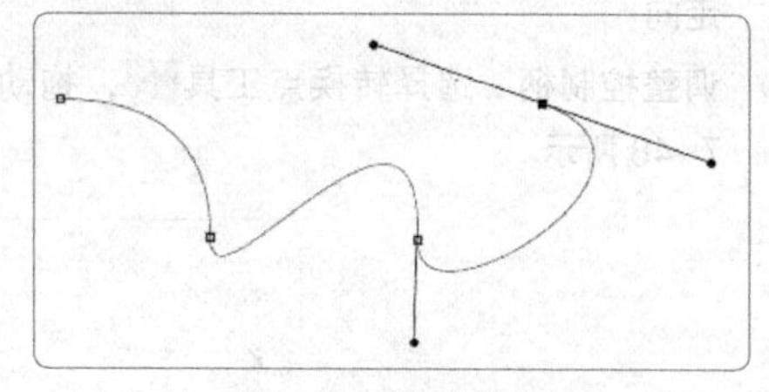

图7-43 绘制曲线线段

2. 自由钢笔工具

自由钢笔工具主要用于绘制比较随意的路径。它与钢笔工具的最大区别就是钢笔工具需要遵守一定的规则，而自由钢笔工具的灵活性较大，与套索工具类似。

选择自由钢笔工具 ，在图像上单击并拖动鼠标，可沿鼠标的拖动轨迹绘制出一条路径，如图7-44所示。

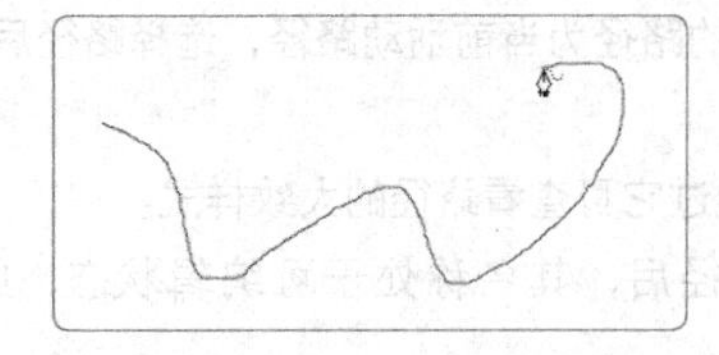
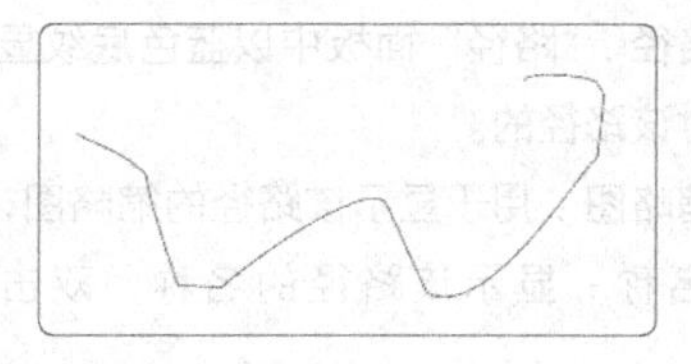

图7-44　使用自由钢笔工具

3. 添加锚点工具

添加锚点工具主要用于在绘制的路径上添加新的锚点，将一条线段分为两条，同时便于编辑这两条线段。例如，为图7-45所示的路径添加锚点并编辑后，效果如图7-46所示。

4. 删除锚点工具

删除锚点工具主要用于删除路径上已存在的锚点，将两条线段合并为一条。选择删除锚点工具，在要删除的锚点上单击鼠标即可，删除路径锚点后的效果如图7-47所示。

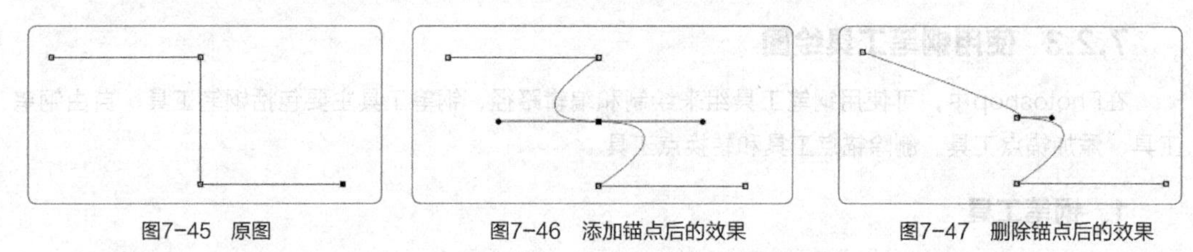

图7-45　原图　　图7-46　添加锚点后的效果　　图7-47　删除锚点后的效果

5. 转换点工具

转换点工具主要用于转换锚点上控制柄的方向，以更改曲线线段的弯曲度和走向。

◎ **新增控制柄**：选择转换点工具，在没有或只有一条控制柄的锚点上单击并拖动鼠标，可生成一条或两条新的控制柄；在有控制柄的锚点上单击并拖动鼠标，可重新设置已有控制柄的走向。

◎ **调整控制柄**：选择转换点工具，拖动控制柄一端的小圆点，可调整控制柄的方向，如图7-48 所示。

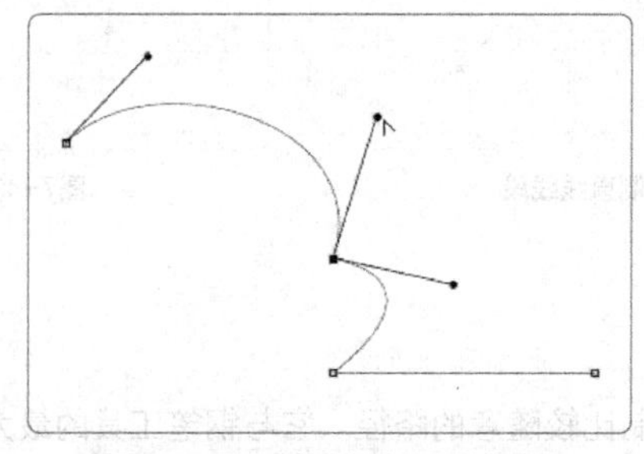

图7-48　使用转换点工具调整控制柄

知识提示

选择钢笔工具后，按住【Alt】键不放可暂时切换到转换点工具，放开【Alt】键又可恢复为钢笔工具。

7.2.4 选择和修改路径

要对路径进行编辑，首先要选择路径。工具箱中的路径选择工具组可用来选择路径，其中包括路径选择工具和直接选择工具。

1. 路径选择工具

路径选择工具用于选择完整路径。选择路径选择工具，在路径上单击即可选择该路径，在路径上拖动鼠标，可移动所选路径的位置，如图7-49所示。

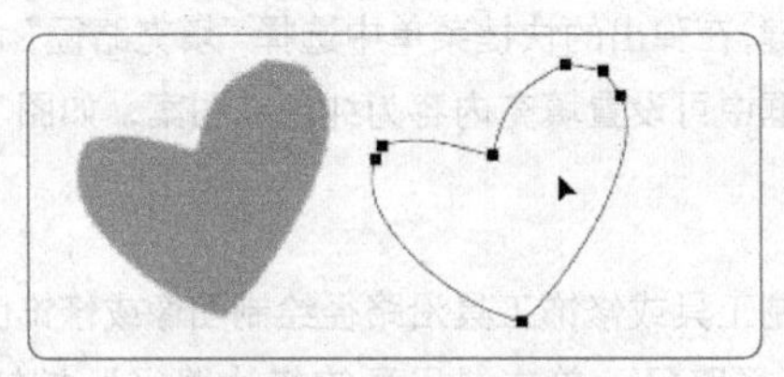

图7-49 选择并移动路径

2. 直接选择工具

直接选择工具用于选择路径中的线段、锚点和控制柄等。选择直接选择工具，在路径上的任意位置单击，将出现锚点和控制柄，任意选择路径中的线段、锚点、控制柄，然后按住鼠标左键不放并向其他方向拖动，可编辑选择的对象，如图7-50所示。

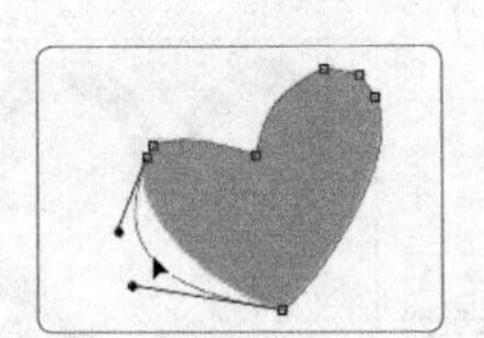
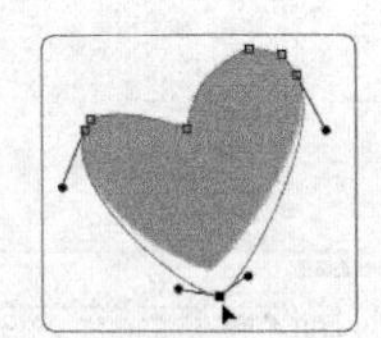
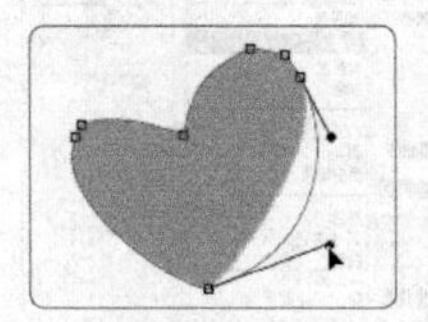

图7-50 选择并编辑线段、锚点、控制柄

3. 修改路径

通常情况下，锚点之间的线段并不一定是所需的路径形状，此时必须修改路径来获取最终效果。每个锚点都可生成两条控制柄，分别控制锚点两端连接的线段。拖动控制柄，可调整线段的弯曲度和长度。这种控制可同时进行也可分别进行，如图7-51所示。

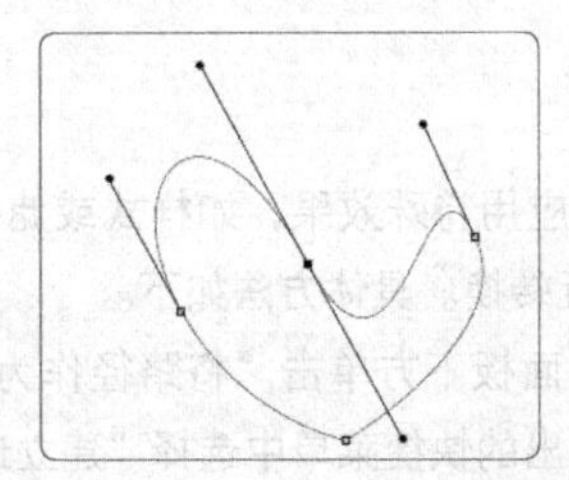
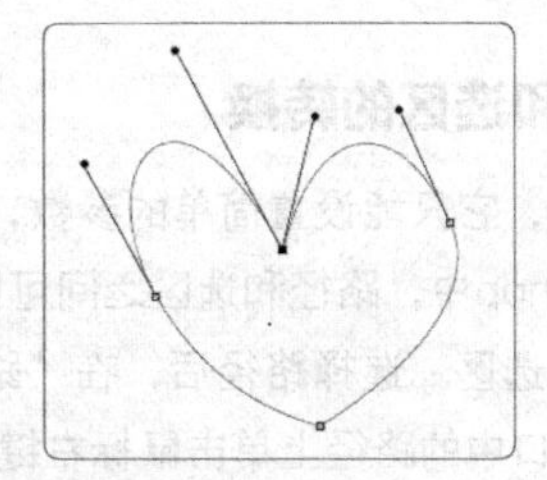

图7-51 通过控制柄修改路径

知识提示

路径锚点之间的曲线一般包括“C”形和“S”形。也就是说，只要是“C”形状或“S”形状的路径，都可以通过两个锚点及其控制柄来调整和修改。

7.2.5 填充和描边路径

绘制路径后，通常需要对其进行编辑和设置，以制作各种效果的图像，如为路径填充颜色和描边等。

1. 填充路径

填充路径是指将路径内部填充为颜色或图案，主要有以下两种方法。

◎ 在“路径”面板中选择路径，单击“用前景色填充路径”按钮，即可为其填充前景色。

◎ 在路径上单击鼠标右键，在弹出的快捷菜单中选择“填充路径”命令，打开“填充路径”对话框，在“使用”下拉列表框中可设置填充内容为纯色或图案，如图7-52所示。

2. 描边路径

描边路径是指使用图像绘制工具或修饰工具沿路径绘制图像或修饰图像，主要有以下两种方法。

◎ 在“路径”面板中选择路径，单击“用画笔描边路径”按钮，可使用铅笔工具为路径描边。

◎ 在路径上单击鼠标右键，在弹出的快捷菜单中选择“描边路径”命令，打开“描边路径”对话框，在“工具”下拉列表框中可选择描边工具，单击 确定 按钮进行描边，如图7-53所示。

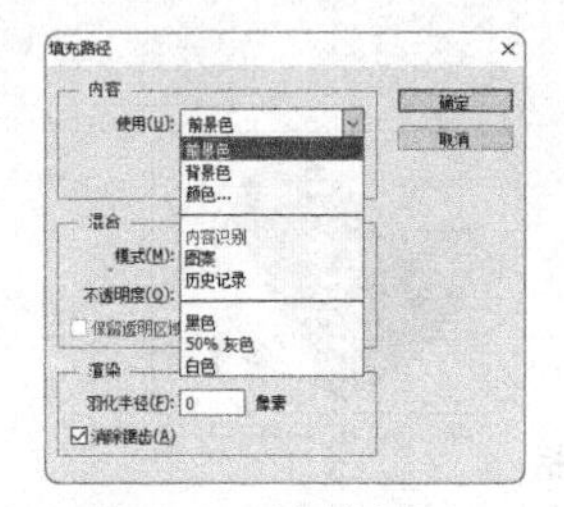

图7-52 选择填充内容

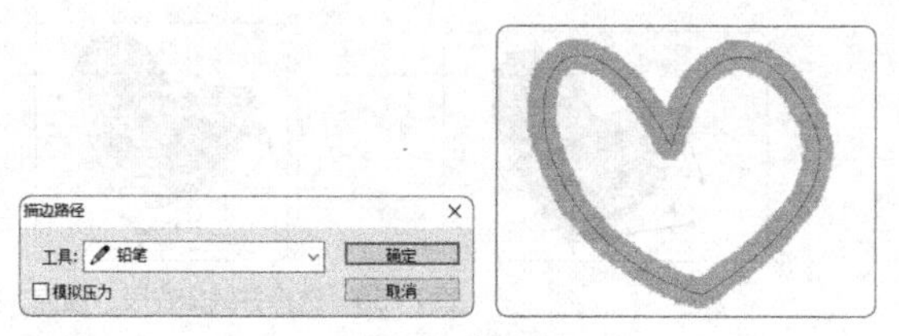

图7-53 描边路径

知识提示

描边路径的粗细与所选工具笔触的大小相关，因此对路径描边前，可先设置画笔的笔触大小。

7.2.6 路径和选区的转换

路径和图层不同，它只能设置简单的参数，若要应用特殊效果，如样式或滤镜等，则需要将其转换为选区。在Photoshop中，路径和选区之间可以相互转换。具体方法如下。

◎ 路径转换为选区：选择路径后，在“路径”面板下方单击“将路径作为选区载入”按钮，或在图像窗口中的路径上单击鼠标右键，在弹出的快捷菜单中选择“建立选区”命令，打开“建立选区”对话框，设置羽化半径等参数，单击 确定 按钮。

◎ 选区转换为路径：载入选区后，在“路径”面板下方单击“从选区生成工作路径”按钮。

7.2.7 运算和变换路径

使用运算路径或变换路径等方法，可快速从已有的路径中得到某图像的效果。

1. 运算路径

与选区运算一样，路径也具备添加、减去、交叉等功能，这些功能就是路径的运算。路径的运算可通过工具属性栏中的、、、按钮组实现，其具体含义如下。

◎ “合并形状”按钮：即相加模式，是指将两个路径合二为一。选择要添加的路径，在工具属性栏中单击该按钮，然后单击“合并形状组件”按钮即可。

◎ “减去顶层形状”按钮：即相减模式，是指将一个路径的区域全部减去（若重叠，则重叠部分同样要减去）。选择路径后，在工具属性栏中单击该按钮，然后单击“合并形状组件”按钮即可。

◎ “与形状区域相交”按钮：即叠加模式，是指只保留两个路径形成区域重合的部分。选择路径后，在工具属性栏中单击该按钮，然后单击“合并形状组件”按钮即可。

◎ “排除重叠形状”按钮：即交叉模式，是指两个形状相交。选择路径后，在工具属性栏中单击该按钮，然后单击“合并形状组件”按钮即可。

2. 变换路径

绘制路径后，若需要修改路径的大小或方向等参数，可通过变换路径来实现。选择路径后，按【Ctrl+T】组合键或在路径上单击鼠标右键，在弹出的快捷菜单中选择“自由变换路径”命令，进入变换状态。

◎ 调整路径大小：进入变换状态后的路径四周将出现控制节点，将鼠标指针移至节点上，单击鼠标并拖动鼠标可调整路径大小。

◎ 调整路径方向：将鼠标指针移至控制节点外，当其变为↷形状时，单击并拖动鼠标，可调整路径的角度和方向，如图7-54所示。

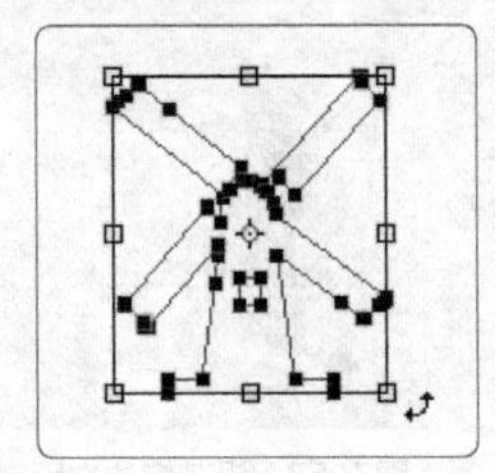
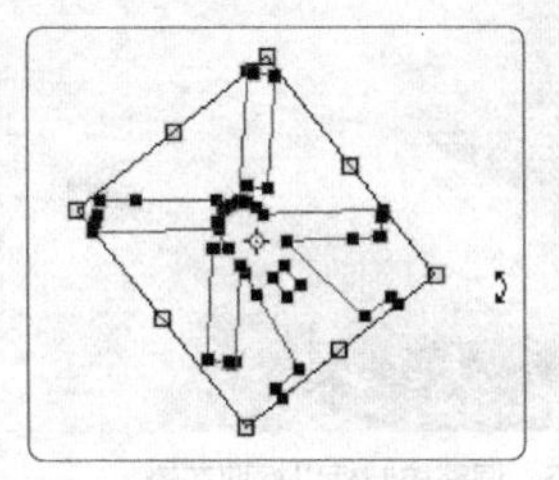

图7-54　变换路径

7.2.8 课堂案例2——使用钢笔工具抠图

因为使用钢笔工具可以绘制出平滑的直线路径和曲线路径，所以常用于对一些轮廓较清晰的图像进行抠图。下面将使用钢笔工具抠取花盆及花图像，效果如图7-55所示。

视频演示

素材位置　配套资源\素材文件\第7章\花.jpg

效果位置　配套资源\效果文件\第7章\花.psd

图 7-55　抠图效果

（1）打开素材“花 .jpg”文件，在工具栏中选择钢笔工具 。

（2）在图像中花瓣的任意位置单击并拖动鼠标，新增一个带控制柄的锚点，在花盆边缘的其他地方单击并拖动鼠标，新增第二个带控制柄的锚点。

（3）按住【Ctrl】键不放，调整第二个锚点第一条控制柄的长短和方向，使第一、第二个锚点之间的曲线贴近花瓣的边缘。

（4）按住【Alt】键不放，在第二个锚点的“去向”控制柄一端的小圆点上单击并向上拖动鼠标，调整该控制柄的方向，使该锚点成为拐点。使用相同的方法绘制第三个锚点，并调整锚点之间的曲线，效果如图 7-56 所示。

（5）继续使用钢笔工具在花瓣边缘依次新增锚点，并在按住【Alt】键不放的同时，调整控制柄的方向，使绘制的曲线与花瓣边缘重合，如图 7-57 所示。

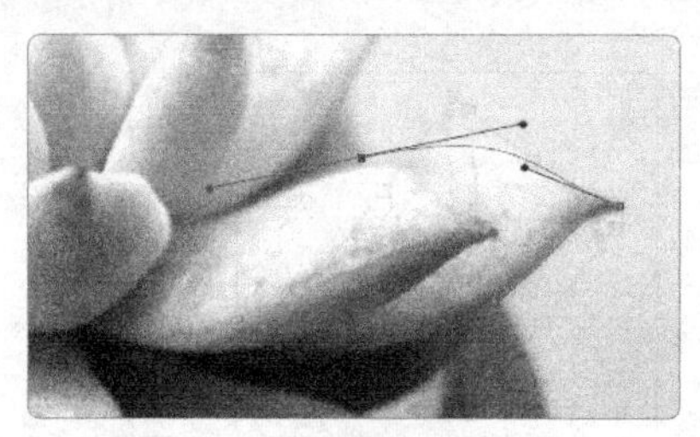

图7-56　调整控制柄以抠取花瓣

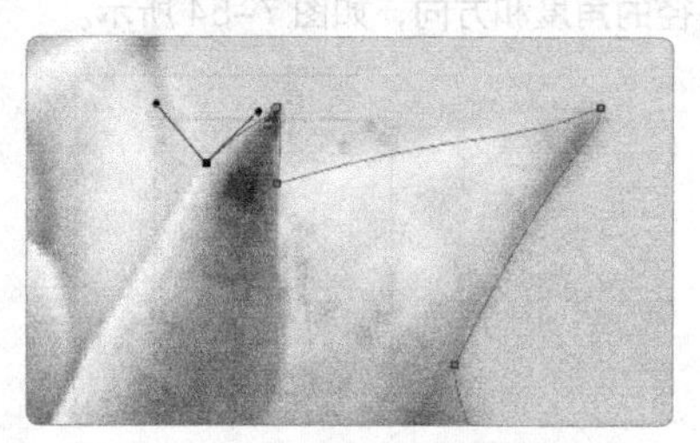

图7-57　沿花瓣依次绘制路径

（6）绘制花瓣边缘的路径后，再沿花盆边缘依次新增锚点，完成后使最后一个锚点与第一个锚点重合，闭合路径，效果如图 7-58 所示。

图7-58　闭合路径

（7）在“路径”面板下方单击“将路径转化为选区”按钮，将创建的路径转换为选区，选择矩形选框工具，在图像选区上单击鼠标右键，在弹出的快捷菜单中选择“羽化”命令，在打开的对话框中设置“羽化半径”为“2”，如图7-59所示。

（8）按【Ctrl+L】组合键，将选区复制为新图层，完成后另存为“花.psd”文件，效果如图7-60所示。

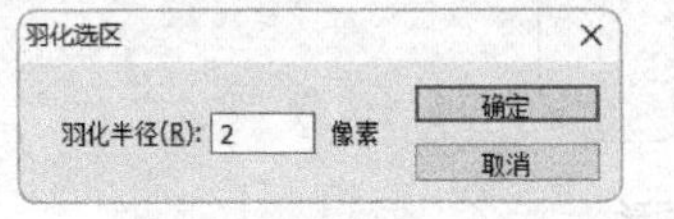

图7-59　羽化选区

图7-60　抠图效果

7.3 使用形状工具

使用Photoshop绘制路径时，可通过形状工具快速绘制与所选形状对应的路径。形状工具包括矩形工具、圆角矩形工具、椭圆工具、多边形工具、直线工具、自定形状工具等，下面将分别进行介绍。

7.3.1 矩形工具和圆角矩形工具

矩形工具用于绘制矩形和正方形，圆角矩形工具用于绘制圆角矩形，其使用方法大同小异。下面分别进行介绍。

1. 矩形工具

选择矩形工具，在图像中单击并拖动鼠标可绘制矩形，按住【Shift】键不放拖动鼠标，可得到正方形。

除了通过拖动鼠标来绘制矩形外，在Photoshop中还可以绘制固定尺寸、固定比例的矩形。选择矩形工具，在工具属性栏上单击按钮，在打开的列表中进行设置即可，如图7-61所示。

矩形选项菜单中相关选项的含义如下。

◎ “不受约束”单选项：默认的矩形选项，在不受约束的情况下，可拖动鼠标绘制任意形状的矩形。

◎ “方形”单选项：单击选中该单选项后，拖动鼠标绘制的矩形为正方形，效果与按住【Shift】键绘制相同。

◎ “固定大小”单选项：单击选中该单选项后，在其后的“W”和“H”数值框中可输入矩形的长宽值，

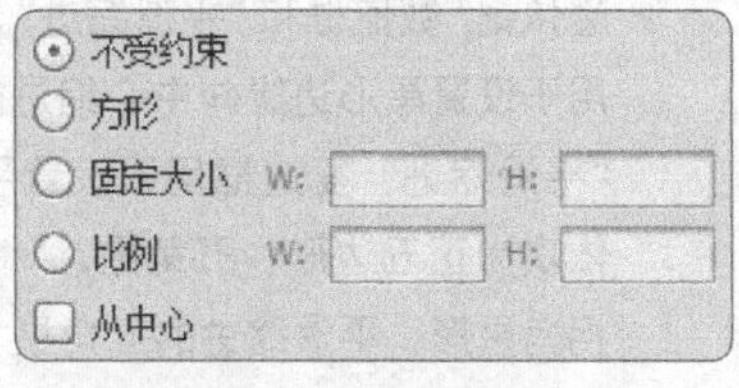

图7-61　矩形选项菜单

在图像中单击鼠标可绘制指定长宽的矩形。

◎ “比例”单选项：单击选中该单选项后，在其后的“W”和“H”数值框中可输入矩形的长宽比例值，在图像中单击并拖动鼠标可绘制长宽等比的矩形。

◎ “从中心”复选框：一般情况下绘制的矩形，其起点均为单击鼠标时的点，而单击选中该复选框后，单击鼠标时的位置将为绘制矩形的中心点，拖动鼠标时，矩形由中间向外扩展。

2. 圆角矩形工具

圆角矩形工具用于创建圆角矩形，其使用方法和相关参数与矩形工具大致相同，只是在矩形工具的基础上多了一项“半径”选项，用于控制圆角的大小，半径越大，圆角越广。图7-62所示为半径为10像素和50像素的圆角矩形。

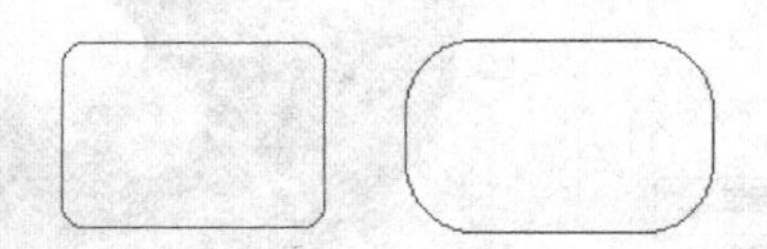

图7-62 不同半径的圆角矩形

7.3.2 椭圆工具和多边形工具

椭圆工具用于绘制椭圆和正圆，多边形工具用于绘制正多边形。

1. 椭圆工具

椭圆工具用于创建椭圆和正圆，其使用方法和矩形工具一样。选择椭圆工具后，在图像窗口中单击并拖动鼠标即可绘制。按住【Shift】键不放并拖动鼠标，或在工具属性栏上单击按钮，在打开的下拉列表中选中“圆形”单选项后绘制，可得到正圆形。

2. 多边形工具

多边形工具用于创建多边形和星形。选择多边形工具后，在其工具属性栏中可设置多边形的边数，在工具属性栏上单击按钮，在打开的下拉列表中可设置其他相关选项，如图7-63所示。

多边形选项菜单中相关选项的含义如下。

◎ “边”数值框：用于设置多边形边的条数。输入数字后，在图像中单击鼠标并拖动可得到相应边数的正多边形。

◎ “半径”数值框：用于设置绘制的多边形的半径。

◎ “平滑拐角”复选框：选中表示将多边形或星形的角变为平滑角，该功能多用于绘制星形。

◎ “星形”复选框：用于创建星形。单击选中该复选框后，“缩进边依据”数值框和“平滑缩进”复选框可用，其中“缩进边依据”用于设置星形边缘向中心缩进的数量，值越大，缩进量越大；“平滑缩进”复选框用于设置平滑的中心缩进。图7-64所示依次为正五边形、五角星、“缩进边依据”为“45%”的平滑拐角星形、平滑缩进的五角星。

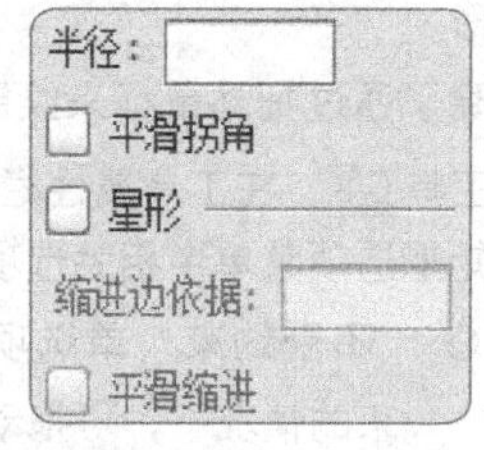

图7-63 多边形选项菜单

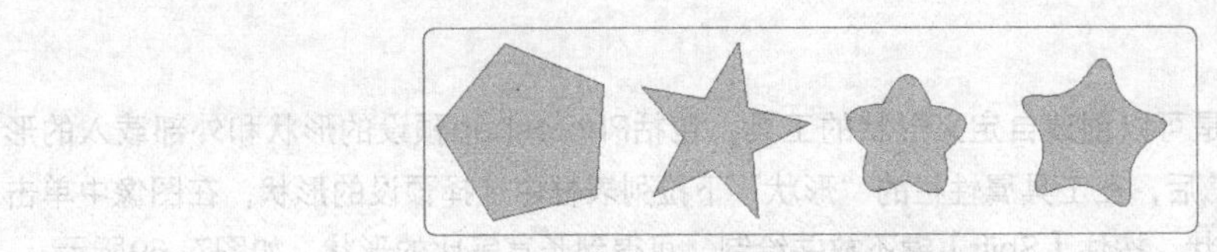

图7-64 不同选项的星形效果

知识提示

绘制多边形时的“半径”是指中心点到角的距离，而非中心点到边的距离。且绘制星形时，设置的边数，其实对应的为星形角的个数，即五条边对应五角星、六条边对应六角星，以此类推。

7.3.3 直线工具和自定形状工具

直线工具用于绘制直线和线段，自定形状工具用于绘制Photoshop中预设的各种形状。

1. 直线工具

直线工具用于创建直线和带箭头的线段。选择直线工具，单击并拖动鼠标可绘制任意方向的直线，在按住【Shift】键的同时进行绘制，可得到水平、垂直或水平方向上45° 的直线。同时，在工具属性栏上单击按钮，还可设置其他相关参数，如图7-65所示。

直线选项菜单中相关选项的含义如下。

图7-65 直线选项菜单

◎ “粗细”数值框：用于设置直线的粗细。

◎ “起点/终点”复选框：用于为直线添加箭头。单击选中“起点”复选框，将在直线的起点添加箭头；单击选中“终点”复选框，将在直线终点位置添加箭头；若同时单击选中两个复选框，则绘制的为双箭头直线。

◎ “宽度”数值框：用于设置箭头宽度与直线宽度的百分比，范围为10%~1000%。图 7-66 所示为宽度分别为 200%、500%、1000% 的箭头。

◎ “长度”数值框：用于设置箭头长度与直线宽度的百分比，范围为 10%~1000%。图 7-67 所示为长度分别为 200%、500%、1000% 的箭头。

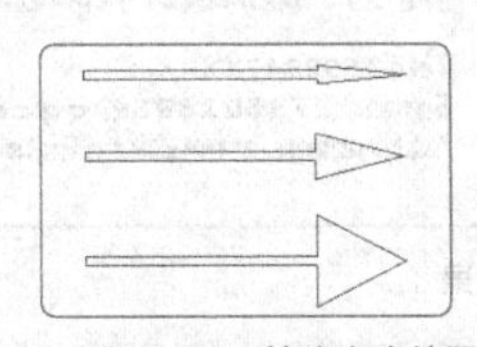

图7-66 箭头宽度效果

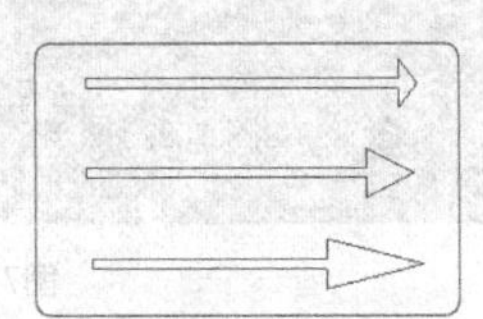

图7-67 箭头长度效果

◎ “凹度”数值框：用于设置箭头的凹陷程度，范围为 -50%~50%。一般情况下，箭头尾部平齐，此时凹度为 0%，若值大于 0%，则箭头尾部向内凹陷；若值小于 0%，则箭头尾部向外突出，如图 7-68 所示。

图7-68 凹度为-50%和50%时的效果

2. 自定形状工具

自定形状工具就是可以创建自定义形状的工具，包括Photoshop预设的形状和外部载入的形状。选择自定形状工具后，在工具属性栏的“形状”下拉列表框中选择预设的形状，在图像中单击并拖动鼠标可绘制所选形状，按住【Shift】键不放并绘制，可得到长宽等比的形状，如图7-69所示。

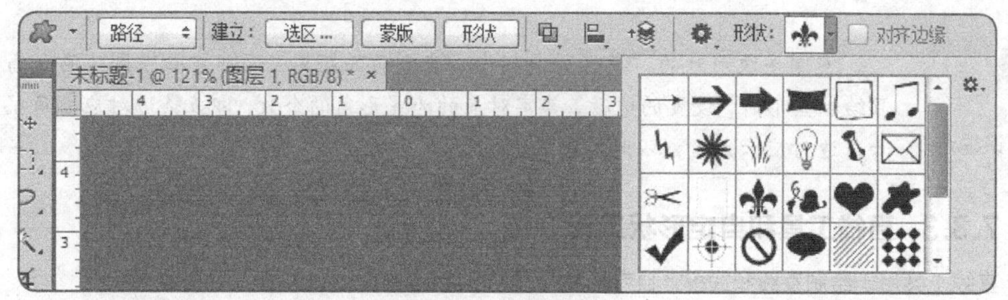

图7-69 自定形状工具

知识提示

在 Photoshop 中，预设的自定形状是有限的，要使用外部提供的形状，必须先将形状载入形状库中。方法为：在“形状”下拉列表右上角单击按钮，在打开的菜单中选择“载入形状”命令，打开“载入”对话框，选择要载入的形状，单击载入(L)按钮后，该形状即可添加至“形状”下拉列表中。

7.3.4 课堂案例3——制作名片

使用圆角矩形工具、椭圆工具、自定形状工具、文字工具制作名片的正反两面效果。参考效果如图7-70所示。

图7-70 名片效果

视频演示

素材位置 配套资源\素材文件\第7章\皇冠.csh

效果位置 配套资源\效果文件\第7章\名片.psd

（1）新建一个 25 厘米 ×10 厘米的图像文件，选择圆角矩形工具，在工具属性栏上单击按钮，在打开的下拉列表中单击选中“固定大小”单选项，设置“W”为“8.5 厘米”、“H”为“5.4”厘米，在图像上单击绘制一个圆角矩形选框。

（2）在“路径”面板中将其载入选区，按【Ctrl+J】组合键生成一个新的图层，返回“图层”面板，单击新图层缩略图载入选区，选择渐变工具，设置渐变色为“R:170,G:3,B:44”至“R:190,G:20,B:64”，在选区中单击并拖动鼠标，以填充渐变色。

（3）选择文字工具，输入文字“YOURS. 你的”，设置字体为“汉仪丫丫体简”，字号为“26”，颜色为“白色”，字形为“仿粗体”。

（4）选择自定形状工具，载入素材文件中的“皇冠 .csh”文件，然后绘制皇冠，调整皇冠大小和位置，设置前景色为白色，然后用前景色为路径描边，效果如图 7-71 所示。

（5）设置前景色为“R:190,G:19,B:63”，移动圆角矩形路径，载入选区并生成新图层，为新图层载入选区并描边，大小为“1”，颜色为前景色。

（6）绘制正圆路径，复制该路径并缩小，组合成为同心圆。在“图层”面板中选择步骤（5）中生成的新图层，返回“路径”面板，在按住【Ctrl】键的同时，单击组合的同心圆路径，将其载入选区，得到指定区域选区，如图 7-72 所示。

图 7-71　名片背面

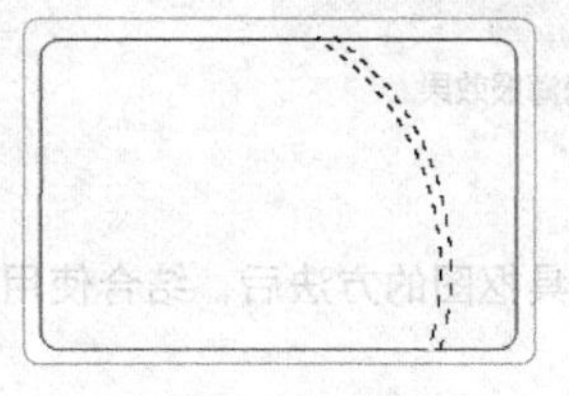

图 7-72　载入选区

（7）按【Ctrl+J】组合键生成新图层，为新图层选区填充颜色“R:190,G:19,B:63”，重复步骤（6）~ 步骤（7）的操作，获得两个部分相交的同心圆图层，调整图层所在位置，使其效果如图 7-73 所示。

（8）使用文字工具为名片添加文字信息，设置文字效果，复制皇冠路径，生成新图层后为其填充前景色，最后调整各种图案和文字的位置，效果如图 7-74 所示。

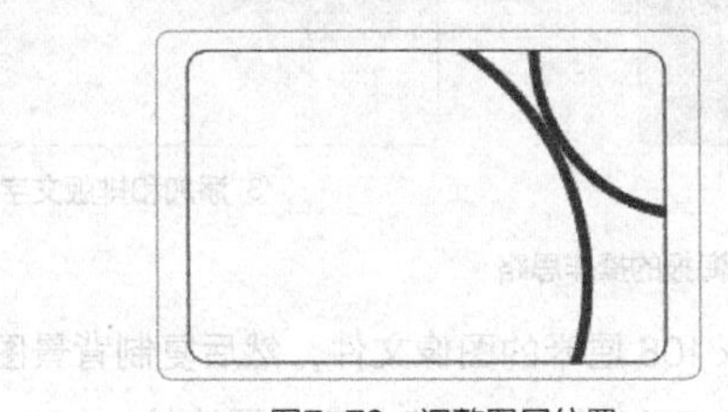

图7-73　调整图层位置

图7-74　名片正面

7.4 课堂练习

本课堂练习将分别制作促销海报和家纺宣传单，综合练习本章的知识点，以掌握和巩固文本的创建与设置方法。

7.4.1 制作促销海报

1. 练习目标

本练习要求为某鞋店制作春季促销海报，该店铺主要销售女士帆布鞋。制作时可打开提供的素材文件进行操作，参考效果如图7-75所示。

图7-75　促销海报效果

视频演示

素材位置　配套资源\素材文件\第7章\帆布鞋.jpg

效果位置　配套资源\效果文件\第7章\海报.psd

2. 操作思路

掌握使用钢笔工具抠图的方法后，结合使用文字工具，开始本练习的设计与制作，本练习的操作思路如图7-76所示。

① 制作渲染风格的背景效果

② 抠取帆布鞋

③ 添加和排版文字

图7-76　制作促销海报的操作思路

（1）新建一个名称为“海报”，大小为 78 厘米 ×108 厘米的图像文件，然后复制背景图层。

（2）选择画笔工具，设置前景色为“R:77,G:0,B:200”，在图像任意位置涂抹。

（3）依次更改前景色，并在复制的背景图层上涂抹，使背景变为多色水彩晕染效果。

（4）打开素材文件“帆布鞋.jpg”，使用钢笔工具将图中的两只帆布鞋抠取出来，将路径变为选区，再将选区复制粘贴至“海报”文件中，并变换帆布鞋的位置和大小。

（5）选择文字工具T，输入英文单词“spring”，设置字体为“Candara”，字号为“450”，水平缩放为“120%”，颜色为“R:17,G:141,B:189”，将该图层透明度设置为“30%”。

（6）继续输入其他文字，并设置字体、字号、颜色，完成后调整文字和图形的位置即可。

7.4.2 制作家纺宣传单

1. 练习目标

本练习要求根据素材文件夹中的家纺素材图片，制作家纺宣传单。参考效果如图7-77所示。

图7-77 家纺效果图

视频演示

素材位置 配套资源\素材文件\第7章\四件套.jpg、金币元素.png

效果位置 配套资源\效果文件\第7章\家纺效果图.psd

2. 操作思路

掌握文本的输入、形状的创建和路径的绘制等操作后，根据上面的练习目标，开始本练习的设计与制作，本练习的操作思路如图7-78所示。

① 抠取素材

② 调整素材

③ 添加文字和形状

图7-78 制作家纺效果图的操作思路

（1）打开素材文件“四件套.jpg”，使用钢笔工具抠取图像内容，在工具属性栏中设单击 选区... 按钮。

（2）新建大小为520像素×280像素，分辨率为72像素/英寸，名为“家纺效果图.psd”的文件，填充背景颜色为“#ff6378”，选择移动工具，将“四件套”图像文件中的选区抠取过来，按【Ctrl+T】组合键调整图像大小，双击图层添加投影，设置不透明度为“50%”，角度为“90”，距离为“6”，大小为“6”。

（3）在图像右侧添加形状和文字，其中椭圆大小为88像素×88像素，矩形描边大小为“10像素”，文字“XXJF”的字体格式为“Stencil、#591a1f、下画线”，文字“全场2折起”字体格式为“造字工房力黑、#fff009”，添加阴影并设置“混合模式、不透明度、角度、距离、大小”分别为“正片叠底、55、90、0、7”，圆角矩形圆角半径为“30”，文字“狂欢节”的字体格式为“方正兰亭简体、仿粗体、#3c393c”，其后的文字字体格式为“方正兰亭简体、白色”。

（4）打开素材文件“金币元素.png”，将元素拖动到图像中，按【Ctrl+T】组合键调整各素材的大小与位置，完成本例的操作并保存文件。

7.5 拓展知识

在输入与编辑文本时，选择合适的字体，不仅可使文件更美观，还可避免一些文本编辑操作，从而提高工作效率。系统预设的字体样式较少，可通过网络下载更多字体样式，其具体操作为：在字体下载网站中将需要的字体下载到计算机中，下载的字体一般呈压缩包显示，需要对其进行解压。将解压的字体文件复制到“系统盘（C）:\Windows\Fonts”路径下，即可自动安装该字体。

7.6 课后习题

（1）根据提供的素材文件，编辑公益海报，参考效果如图7-79所示。

图7-79 公益海报

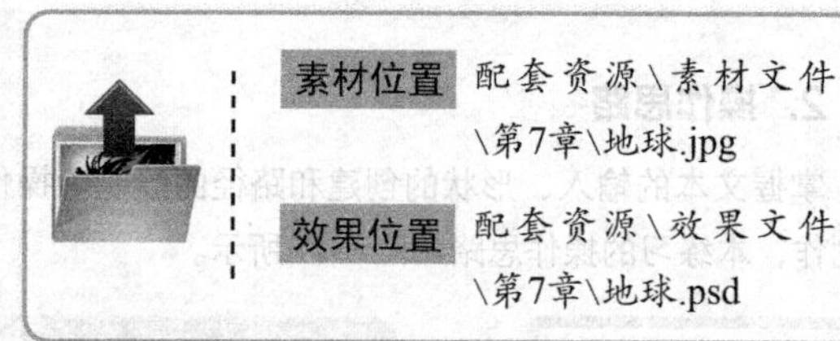

提示：在其中创建与地球轮廓相似的圆形路径文字，并为其添加外发光效果，然后创建段落文本，最后绘制几个心形。

（2）利用自定形状工具、文字工具、渐变工具和选区工具绘制图7-80所示的标志效果图。

图7-80 标志效果

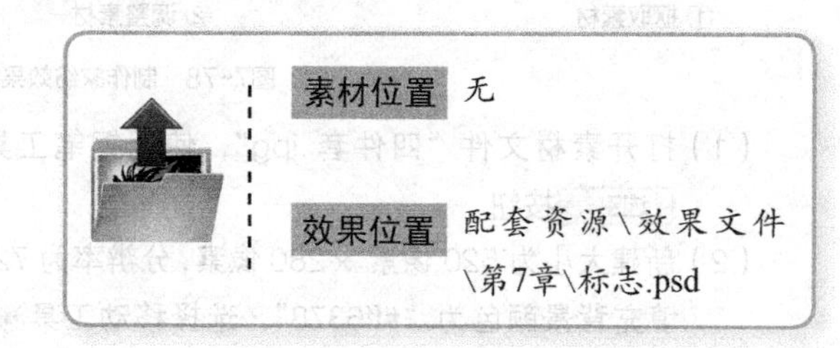

提示：因为图7-80所示的标志图中涉及圆形和自定义形状，所以应分别使用多边形工具、自定形状工具来绘制，使用渐变工具为叶子形状填充渐变色，使用矩形选区工具创建并填充选区，最后使用文字工具输入文字，调整图层并为文字图层和形状图层应用样式。

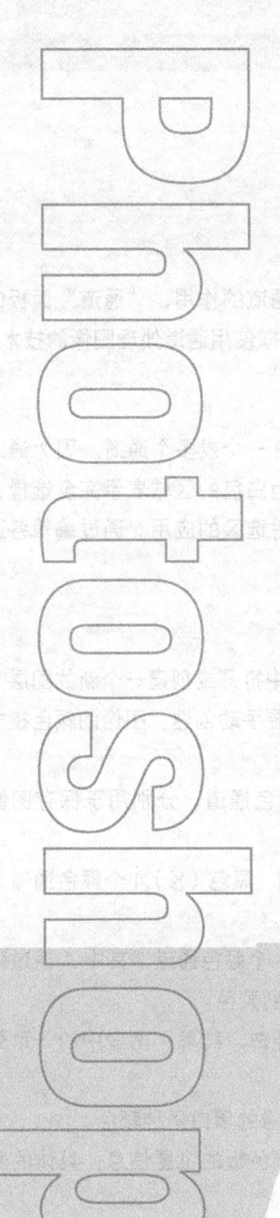

Chapter

8

第8章 使用通道和蒙版

通道和蒙版是Photoshop中非常重要的功能。在通道中可以更改图像的色彩，或者利用通道抠取复杂的图像。而使用蒙版则可以隐藏部分图像，方便图像合成，并且不会对图像造成损坏。本章将介绍通道与蒙版的相关知识。

学习要点

- 通道的使用
- 蒙版的使用

学习目标

- 掌握通道的各种操作方法
- 掌握图层蒙版的创建与编辑方法
- 掌握使用通道与蒙版合成图像的方法

8.1 通道的使用

通道是Photoshop中保护图层选区信息的一项技术。本节将讲解通道的作用、“通道”面板的组成、通道的选择与创建、复制与删除、分离与合并等操作，帮助用户掌握使用通道处理图像的技术。

8.1.1 认识通道

通道是存储颜色信息的独立颜色平面，Photoshop图像通常都具有一个或多个通道。因为通道的颜色与选区有直接关系，完全为黑色的区域表示完全没有选择，完全为白色的区域表示完全选择，灰度的区域由灰度的深浅来决定选择程度，所以对通道的应用实质就是对选区的应用。通过编辑各通道的颜色、对比度、明暗度、滤镜添加等，可得到特殊的图像效果。

1. 通道的分类

通道分为颜色通道、Alpha通道、专色通道3种。在Photoshop CC中打开或创建一个新的图层文件后，“通道”面板将默认创建颜色通道。而Alpha通道和专色通道都需要手动创建。图像的颜色模式不同，包含的颜色通道也有所不同。下面介绍常用图像模式的通道。

◎ **RGB 图像的颜色通道**：包括红（R）、绿（G）、蓝（B）3 个颜色通道，分别用于保存图像中相应的颜色信息。

◎ **CMYK 图像的颜色通道**：包括青色（C）、洋红（M）、黄色（Y）、黑色（K）4 个颜色通道，分别用于保存图像中相应的颜色信息。

◎ **Lab 图像的颜色通道**：包括亮度（L）、色彩（A）、色彩（B）3 个颜色通道，其中 A 通道颜色从深绿色到灰色再到亮粉红色；B 通道颜色从亮蓝色到灰色再到黄色。

◎ 灰色图像的颜色通道：该模式只有一个颜色通道，用于保存纯白、纯黑、两者中的一系列从黑到白的过渡色信息。

◎ **位图图像的颜色通道**：该模式只有一个颜色通道，用于表示图像的黑白两种颜色。

◎ **索引图像的颜色通道**：该模式只有一个颜色通道，用于保存调色板的位置信息，具体的颜色由调色板中该位置对应的颜色决定。

2. 认识“通道”面板

对通道的操作需要在“通道”面板中进行。直接单击“通道”选项卡，打开“通道”面板。图8-1所示为RGB图像的颜色通道，其中相关选项的含义如下。

◎ **“将通道作为选区载入”按钮**：单击该按钮可以将当前通道中的图像内容转换为选区。选择【选择】→【载入选区】菜单命令和单击该按钮的效果一样。

◎ **“将选区存储为通道”按钮**：单击该按钮可以自动创建Alpha 通道，并保存图像中的选区。选择【选择】→【存储选区】菜单命令和单击该按钮的效果一样。

◎ **“创建新通道”按钮**：单击该按钮可以创建新的 Alpha 通道。

◎ **“删除通道”按钮**：单击该按钮可以删除选择的通道。

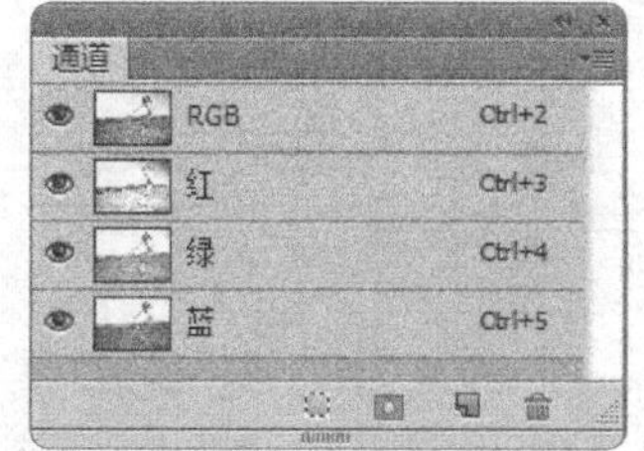

图8-1 “通道”面板

8.1.2 创建Alpha通道

Alpha通道在抠取选区时使用较频繁，特别是婚纱和头发等类型的图像使用它可以达到比较真实的抠取效果。下面将使用Alpha通道抠取一张椅子图片，其具体操作如下。

视频演示

素材位置　配套资源\素材文件\第8章\凳子宣传图.jpg

效果位置　配套资源\效果文件\第8章\凳子宣传图.psd

（1）打开图像，创建需要创建为 Alpha 通道的选区，如图 8-2 所示。

（2）单击“通道”面板中的“将选区存储为通道”按钮，得到新建的“Alpha 1”通道，如图 8-3 所示。若单击“通道”面板底部的“创建新通道”按钮，可将图像创建为 Alpha 通道。

图8-2　创建选区

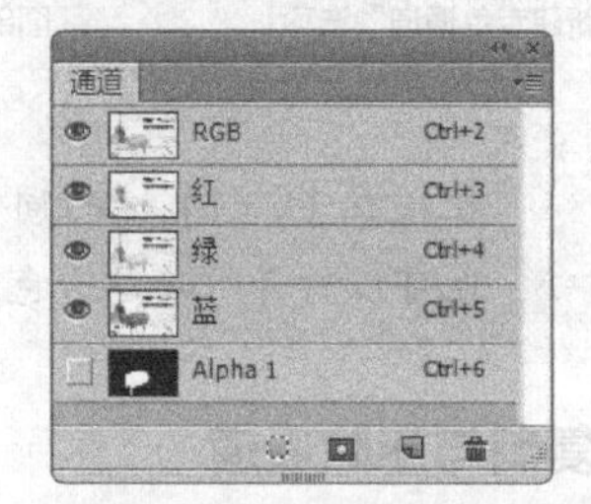

图8-3　将选区创建为Alpha通道

（3）在“通道”面板中选择新建的“Alpha 1”通道，如图 8-4 所示。若按住【Ctrl】键，可同时选择多个通道。

（4）此时可查看保存的选区，如图 8-5 所示。创建 Alpha 通道后，可根据需要使用工具或命令对其进行编辑。

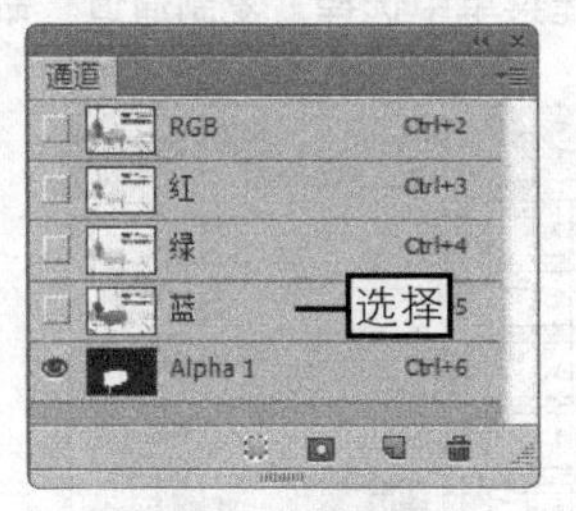

图8-4　选择通道

图8-5　Alpha通道选区

知识提示

在 Alpha 通道中，白色代表可被选择的选区，黑色代表不可被选择的区域，灰色代表可被部分选择的区域，即羽化区域。因此使用白色画笔涂抹 Alpha 通道可扩大选区范围，使用黑色画笔涂抹 Alpha 通道可收缩选区范围，使用灰色可增加羽化范围。

8.1.3 创建专色通道

专色是指使用一种预先混合好的颜色替代或补充除了CMYK以外的油墨，如明亮的橙色、绿色、荧光色、金属金银色油墨。如果要印刷带有专色的图像，就需要在图像中创建一个存储这种颜色的专色通道。其具体操作为：在打开的图像中单击“通道”面板右上角的按钮，在打开的下拉列表中选择“新建专色通道”选项，如图8-6所示。在打开的对话框中输入新通道名称后，单击“颜色”色块，在打开的对话框中设置专色的油墨颜色，在“密度”数值框中设置油墨的密度，单击确定按钮，如图8-7所示。得到新建的专色通道，如图8-8所示。

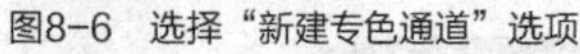

图8-6 选择“新建专色通道”选项

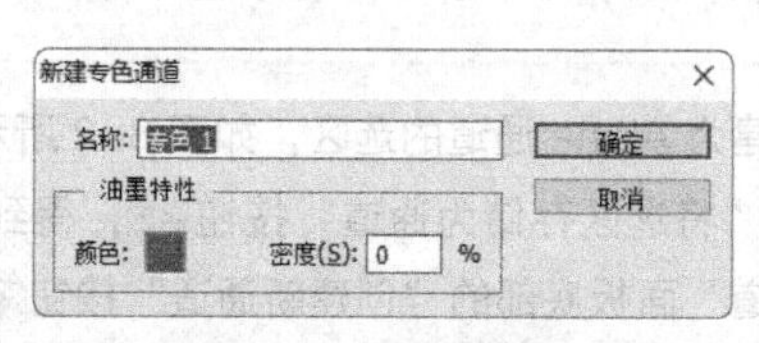

图8-7 设置专色通道

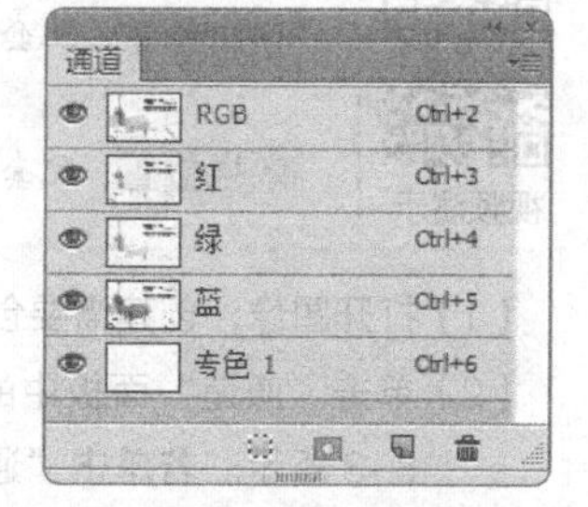

图8-8 创建的专色通道

操作技巧

在按住【Ctrl】键的同时，单击“通道”面板底部的“创建新通道”按钮，也可以打开“新建专色通道”对话框。

8.1.4 复制与删除通道

在处理通道时，为了不对原通道造成影响，往往需要复制通道，而不需要的通道，则需要删除。

1. 复制通道

在Photoshop中，复制通道的方法与复制图层的方法相似。选择需要复制的通道，按住鼠标左键不放将其拖动到面板底部的“创建新通道”按钮上，当光标变成形状时释放鼠标即可，如图8-9所示。或在需要复制的通道上单击鼠标右键，在弹出的快捷菜单中选择“复制通道”命令。

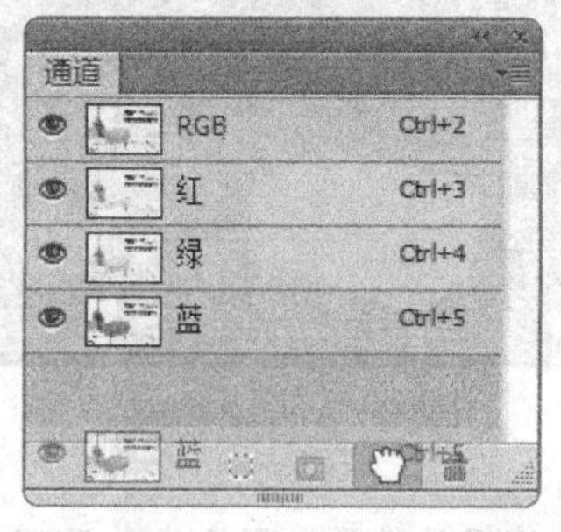

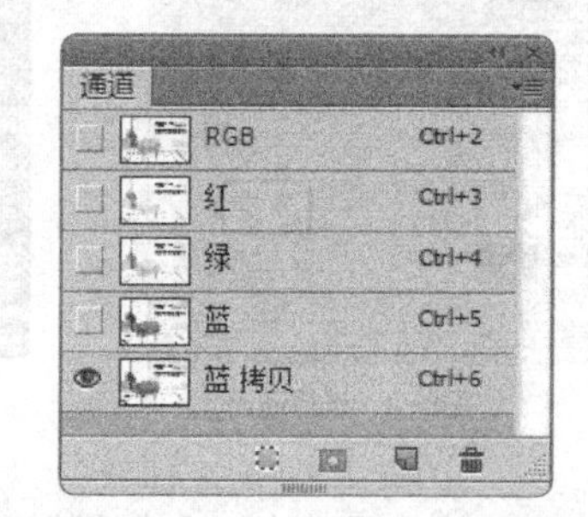

图8-9 复制通道

2. 删除通道

将多余的通道删除，不仅可以使文件界面简洁和美观，还可减少系统资源的占用，提高计算机运行速度。删除通道有以下3种方法。

◎ 选择需要删除的通道，单击鼠标右键，在弹出的快捷菜单中选择“删除通道”命令。

◎ 选择需要删除的通道，单击“通道”面板右上角的按钮，在打开的下拉列表中选择“删除通道”选项。

◎ 选择需要删除的通道，按住鼠标左键不放将其拖动到面板底部的“删除通道”按钮 上即可。

8.1.5 分离与合并通道

通道的分离与合并是将“通道”面板中的不同通道分离成单独的文档进行编辑，接着合并为一个文件的操作。

1. 分离通道

分离通道是指将一个图像文件的每个通道分离为多个单独的灰色模式的图像文件，以方便编辑、处理、保存各个通道的图像。其方法是：打开图像，单击“通道”面板右上方的 按钮，在打开的下拉列表中选择“分离通道”选项，如图8-10所示。图像中的每一个通道即可以作为单独的文件存在，如图8-11所示。

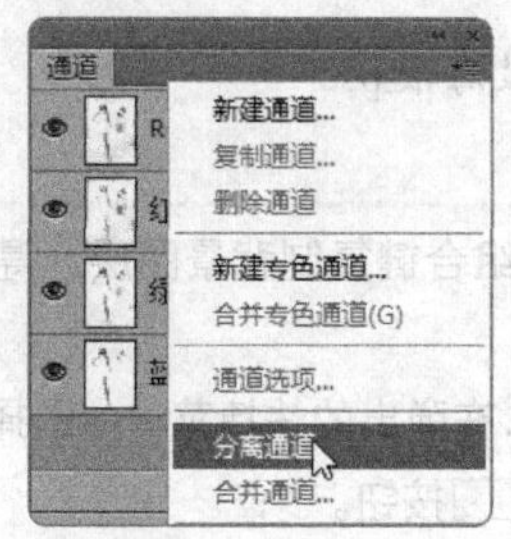

图8-10　分离通道

图8-11　分离通道效果

2. 合并通道

分离通道并进行编辑后，可再次将分离的多个灰度模式的图像作为不同的通道合并到一个新图像中。其具体操作为：打开分离的多个灰度模式的图像，单击“通道”面板右上方的 按钮，在打开的下拉列表中选择“合并通道”选项，打开如图8-12所示的对话框。单击 确定 按钮后，打开如图8-13所示的“合并多通道”对话框，根据通道的数量依次单击 下一步(N) 按钮，最后单击 确定 按钮即可合并通道。

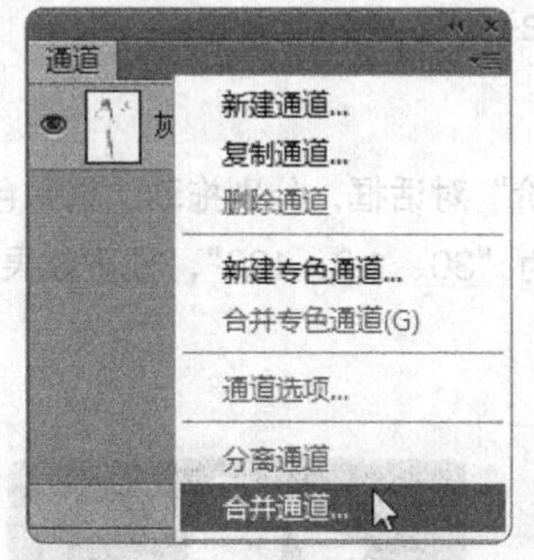

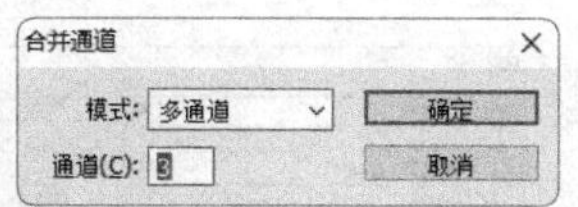

图8-12　打开“合并通道”对话框

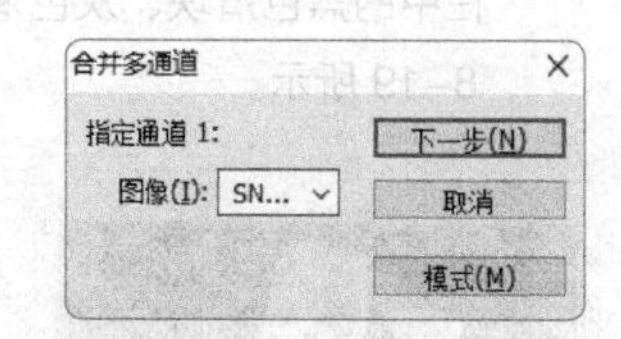

图8-13　打开“合并多通道”对话框

8.1.6 课堂案例1——使用通道抠图

本案例将使用通道抠取素材文件“女装模特.jpg”中的人物，并将其放置到“女装海报.psd”图像中。效果如图8-14所示。

图8-14 更换背景前后的效果

视频演示

素材位置 配套资源\素材文件\第8章\女装模特.jpg、女装海报.psd

效果位置 配套资源\效果文件\第8章\女装海报.psd

（1）打开“女装模特 .jpg”素材文件，按【Ctrl+J】组合键复制背景图层，得到“图层 1”，如图 8-15 所示。

（2）打开“通道”面板，在“蓝”通道上单击鼠标右键，在弹出的快捷菜单中选择“复制通道”命令，如图 8-16 所示，在打开的对话框中单击 确定 按钮。

（3）得到“蓝 拷贝”通道，选择“蓝 拷贝”通道，单击该通道的图标，使其显示为状态，显示该图层，单击其他通道的图标隐藏其他通道，效果如图 8-17 所示。

图8-15 复制背景图层

图8-16 复制蓝通道

图8-17 设置通道的可见性

（4）按【Ctrl+I】组合键反向显示图像，效果如图 8-18 所示。

（5）选择【图像】→【调整】→【色阶】菜单命令，打开“色阶”对话框，分别拖动“输入色阶”栏中的黑色滑块、灰色滑块、白色滑块，将其值分别设置为“30、1.3、180”，预览效果如图 8-19 所示。

图8-18 反向显示图像

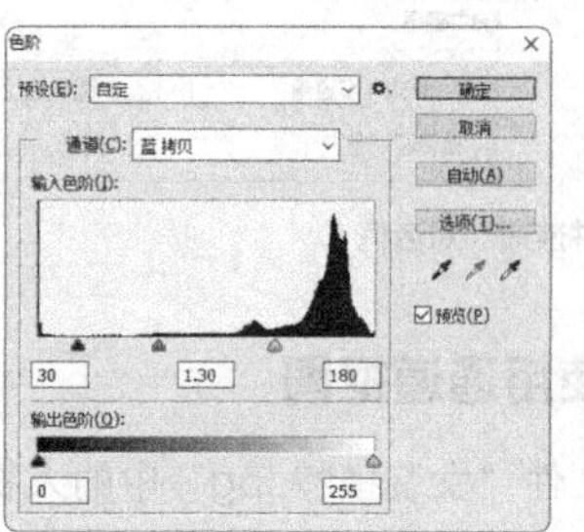

图8-19 调整图像色阶

（6）在工具箱中选择快速选择工具，把人物绘制到选区内，如图 8-20 所示。

（7）选择【编辑】→【填充】菜单命令，在打开的对话框中把选区内的人物填充成白色，如图 8-21 所示。

图8-20　绘制选区

图8-21　填充人物

（8）设置完成后，选择“蓝 拷贝”通道，在“通道”面板底部单击“将通道作为选区载入”按钮，如图 8-22 所示。

（9）在“图层”面板中选择“图层 1”图层，按【Ctrl+J】组合键创建通道选区的人物图像“图层 2”，隐藏“背景图层”和“图层 1”图层，得到如图 8-23 所示的抠图效果。

图8-22　将通道作为选区载入

图8-23　查看抠图效果

（10）打开“女装海报 .psd”图像，选择“矩形 1”图层，使用移动工具将“图层 2”图层拖动到背景图片中的合适位置，选择【编辑】→【自由变换命令】菜单命令，适当缩放人物，按【Enter】键应用变换，如图 8-24 所示。

（11）双击“图层 1”，在打开的“图层样式”对话框中设置投影效果，设置的具体参数如图 8-25 所示。

图8-24　将抠图放入背景中

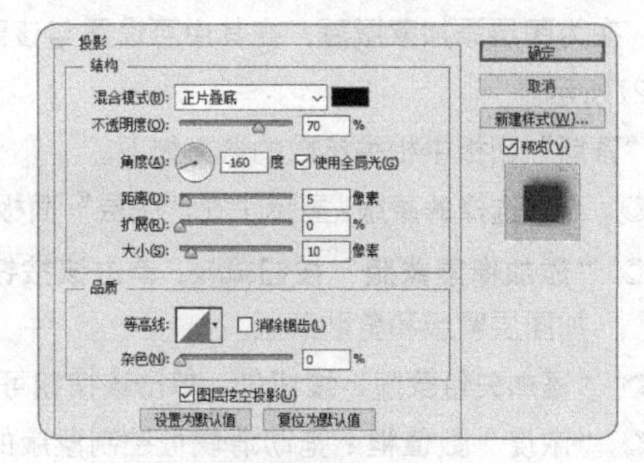

图8-25　设置投影

（12）调整图像位置，完成图像的制作，得到的效果如图 8-26 所示。保存文件完成本案例的操作。

图8-26 调整图像位置

8.2 蒙版的使用

蒙版是Photoshop中用于制作图像特效的工具，它可保护图像的选择区域，并可将部分图像处理成透明或半透明效果，在图像合成中应用最为广泛。下面将进行具体讲解。

8.2.1 认识蒙版

为了更好地使用蒙版，下面先认识蒙版的类型，以及用于对蒙版进行操作的“蒙版”面板，为后面的使用打下基础。

1. 蒙版的分类

Photoshop提供了图层蒙版、剪贴蒙版、矢量蒙版3种蒙版。不同的蒙版，具有不同的作用，分别介绍如下。

◎ **图层蒙版**：图层蒙版通过蒙版中的灰度信息控制图像的显示区域，可用于合成图像，也可控制填充图层、调整图层、智能滤镜的有效范围。

◎ **剪贴蒙版**：剪贴蒙版通过一个对象的形状来控制其他图层的显示区域。

◎ **矢量蒙版**：矢量蒙版通过路径和矢量形状来控制图像的显示区域。

2. 认识“蒙版”面板

对蒙版的管理可通过“蒙版”面板进行。选择【窗口】→【属性】菜单命令，即可打开“蒙版”面板。在为图层添加蒙版后，在其中可设置与该蒙版相关的属性，如图8-27所示。

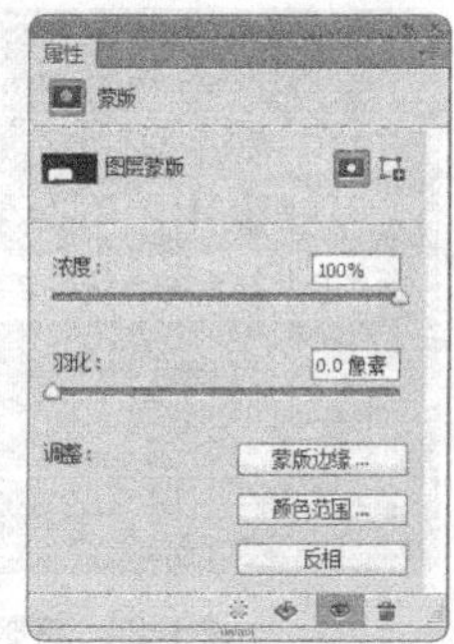

图8-27 “蒙版”面板

“蒙版”面板中相关参数的含义如下。

◎ **当前选择的蒙版**：显示了在“图层”面板中选择的蒙版类型。

◎ **“添加像素蒙版”按钮**：单击该按钮，可为当前图层添加图层蒙版和剪贴蒙版。

◎ **“添加矢量蒙版”按钮**：单击该按钮可添加矢量蒙版。

◎ **“浓度”数值框**：拖动滑块可控制蒙版的不透明度，即蒙版的遮盖强度。

◎ “羽化”数值框：拖动滑块可柔化蒙版边缘。

◎ 蒙版边缘... 按钮：单击该按钮，可对图像进行视图模式、边缘检测、调整边缘和输出设置。

◎ 颜色范围... 按钮：单击该按钮，可打开“彩色范围”对话框，此时可在图像中取样并调整颜色容差来修改蒙版范围。

◎ 反相 按钮：单击该按钮，可翻转蒙版的遮盖区域。

◎ “从蒙版中载入选区”按钮：单击按钮，可载入蒙版中包含的选区。

◎ “应用蒙版”按钮：单击按钮，可将蒙版应用到图像中，同时删除被蒙版遮盖的图像。

◎ “停用 / 启用蒙版”按钮：单击按钮或按住【Shift】键不放单击蒙版缩览图，可停用或重新启用蒙版。停用蒙版时，蒙版缩览图或图层缩览图后会出现一个红色的“×”标记，如图 8-28 所示。

图8-28　停用蒙版

◎ “删除蒙版”按钮：单击按钮，可删除当前蒙版。将蒙版缩览图拖动到“图层”面板底部的按钮上，也可将其删除。

8.2.2 创建矢量蒙版

矢量蒙版是由钢笔工具和自定形状工具等矢量工具创建的蒙版，它与分辨率无关，无限放大也能保持图像的清晰度。使用矢量蒙版抠图，不仅可以保证原图不受损，并且可以用钢笔工具修改形状。使用矢量蒙版的具体操作如下。

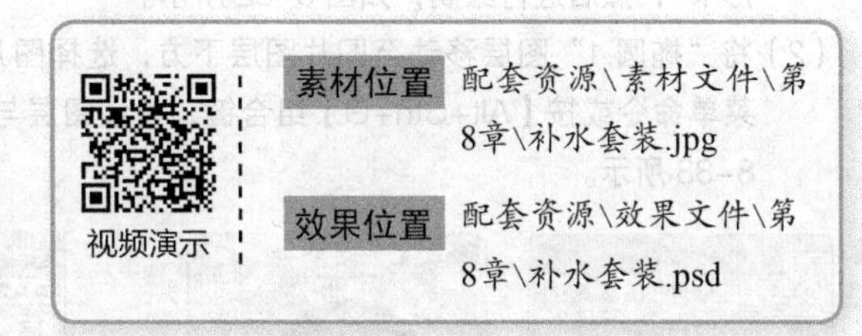

（1）打开图像，选择需要添加矢量蒙版的图层。使用矢量工具，这里选择椭圆工具，在工具属性栏中将其“绘图模式”更改为“路径”，然后绘制路径，如图 8-29 所示。

（2）选择【图层】→【矢量蒙版】→【当前路径】菜单命令，或按住【Ctrl】键不放单击“图层”面板中的按钮，即可基于当前路径创建矢量蒙版，如图 8-30 所示。

图8-29　绘制路径

图8-30　基于当前路径创建矢量蒙版

（3）单击矢量蒙版缩览图，可进入蒙版编辑状态，此时缩览图外会出现一个黑色的外框，使用矢量工具继续绘制矢量图，系统将自动将其添加到矢量蒙版中，如图 8-31 所示。

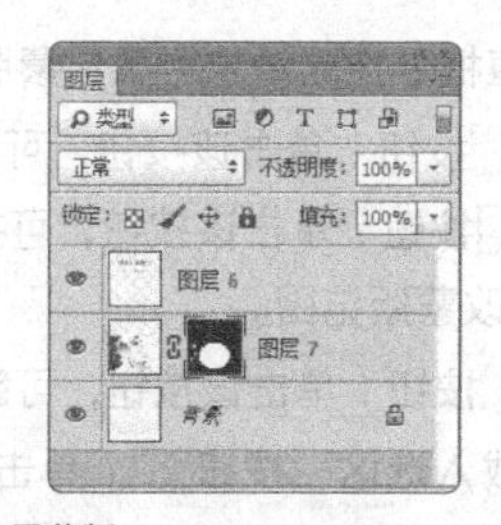

图8-31　编辑矢量蒙版

8.2.3 创建剪贴蒙版

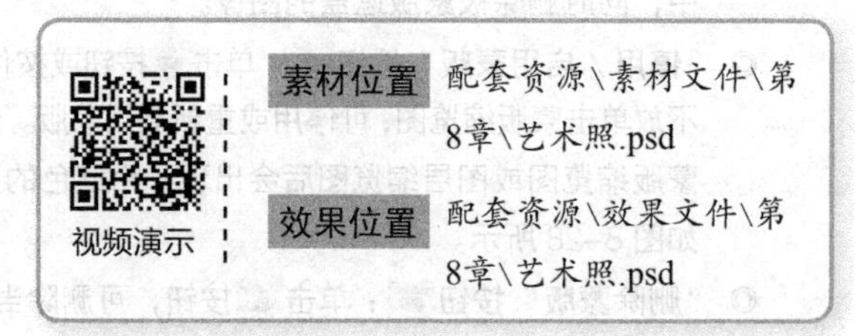

剪贴蒙版主要由基底图层和内容图层组成，是指使用处于下层图层的形状（基底图层）来限制上层图层（内容图层）的显示状态。剪贴蒙版可通过一个图层控制多个图层的可见内容，而图层蒙版和矢量蒙版只能控制一个图层。使用剪贴蒙版的具体操作如下。

（1）打开图像，选择作为基底的图层，选择自定形状工具，在工具属性栏中设置形状为“红心形卡”，然后进行绘制，如图 8-32 所示。

（2）将“椭圆 1”图层移动至图片图层下方，选择图片图层，选择【图层】→【创建剪贴蒙版】菜单命令或按【Alt+Ctrl+G】组合键，将该图层与下面的图层创建为一个剪贴蒙版组，如图 8-33 所示。

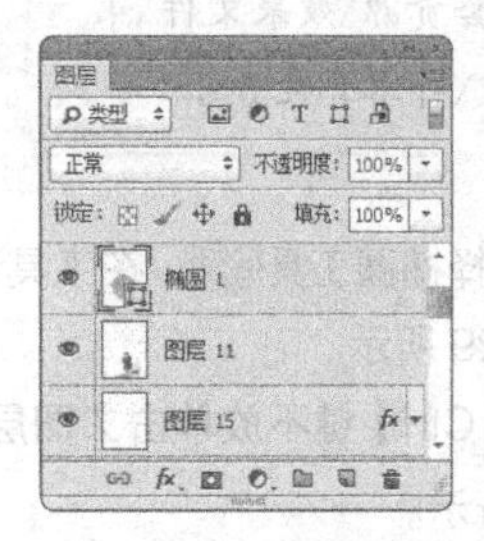

图8-32　绘制图形

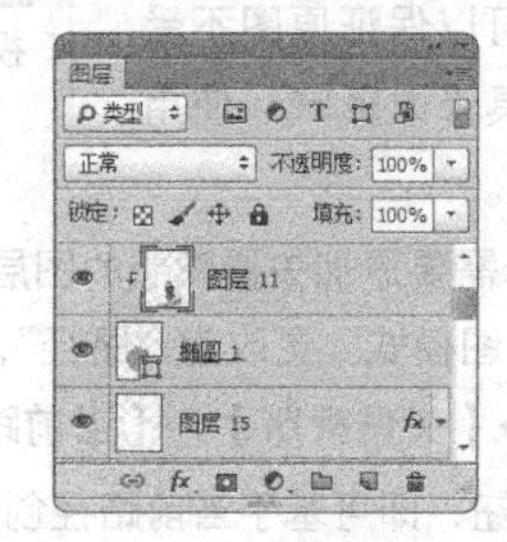

图8-33　创建剪贴蒙版

（3）同时选择基底图层和内容图层，如图 8-34 所示，选择移动工具，拖动基底图层和内容图层的图像至图 8-35 所示的位置，效果如图 8-35 所示。

（4）若需要释放剪贴蒙版，可选择内容图层，然后选择【图层】→【释放剪贴蒙版】菜单命令，或按【Alt+Ctrl+G】组合键释放全部剪贴蒙版。

图8-34　选择图层

图8-35　移动图层

8.2.4 创建图层蒙版

图层蒙版是指遮盖在图层上的一层灰度遮罩，通过使用不同的灰度级别进行涂抹，以设置其透明程度。图层主要用于合成图像，在创建调整图层、填充图层、智能滤镜时，Photoshop也会自动为其添加图层蒙版，以控制颜色调整和滤镜范围。使用图层蒙版的具体操作如下。

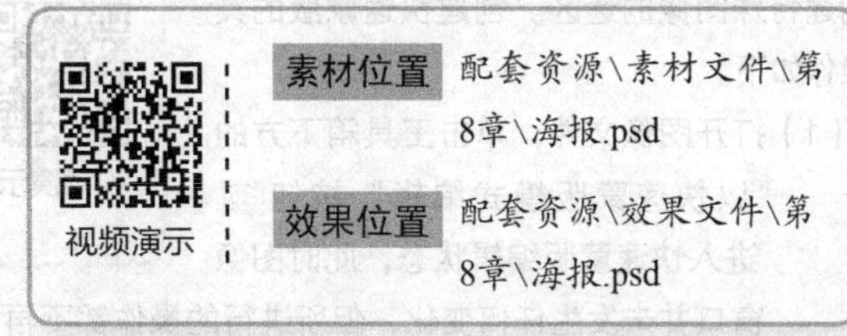

（1）打开图像，当图像中有选区时，如图 8-36 所示，在“图层”面板中单击“添加图层蒙版”按钮 或选择【图层】→【图层蒙版】→【显示选区】菜单命令，可以为选区以外的图像部分添加蒙版，如图 8-37 所示。如果图像中没有选区，单击 按钮可以为整个画面添加蒙版。

图8-36　创建添加图层蒙版的选区

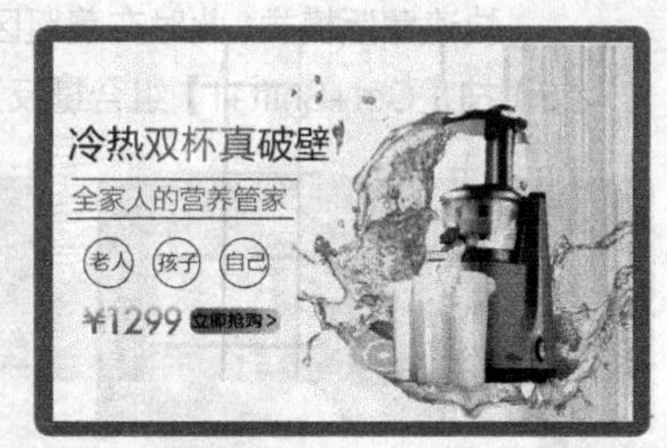

图8-37　创建图层蒙版

（2）创建图层蒙版后，单击选择图层蒙版缩览图，进入蒙版编辑状态。

（3）若需增加或减少图像的显示区域，可通过画笔等图像绘制工具来完成。在图层蒙版中，白色表示该图层可显示的区域，黑色表示不显示的区域，灰色表示半透明区域。图 8-38 所示为将前景色设置为黑色，使用画笔工具涂抹文字上方的水滴，将其隐藏，完成后选择榨汁机所在图层，将其移至合适位置。

图8-38　编辑图层蒙版

知识提示

选择【图层】→【图层蒙版】→【隐藏全部】菜单命令，可创建隐藏图层内容的黑色蒙版。若图层中包含透明区域，选择【图层】→【图层蒙版】→【从透明区域】菜单命令，可创建蒙版，并将透明区域隐藏。

8.2.5 创建快速蒙版

快速蒙版又称为临时蒙版，通过快速蒙版可以将任何选区作为蒙版编辑，还可以使用多种工具和滤镜命令来修改蒙版，常用于选取复杂图像或创建特殊图像的选区。创建快速蒙版的具体操作如下。

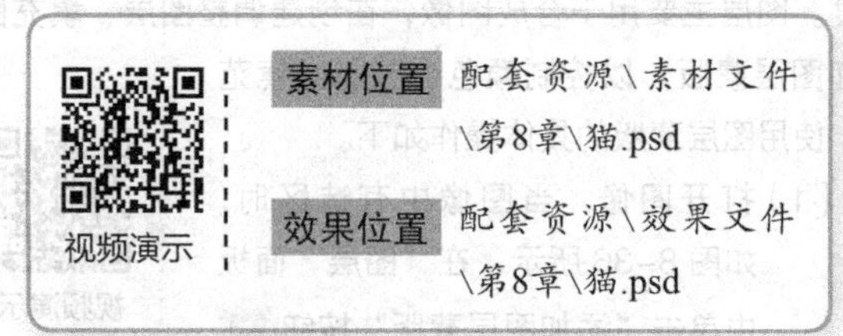

（1）打开图像文件，单击工具箱下方的“以快速蒙版模式编辑”按钮，进入快速蒙版编辑状态，此时图像窗口并未发生任何变化，但所进行的操作都不再针对图像而是针对快速蒙版。

（2）创建快速蒙版后，使用画笔工具在蒙版区域绘制，绘制的区域将呈半透明的红色显示，如图 8-39 所示，该区域就是设置的保护区域。选择工具箱中的以标准模式编辑工具，将退出快速蒙版模式，此时在蒙版区域中呈红色显示的图像将位于生成的选区之外，如图 8-40 所示。

（3）按【Ctrl+Shift+I】组合键反选选区，得到如图 8-41 所示的猫的选区。

图8-39　在蒙版区域绘制保护区域

图8-40　蒙版转换为选区

图8-41　反选选区

（4）单击工具箱下方的“以快速蒙版模式编辑”按钮，效果如图 8-42 所示。

（5）使用画笔工具修改蒙版，如图 8-43 所示。修改完成后，单击工具箱底部的“以标准模式编辑”按钮，按【Shift+F6】组合键，设置羽化为“6”，按【Ctrl+J】组合键剪切图层，调整图层不透明度为“50%”，单击按钮隐藏“图层 0”，效果如图 8-44 所示。

图8-42　为选区创建快速蒙版

图8-43　修改快速蒙版

图8-44　完成明信片制作

知识提示

进入快速蒙版后，如果原图像颜色与红色保护颜色较为相近，不利于编辑，可以在“快速蒙版选项”对话框中设置快速蒙版的选项参数来改变颜色等选项。双击工具箱中的以快速蒙版模式编辑工具，打开该对话框，单击色块可设置蒙版颜色，如图 8-45 所示。

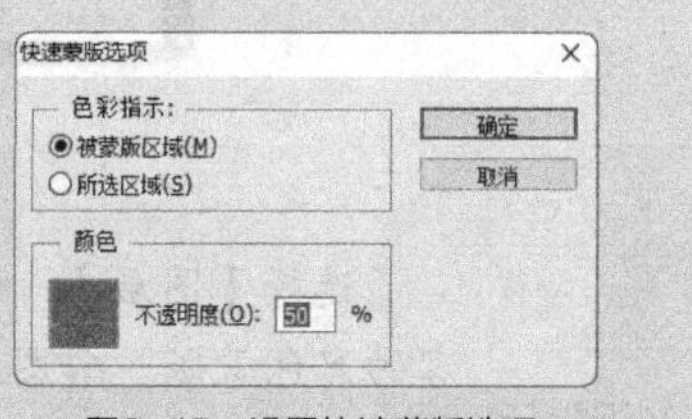

图8-45　设置快速蒙版选项

8.2.6 编辑剪贴蒙版

在创建剪贴蒙版后，用户还可以根据实际情况编辑剪贴蒙版，包括释放剪贴蒙版、加入剪贴蒙版和移出剪贴蒙版，下面分别进行介绍。

1. 释放剪贴蒙版

为图层创建剪贴蒙版后，若是觉得效果不佳可将剪贴蒙版取消，即释放剪贴蒙版，如图8-46所示。释放剪贴蒙版的方法有以下3种。

◎ 菜单：选择需要释放的剪贴蒙版，再选择【图层】→【释放剪贴蒙版】菜单命令，或按【Ctrl+Alt+G】组合键释放剪贴蒙版。

◎ 快捷菜单：在内容图层上单击鼠标右键，在弹出的快捷菜单中选择“释放剪贴蒙版”命令。

◎ 拖动：按住【Alt】键，将鼠标放置到内容图层和基底图层中间的分割线上，当鼠标光标变为形状时单击鼠标，释放剪贴蒙版。

图8-46 释放剪贴模板蒙版

2. 加入剪贴蒙版

在已建立了剪贴蒙版的基础上，将一个普通图层移动到基底图层上方，该普通图层将会转换为内容图层，如图8-47所示。

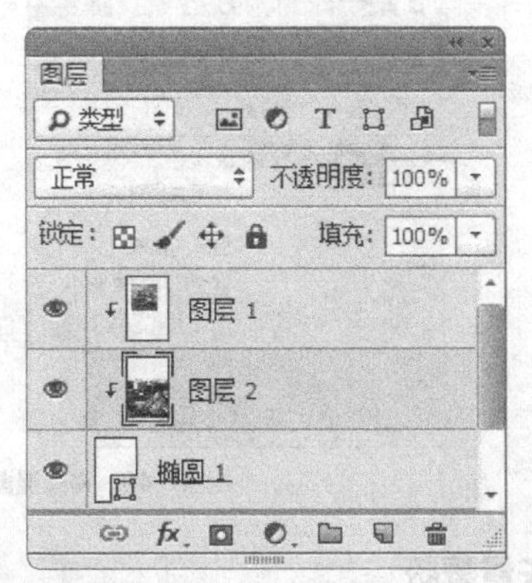

图8-47 加入剪贴蒙版

3. 设置剪贴蒙版的不透明度和混合模式

用户还可以通过设置剪贴蒙版的不透明度和混合模式使图像的效果发生改变。只要在“图层”面板中选择剪贴蒙版，在“不透明度”数值框中输入需要的透明度或在“模式”下拉列表框中选择需要的混合模式选项即可。图8-48所示分别为剪贴蒙版不透明度为80%和50%时图像的效果与混合模式分别为“正片叠底”和“强光”时的图像效果。

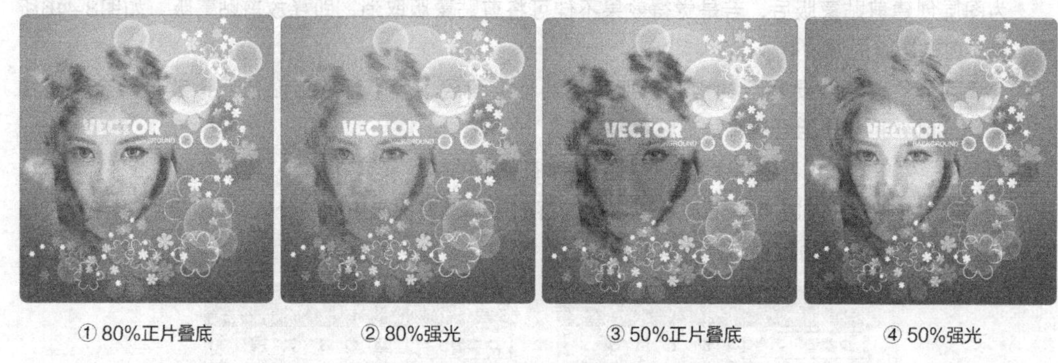

①80%正片叠底　　②80%强光　　③50%正片叠底　　④50%强光

图8-48　设置剪贴蒙版不透明度和混合模式

8.2.7 编辑矢量蒙版

和剪贴蒙版相同，在创建矢量蒙版后，用户也可对矢量蒙版进行编辑。下面讲解矢量蒙版常见的编辑方式，包括将矢量蒙版转换为图层蒙版、删除矢量蒙版、链接/取消链接矢量蒙版、停用矢量蒙版等。

1. 将矢量蒙版转换为图层蒙版

在编辑过程中，图层蒙版的使用非常频繁，有时为了便于编辑，会将矢量蒙版转换为图层蒙版进行编辑。其方法为：在矢量蒙版缩略图上单击鼠标右键，在弹出的快捷菜单中选择“栅格化矢量蒙版”命令，栅格化后的矢量蒙版将会变为图层蒙版，不会再有矢量形状存在，如图8-49所示。

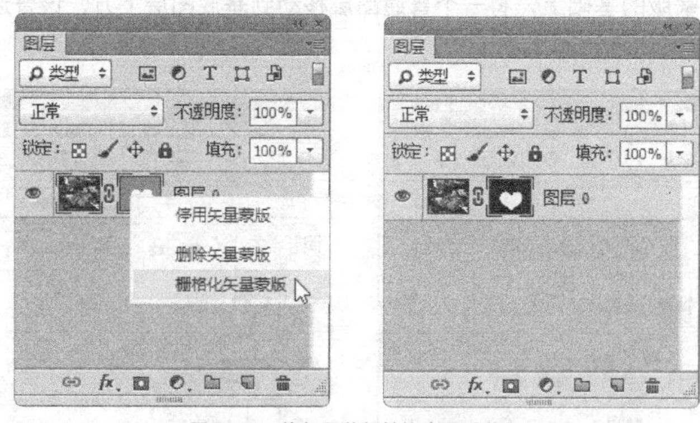

图8-49　将矢量蒙版转换为图层蒙版

2. 删除矢量蒙版

矢量蒙版和其他蒙版一样都可删除，在矢量蒙版缩略图上单击鼠标右键，在弹出的快捷菜单中选择“删除矢量蒙版”命令，即可将矢量蒙版删除，如图8-50所示。

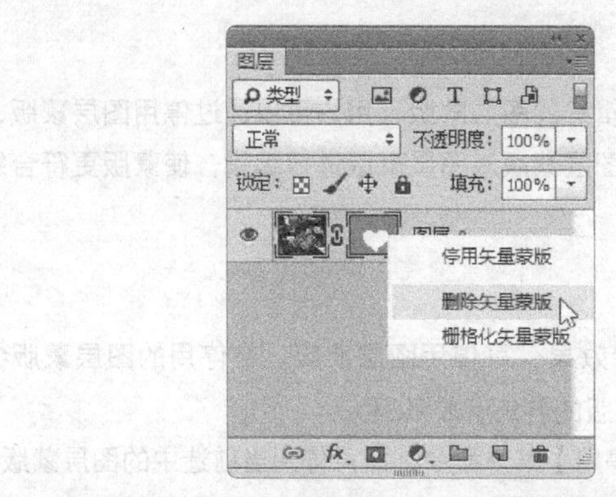

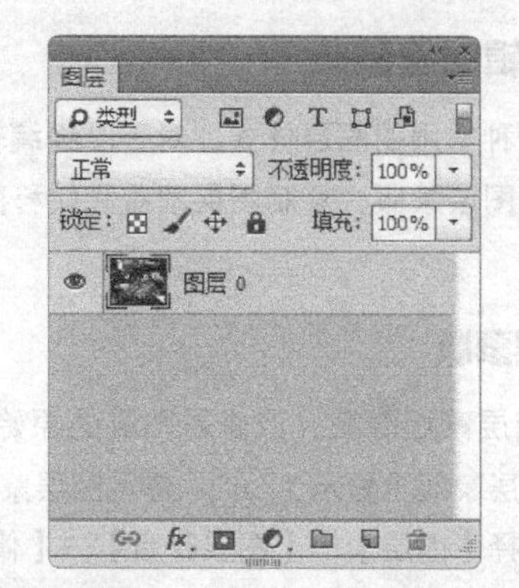

图8-50 删除矢量蒙版

3. 链接/取消链接矢量蒙版

在默认情况下，图层和其矢量蒙版之间有个图标，表示图层与矢量蒙版相互链接。当移动或交换图层时，矢量蒙版将会跟着发生变化。若不想图层或矢量蒙版影响到与之链接的图层或矢量蒙版，单击图标可取消它们间的链接。若想恢复链接，可在取消链接的位置单击鼠标，如图8-51所示。

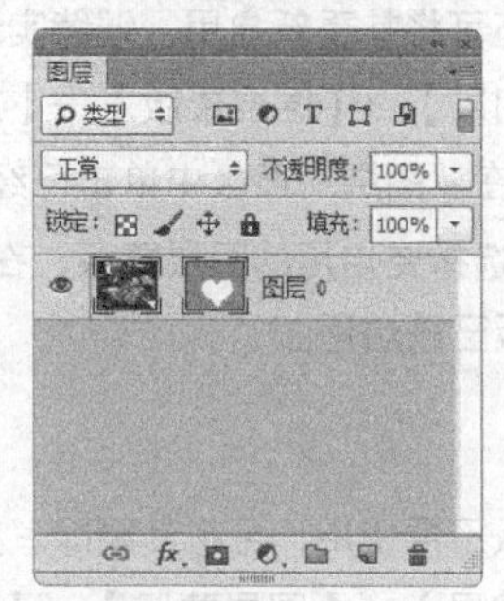

图8-51 链接/取消链接矢量蒙版

4. 停用矢量蒙版

停用矢量蒙版可将蒙版还原到编辑前的操作状态，选择矢量蒙版后，在其上单击鼠标右键，在弹出的快捷菜单中选择“停用矢量蒙版”命令，如图8-52所示，即可停用编辑的矢量蒙版。当需要恢复时，单击鼠标右键，在弹出的快捷菜单中选择“启用矢量蒙版”命令即可。

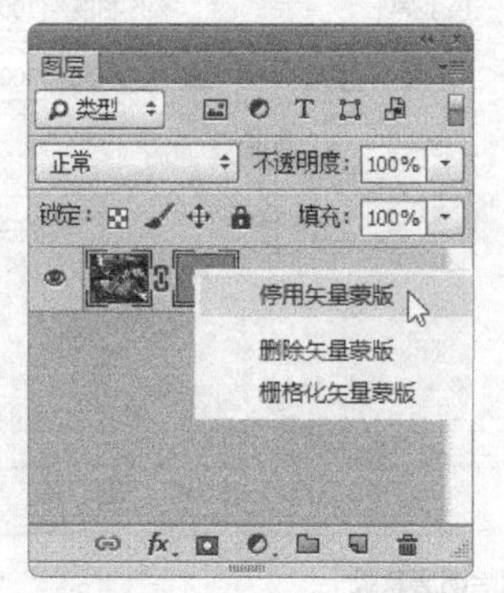

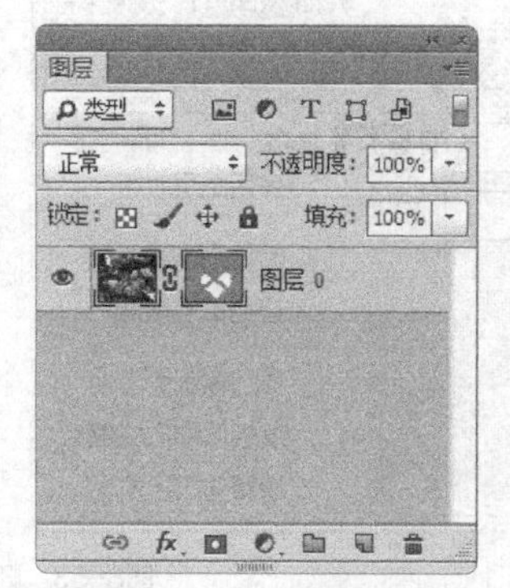

图8-52 停用矢量蒙版

8.2.8 编辑图层蒙版

图层蒙版是一种常用的图层样式。对于已经编辑好的图层蒙版，用户可以通过停用图层蒙版、启用图层蒙版、删除图层蒙版、复制图层蒙版和转移图层蒙版对图层蒙版进行编辑，使蒙版更符合编辑需要。

1. 停用图层蒙版

若想暂时将图层蒙版隐藏，以查看图层的原始效果，可停用图层蒙版。被停用的图层蒙版会在“图层”面板的图层蒙版上显示为，停用图层蒙版的方法有如下3种。

◎ 命令：选择【图层】→【图层蒙版】→【停用】菜单命令，即可停用当前选中的图层蒙版。

◎ 快捷菜单：在需要停用的图层蒙版上，单击鼠标右键，在弹出的快捷菜单中选择“停用图层蒙版”命令。

◎“属性”面板：选择要停用的图层蒙版，在“属性”面板中单击按钮，即可在“属性”面板中看到图层蒙版已被禁用。

2. 启用图层蒙版

停用图层蒙版后，还可将其重新启用，继续实现遮罩效果。启用图层蒙版的方法有如下3种。

◎ 命令：选择【图层】→【图层蒙版】→【启用】菜单命令，即可启用当前选中的图层蒙版。

◎“图层”面板：在“图层”面板中单击已经停用的图层蒙版，即可启用图层蒙版。

◎“属性”面板：选择要启用的图层蒙版，在“属性”面板中单击按钮，即可在“属性”面板中看到图层蒙版已被启用。

3. 删除图层蒙版

如果创建的图层蒙版不再使用，可将其删除。其方法有如下两种。

◎ 命令：选择【图层】→【图层蒙版】→【删除】菜单命令，或在图层蒙版上单击鼠标右键，在弹出的快捷菜单中选择“删除图层蒙版”命令，都可删除图层蒙版，如图8-53所示。

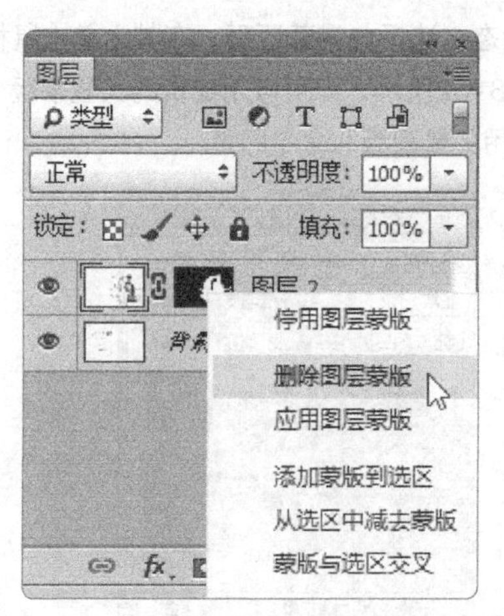

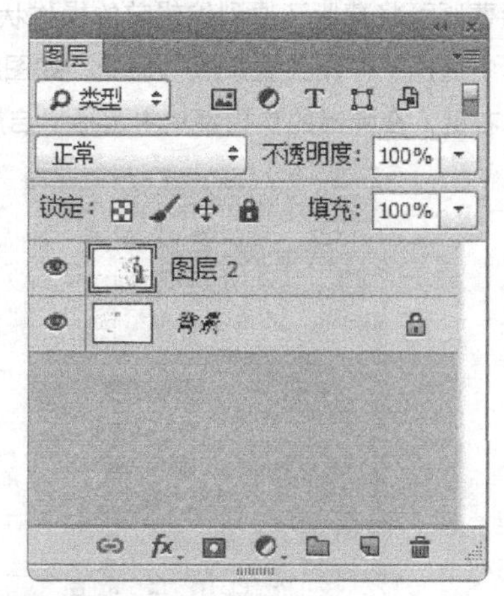

图8-53 删除图层蒙版

知识提示 添加图层蒙版后，要对图层蒙版进行操作，就需要在图层中选择图层蒙版缩略图；而要编辑图像，在图层中选择图像缩略图即可。

4. 复制与转移图层蒙版

复制图层蒙版是指将在该图层中创建的图层蒙版复制到另一个图层中，这两个图层同时拥有创建的图层蒙版；转移图层蒙版是将在该图层中创建的图层蒙版移动到另一个图层中，原图层中的图层蒙版不再存在。复制和转移图层蒙版的方法分别如下。

◎ **复制图层蒙版**：将鼠标光标移动到图层蒙版上，按住【Alt】键，将图层蒙版拖动到另一个图层上，然后释放鼠标，如图 8-54 所示。

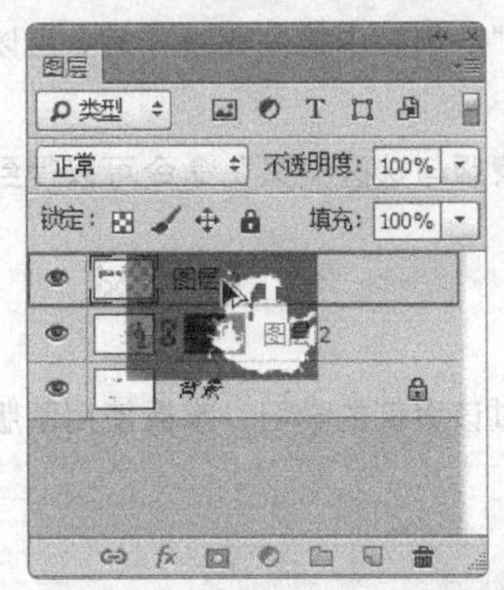
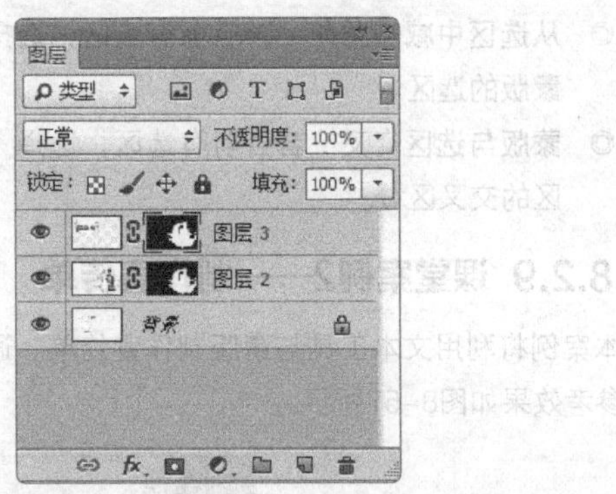

图8-54 复制图层蒙版

◎ **转移图层蒙版**：将图层蒙版略缩图直接拖动另一个图层上然后释放鼠标，即可将该图层蒙版移动到目标图层中，原图层中不再有图层蒙版，如图 8-55 所示。

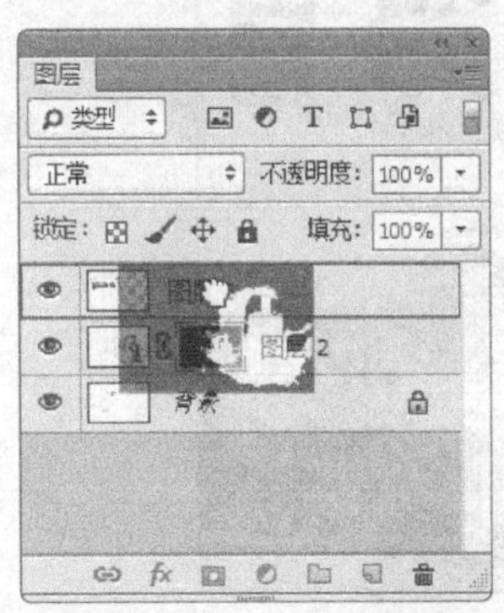
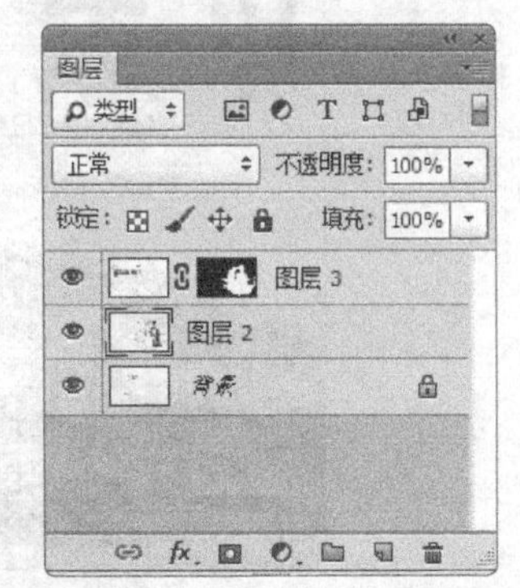

图8-55 转移图层蒙版

5. 图层蒙版与选区的运算

在使用蒙版时，用户也可以通过对选区的运算得到复杂的蒙版。在图层蒙版缩略图上单击鼠标右键，在弹出的快捷菜单中有3个关于蒙版与选区的命令，其作用如下。

◎ **添加蒙版到选区**：若当前没有选区，在图层蒙版上单击鼠标右键，在弹出的快捷菜单中选择“添加蒙版到选区”命令，将载入图层蒙版的选区。若当前有选区，选择该命令，可以将蒙版的选区添加到当前选区中，如图 8-56 所示。

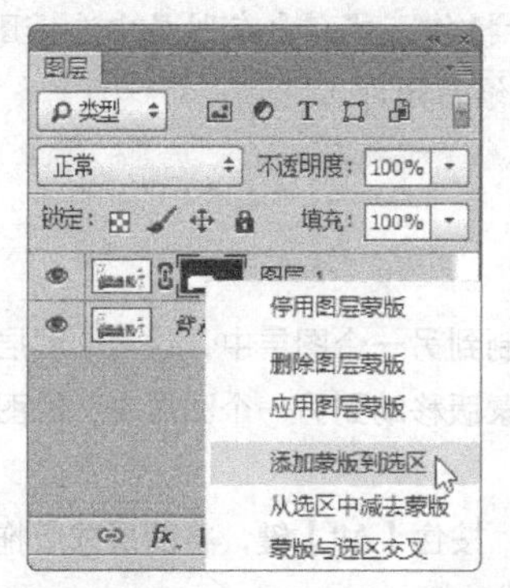

图8-56　添加蒙版到选区

◎ 从选区中减去蒙版：若当前有选区，选择“从选区中减去蒙版”命令可以从当前选区中减去蒙版的选区。

◎ 蒙版与选区交叉：若当前有选区，选择“蒙版与选区交叉”命令可以得到当前选区与蒙版选区的交叉区域。

8.2.9 课堂案例2——制作宣传单

本案例将利用文本工具与蒙版制作宣传单。通过该案例的学习，掌握使用蒙版制作图片文字的方法。参考效果如图8-57所示。

图8-57　宣传单效果

视频演示

素材位置　配套资源\素材文件\第8章\照片.jpg、背景.psd

效果位置　配套资源\效果文件\第8章\宣传单.psd

（1）打开素材文件“照片.jpg”，按【Ctrl+J】组合键复制图层，单击 按钮，隐藏背景图层。使用文字工具输入文字“印象海南”，在其工具属性栏中设置字体为“汉仪长艺体简”、字号为“36 点”，选择文字“象海”，设置字号为“48 点”，如图 8-58 所示。

图8-58　输入文字

（2）选择文字图层，按住【Ctrl】键单击缩略图，将文字载入选区，如图 8-59 所示。

（3）选择“背景 拷贝”图层，在“图层”面板底部单击“添加图层蒙版”按钮 ，为图层添加文字蒙版，如图 8-60 所示。

图8-59　将文字载入选区　　图8-60　添加图层蒙版

（4）隐藏“印象海南”文字图层，即可看见添加蒙版后的效果，如图 8-61 所示。

（5）双击蒙版所在的图层，打开“图层样式”对话框，选择“描边”选项，进入其设置面板，设置大小为“2”，其余保持默认，如图 8-62 所示。

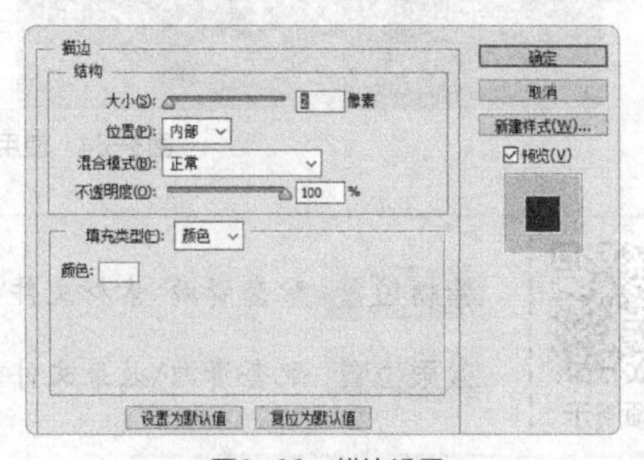

图8-61　剪切蒙版效果　　图8-62　描边设置

（6）在“图层样式”对话框中选中“投影”复选框，进入其设置面板，设置“不透明度、角度、距离、扩展、大小”分别为“58、30、10、16、7”，其他参数保持默认不变，如图 8-63 所示，单击 确定 按钮。

（7）打开“背景 .psd”图像文件，将文字拖动至该图像中，调整文字大小和位置，将文件另存为“宣传单 .psd”，完成本案例的制作。

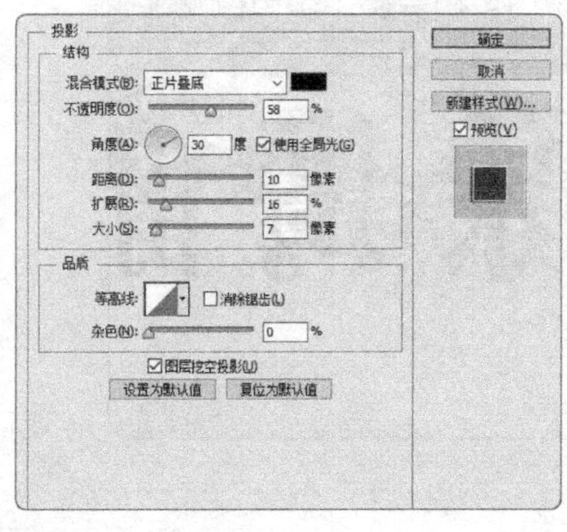

图8-63 投影效果

8.3 课堂练习

本课堂练习要求使用通道调亮图像颜色，以及使用蒙版合成旅行宣传图，使用户进一步巩固本章所学的通道和蒙版知识，并能熟练运用这些功能处理图像。

8.3.1 使用通道调亮图像颜色

1. 练习目标

本练习将利用通道进行调色处理，将素材中偏暗的图像调亮。处理完成后的参考效果如图8-64所示。

图8-64 使用通道调亮图像颜色的效果

视频演示

素材位置 配套资源\素材文件\第8章\沉思.jpg

效果位置 配套资源\效果文件\第8章\沉思.psd

2. 操作思路

本练习需要应用滤镜、通道选择、创建Alpha通道、创建调整图层等知识。根据上面的练习目标，本练习的操作思路如图8-65所示。

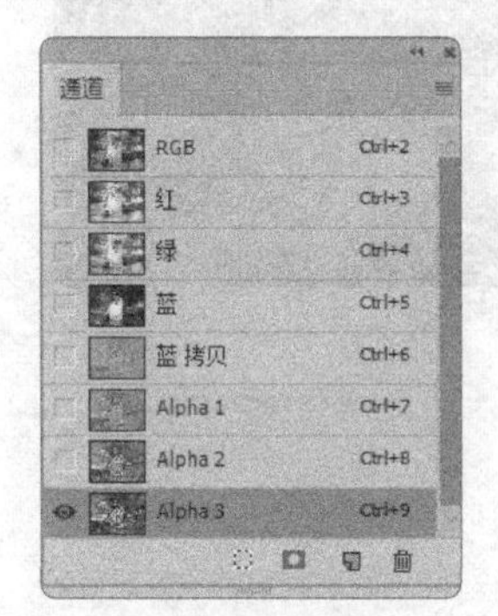

① 创建Alpha通道

② 创建选区

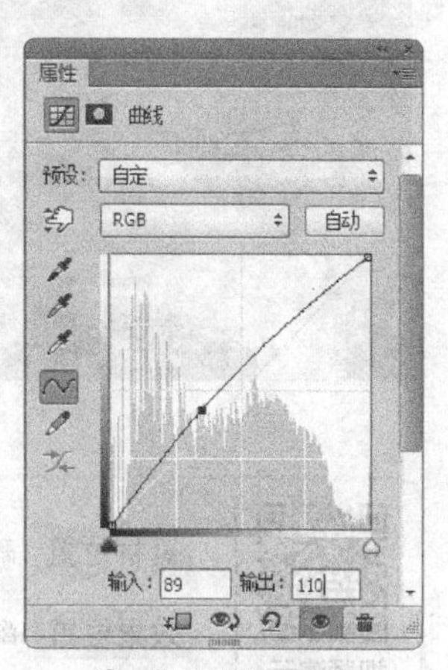

③ 创建曲线调整图层

图8-65　调亮图像颜色的操作思路

（1）打开素材图像，选择背景图层，按【Ctrl+J】组合键复制一个新的图层。选择复制的图层，将“混合模式”设置为“滤色”，将“不透明度”设置为“60%”，按【Ctrl+E】组合键合并两个图层。

（2）打开“通道”面板，选择并复制蓝色通道。选择“蓝色拷贝”通道，再选择【滤镜】→【其他】→【高反差保留】菜单命令，在打开的“高反差保留”对话框中设置半径为“10”。

（3）选择【滤镜】→【其他】→【最小值】菜单命令，在打开的“最小值”对话框中设置半径为“1”。

（4）选择【图像】→【计算】菜单命令，将“混合模式”设置为“强光”。重复执行两次“计算”菜单命令，创建 3 个 Alpha 通道。

（5）选择“Alpha3”通道，在面板底部单击“将通道作为选区载入”按钮，创建选区，按【Ctrl+Shift+I】组合键反选选区。

（6）单击按钮，显示 RGB 通道，切换到“图层”面板，在面板底部单击“创建新的填充或调整图层”按钮，在打开的下拉列表中选择“曲线”选项，打开“曲线”面板，稍微向上拖动曲线。

（7）按【Ctrl+E】组合键将调整图层与底层合并，打开“通道”面板，选择并复制绿色通道，对其执行与蓝色通道相同的操作，调整其色彩的亮度。最后合并图层，完成本案例的制作，并保存图像文件。

8.3.2 使用通道更改头发颜色

1. 练习目标

本练习要求使用蒙版为头发染色，制作酷炫的头发效果，要求改变后看起来依然自然。参考效果如图8-66所示。

图8-66　更改头发颜色效果

视频演示

素材位置　配套资源\素材文件\第8章\美女.jpg

效果位置　配套资源\效果文件\第8章\美女.psd

2. 操作思路

掌握一定的蒙版创建与编辑操作后，开始编辑图像。根据上面的练习目标，本练习的操作思路如图8-67所示。

① 选择头发区域

② 填充渐变

③ 设置不透明度

图8-67　更改发色的操作思路

（1）打开素材文件“美女.jpg”。

（2）单击工具箱底部的按钮创建蒙版并进入编辑状态，选择画笔工具，在人物的头发区域涂抹，这时涂抹的颜色将呈现透明红色，将头发图像区域完全选择。

（3）再次单击按钮退出编辑状态，按【Ctrl+Shift+I】组合键，得到人物头发的选区。

（4）新建“图层 1”，选择渐变工具，在工具属性栏中单击按钮，在人物头发中斜拉鼠标创建渐变填充，并设置图层 1 的图层混合模式为“柔光”。

（5）按【Ctrl+Shift+I】组合键反选选区，选择橡皮擦工具，擦除头发周围溢出来的颜色，设置图层 1 的图层不透明度为“50%”，按【Ctrl+D】组合键取消选区，得到最终的图像效果，完成后保存图像。

8.4 拓展知识

在Photoshop CC中，经常会使用通道和蒙版来处理图像，使用一些与之相关的快捷键可以大大提高工作效率。表8-1和表8-2分别为RGB和CMYK图像模式的通道切换快捷键，以及蒙版编辑的快捷键。

表8-1 RGB与CMYK模式的通道切换快捷键

RGB模式	CMYK模式
按【Ctrl+~】组合键＝RGB	按【Ctrl+~】组合键＝CMYK
按【Ctrl+1】组合键＝红	按【Ctrl+1】组合键＝青绿
按【Ctrl+2】组合键＝绿	按【Ctrl+2】组合键＝黄
按【Ctrl+3】组合键＝蓝	按【Ctrl+3】组合键＝品红
按【Ctrl+4】组合键＝其他通道	按【Ctrl+4】组合键＝黑

表8-2 蒙版编辑快捷键

快捷键	作用
按【Alt】键单击蒙版缩略图	编辑/显示图层蒙版
按【Shift】键后拖动图层蒙版缩略图	打开/关闭图层蒙版
按【Ctrl】键后单击蒙版或按【Ctrl+Alt+\】组合键	将图层蒙版作为选区载入
按【Ctrl+Shift】组合键后单击图层蒙版缩略图	添加到当前选区
按【Ctrl+Alt】组合键后单击图层蒙版缩略图	从当前选区中减去
按【Ctrl+Alt+Shift】组合键后单击蒙版缩略图	与当前选区相交
按【Alt+Shift】组合键后单击或按【\】键	在当前模式下查看图层蒙版
按【Ctrl+\】组合键	在图层和图层蒙版之间切换焦点
按【Ctrl+~】组合键	将焦点切换到图层

8.5 课后习题

（1）打开提供的素材文件，使用通道为图像中的人物头发创建选区，通过创建渐变填充图层为头发填充渐变。参考效果如图 8-68 所示。

图8-68 染发前后的效果

素材位置 配套资源\素材文件\第8章\人物.jpg

效果位置 配套资源\效果文件\第8章\人物.psd

提示：本习题操作比较简单，首先打开素材文件，选择"通道"面板中的"红色"通道，调整"红色"通道的色阶，将通道作为选区载入图像，为载入的选区创建需要的渐变，调整图层，最后设置图层的"混合模式"为"线性加深"，就可以得到染发后的效果。

（2）打开提供的素材文件，使用图层蒙版合成图片，制作家居广告。参考效果如图8-69所示。

图8-69 制作家居广告

素材位置 配套资源\素材文件\第8章\房间.psd

效果位置 配套资源\效果文件\第8章\家居广告.psd

提示：在本习题中，为沙发图层创建图层蒙版，创建色阶调整图层，为色阶调整图层创建剪贴蒙版，再创建色彩平衡调整图层，将沙发的颜色加深，并制作倒影，使其更加融入房间背景。

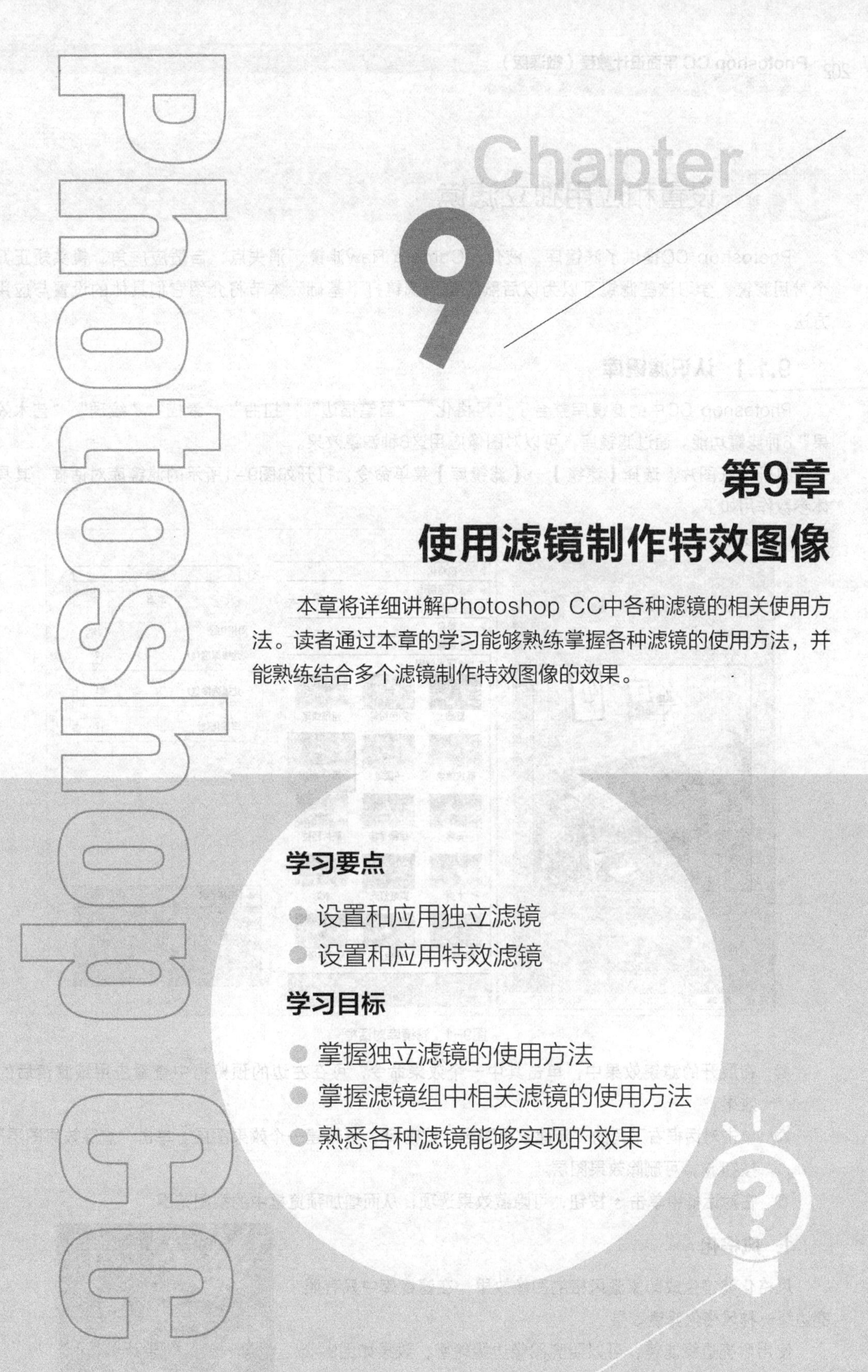

第9章 使用滤镜制作特效图像

本章将详细讲解Photoshop CC中各种滤镜的相关使用方法。读者通过本章的学习能够熟练掌握各种滤镜的使用方法，并能熟练结合多个滤镜制作特效图像的效果。

学习要点

- 设置和应用独立滤镜
- 设置和应用特效滤镜

学习目标

- 掌握独立滤镜的使用方法
- 掌握滤镜组中相关滤镜的使用方法
- 熟悉各种滤镜能够实现的效果

9.1 设置和应用独立滤镜

Photoshop CC提供了滤镜库、液化、Camera Raw滤镜、消失点、自适应广角、镜头矫正几个常用滤镜，学习这些滤镜可以为以后熟练运用滤镜打下基础。本节将介绍它们具体的设置与应用方法。

9.1.1 认识滤镜库

Photoshop CC中的滤镜库整合了“风格化”“画笔描边”“扭曲”“素描”“纹理”“艺术效果”6种滤镜功能。通过滤镜库，可以对图像应用这6种滤镜效果。

打开一张图片，选择【滤镜】→【滤镜库】菜单命令，打开如图9-1所示的滤镜库对话框。其具体参数作用如下。

图9-1 滤镜库对话框

◎ 在展开的滤镜效果中，单击其中一个效果命令，可在左边的预览框中查看应用该滤镜后的效果。

◎ 单击对话框右下角的“新建效果图层”按钮，可新建一个效果图层。单击“删除效果图层”按钮，可删除效果图层。

◎ 在对话框中单击按钮，可隐藏效果选项，从而增加预览框中的视图范围。

1. 风格化

风格化滤镜生成印象派风格的图像效果，在滤镜库中只有照亮边缘一种风格化滤镜效果。

使用照亮边缘滤镜，可以照亮图像边缘轮廓，效果如图9-2所示。

图9-2 照亮边缘效果

2. 画笔描边

画笔描边滤镜组用于模拟不同的画笔或油墨笔刷来勾画图像，产生绘画效果。该组滤镜提供了8种滤镜效果。

◎ **成角的线条**：使用成角的线条滤镜可用对角描边重新绘制图像，即用一个方向的线条绘制图像亮区，用相反方向的线条绘制暗区。选择“成角的线条”选项，打开图 9-3 所示的对话框，在参数控制区进行设置即可。

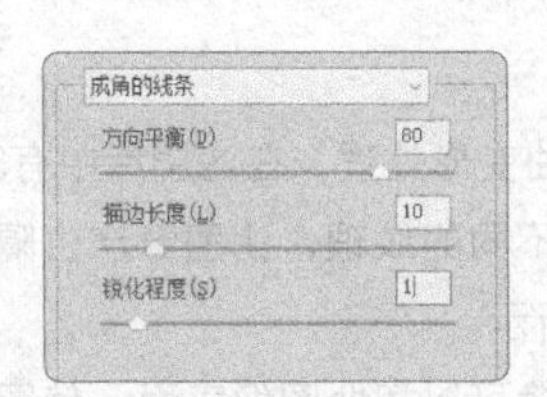

图9-3　设置成角的线条滤镜效果

◎ **墨水轮廓**：使用墨水轮廓滤镜可以用纤细的线条在图像原细节上重绘图像，从而生成钢笔画风格的图像。其参数控制区和对应的滤镜效果如图 9-4 所示。

◎ **喷溅**：使用喷溅滤镜可以模拟喷溅喷枪的效果。其参数控制区和对应的滤镜效果如图 9-5 所示。

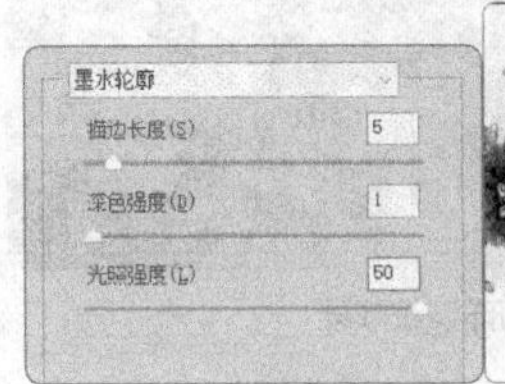

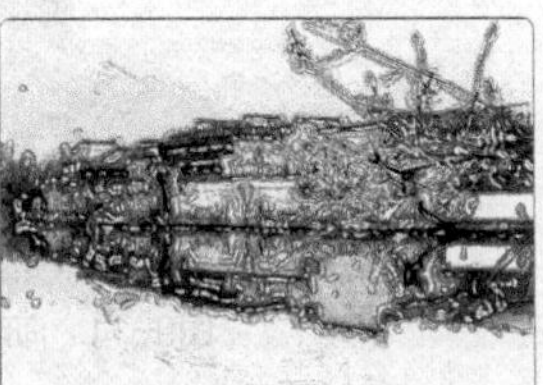
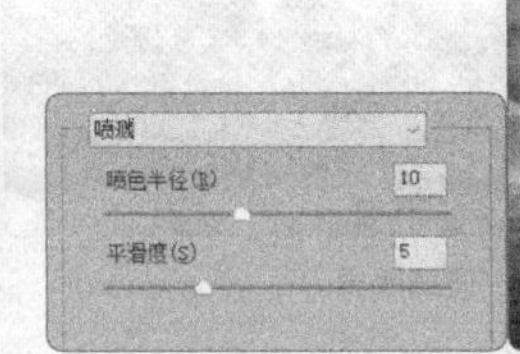

图9-4　墨水轮廓效果　　图9-5　喷溅效果

◎ **喷色描边**：使用喷色描边滤镜可以在喷溅滤镜生成效果的基础上增加斜纹飞溅效果。其参数控制区和对应的滤镜效果如图 9-6 所示。

◎ **强化的边缘**：使用强化的边缘滤镜可在图像边缘处产生高亮的边缘效果。其参数控制区和对应的滤镜效果如图 9-7 所示。

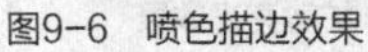

图9-6　喷色描边效果　　图9-7　强化的边缘效果

◎ **深色线条**：使用深色线条滤镜将用短而密的线条来绘制图像中的深色区域，用长而白的线条来绘制图像中颜色较浅的区域，从而产生很强的黑色阴影效果。其参数控制区和对应的滤镜效果如图 9-8 所示。

◎ **烟灰墨**：使用烟灰墨滤镜可以模拟饱含墨汁的湿画笔在宣纸上绘制的效果。其参数控制区和对应的滤镜效果如图 9-9 所示。

◎ 阴影线：使用阴影线滤镜可在图像表面生成交叉状倾斜划痕效果，与“成角线条”滤镜相似。

图9-8 深色线条效果

图9-9 烟灰墨效果

3. 扭曲

使用扭曲滤镜可以将图像进行扭曲变形处理，在滤镜库中有3种扭曲滤镜效果。

◎ 玻璃：玻璃滤镜可以制造出不同的纹理，让图像产生隔着玻璃观看的效果。其参数控制区和对应的滤镜效果如图 9-10 所示。

◎ 海洋波纹：使用海洋波纹滤镜可以扭曲图像表面，使图像产生在水面下方的效果。其参数控制区和对应的滤镜效果如图 9-11 所示。

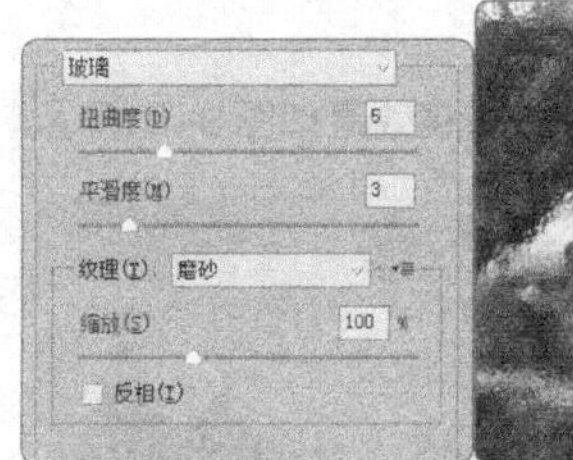

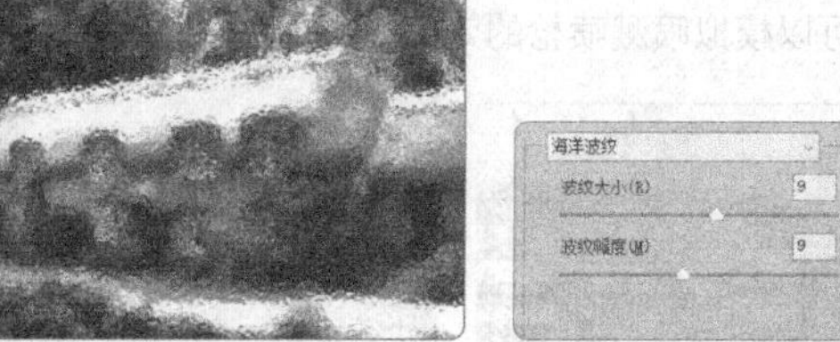

图9-10 玻璃效果

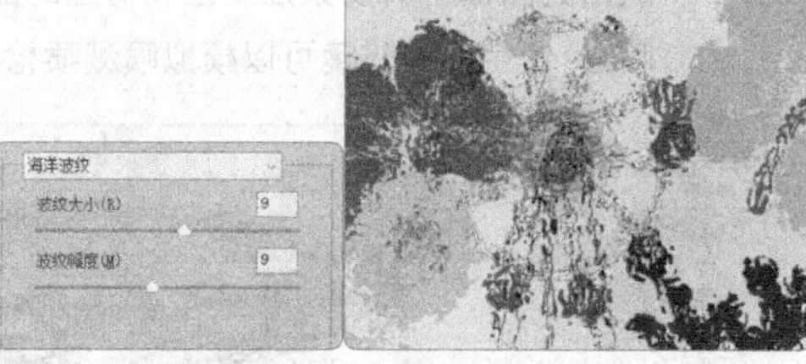

图9-11 海洋波纹效果

◎ 扩散亮光：使用扩散亮光滤镜可以背景色为基色对图像进行渲染，产生透过柔和漫射滤镜观看的效果，亮光从图像的中心位置逐渐隐没。其参数控制区和对应的滤镜效果如图 9-12 所示。

4. 素描

素描滤镜可以用来在图像中添加纹理，使图像产生素描、速写、三维的艺术绘画效果。该组滤镜提供了14种滤镜效果。

◎ 半调图案：使用半调图案滤镜可以用前景色和背景色在图像中模拟半调网屏的效果。其参数控制区和对应的滤镜效果如图 9-13 所示。

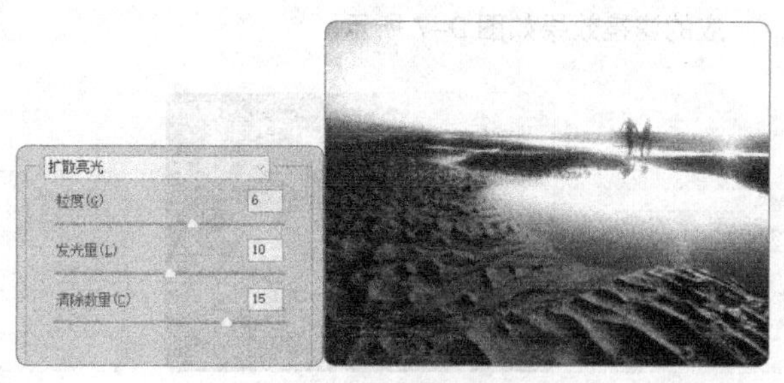

图9-12 扩散亮光效果

◎ 便条纸：使用“便条纸”滤镜能模拟凹陷压印图案，产生草纸画效果。其参数控制区和对应的滤镜效果如图 9-14 所示。

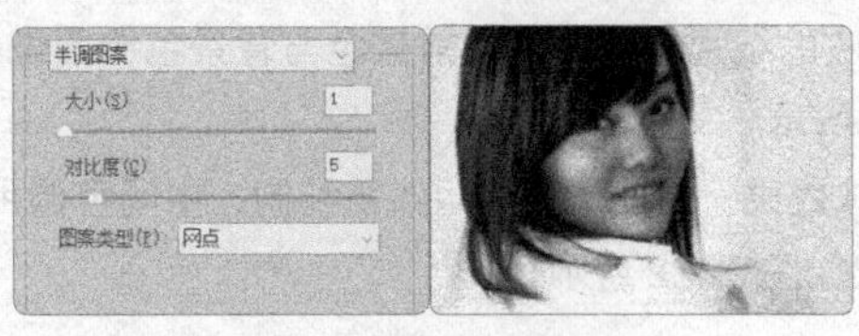

图9-13　半调图案效果

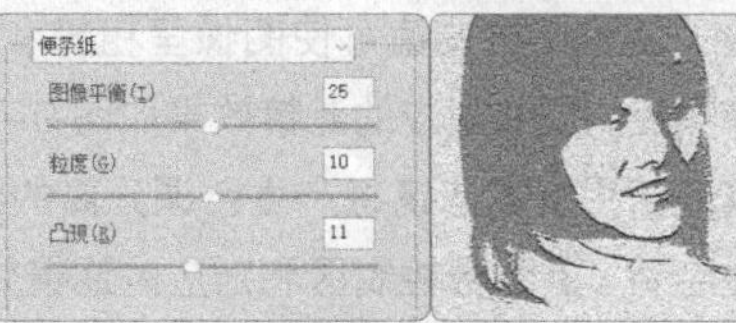

图9-14　便条纸效果

◎　粉笔和炭笔：使用粉笔和炭笔滤镜可以使图像产生被粉笔和炭笔涂抹的草图效果。在处理过程中，粉笔使用背景色，用来处理图像较亮的区域；炭笔使用前景色，用来处理图像较暗的区域。其参数控制区和对应的滤镜效果如图 9–15 所示。

◎　铬黄渐变：使用铬黄渐变滤镜可以让图像像是擦亮的铬黄表面，类似于液态金属的效果。其参数控制区和对应的滤镜效果如图 9–16 所示。

图9-15　粉笔和炭笔效果

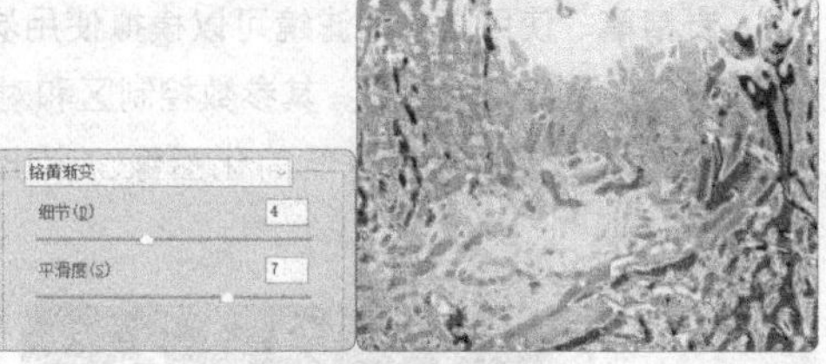

图9-16　铬黄渐变效果

◎　绘图笔：使用绘图笔滤镜可以生成一种钢笔画素描效果。其参数控制区和对应的滤镜效果如图 9–17 所示。

◎　基底凸现：使用基底凸现滤镜将模拟浅浮雕在光照下的效果。其参数控制区和对应的滤镜效果如图 9–18 所示。

图9-17　绘图笔效果

图9-18　基底凸现效果

◎　石膏效果：使用石膏效果滤镜可以使图像看上去好像用立体石膏压模而成。使用前景色和背景色上色，图像中较暗的区域突出、较亮的区域下陷。其参数控制区和对应的滤镜效果如图 9–19 所示。

◎　水彩画纸：使用水彩画纸滤镜可以模拟在潮湿的纤维纸上涂抹颜色，产生画面浸湿、纸张扩散的效果。其参数控制区和对应的滤镜效果如图 9–20 所示。

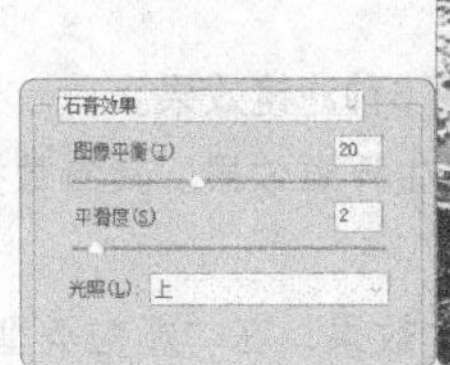

图9-19　石膏效果

图9-20　水彩画纸效果

◎ **撕边**：使用撕边滤镜可使图像呈粗糙和撕破的纸片状，并使用前景色与背景色给图像着色。其参数控制区和对应的滤镜效果如图 9-21 所示。

◎ **炭笔**：使用炭笔滤镜将产生色调分离的涂抹效果，主要边缘用粗线条绘制，中间色调用对角描边绘制。其参数控制区和对应的滤镜效果如图 9-22 所示。

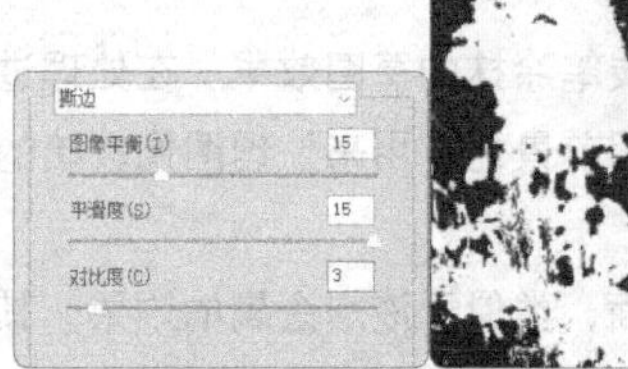

图9-21　撕边效果

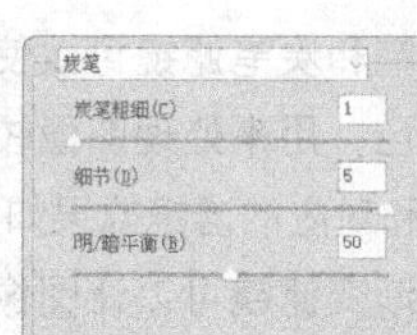

图9-22　炭笔效果

◎ **炭精笔**：使用炭精笔滤镜可以模拟使用炭精笔绘制图像的效果，在暗区使用前景色绘制，在亮区使用背景色绘制。其参数控制区和对应的滤镜效果如图 9-23 所示。

◎ **图章**：使用图章滤镜能简化图像、突出主体，其参数控制区和对应的滤镜效果如图 9-24 所示。

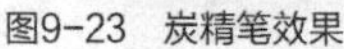

图9-23　炭精笔效果

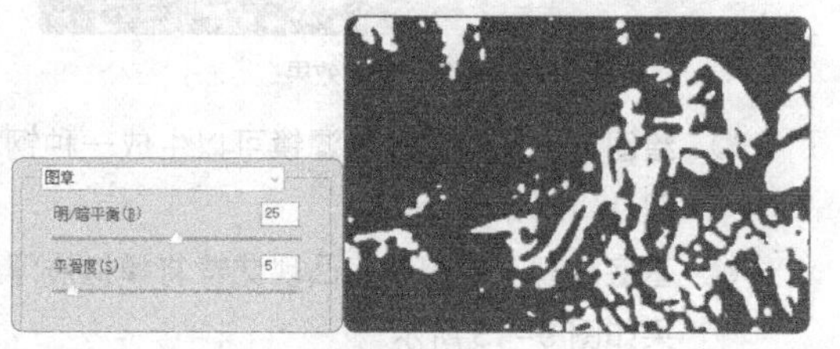

图9-24　图章效果

◎ **网状**：使用网状滤镜能模拟胶片感光乳剂的受控收缩和扭曲的效果，使图像的暗色调区域好像被结块，高光区域好像被颗粒化。其参数控制区和对应的滤镜效果如图 9-25 所示。

◎ **影印**：使用影印滤镜可以模拟影印效果，并用前景色填充图像的亮区，用背景色填充图像的暗区。其参数控制区和对应的滤镜效果如图 9-26 所示。

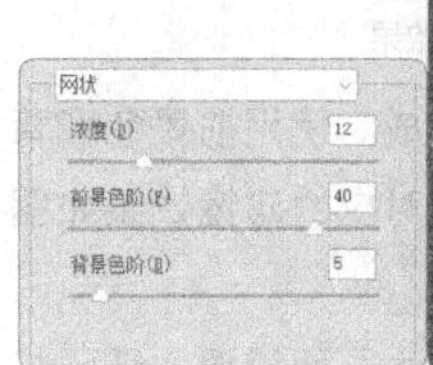

图9-25　网状效果

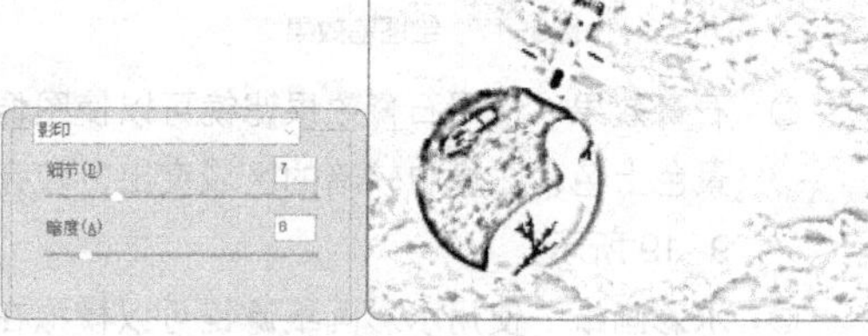

图9-26　影印效果

5. 纹理

纹理滤镜组可以为图像应用多种纹理的效果，产生材质感。该组滤镜提供了6种滤镜效果。

◎ **龟裂缝**：使用龟裂缝滤镜可以在图像中随机生成龟裂纹理并使图像产生浮雕效果。其参数控制区和对应的滤镜效果如图 9-27 所示。

◎ **颗粒**：使用颗粒滤镜可以模拟将不同种类的颗粒纹理添加到图像中的效果，在“颗粒类型”

下拉列表框中可以选择多种颗粒形态。其参数控制区和对应的滤镜效果如图 9-28 所示。

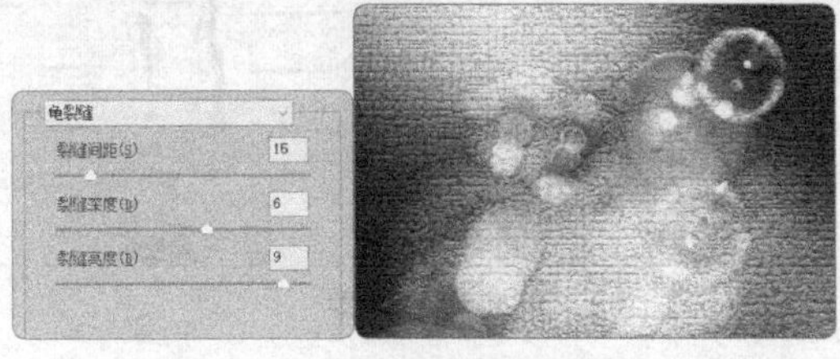

图9-27　龟裂缝效果

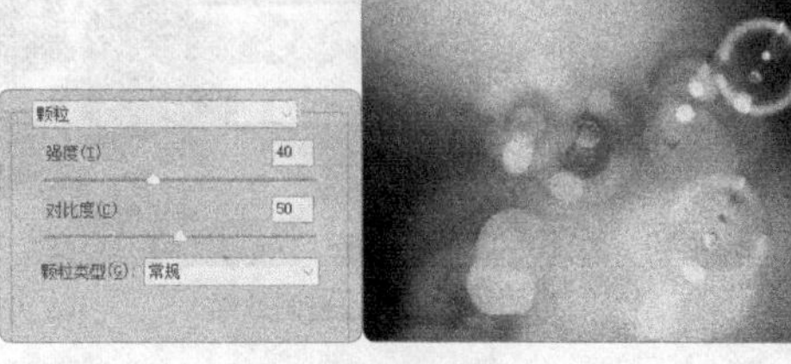

图9-28　颗粒效果

◎　马赛克拼贴：使用马赛克拼贴滤镜可以产生分布均匀但形状不规则的马赛克拼贴效果。其参数控制区和对应的滤镜效果如图 9-29 所示。

◎　拼缀图：使用拼缀图滤镜可使图像产生由多个方块拼缀的效果，每个方块的颜色是由该方块中像素的平均颜色决定的。其参数控制区和对应的滤镜效果如图 9-30 所示。

图9-29　马赛克拼贴效果

图9-30　拼缀图效果

◎　染色玻璃：使用染色玻璃滤镜可以使图像产生不规则的玻璃网格拼凑出来的效果。其参数控制区和对应的滤镜效果如图 9-31 所示。

◎　纹理化：使用纹理化滤镜可以向图像中添加系统提供的各种纹理效果，或者根据另一个图像文件的亮度值向图像中添加纹理效果。其参数控制区和对应的滤镜效果如图 9-32 所示。

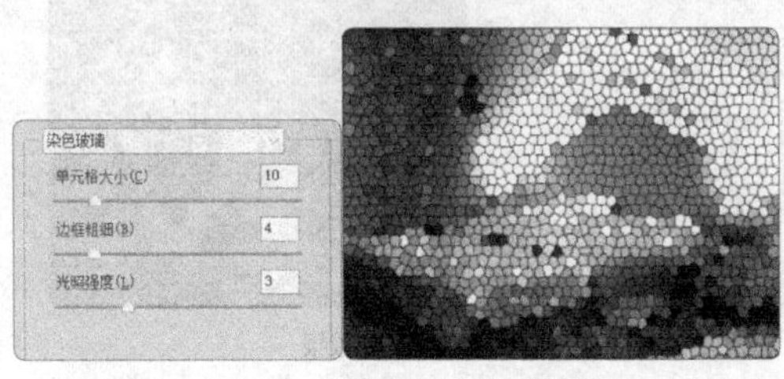

图9-31　染色玻璃效果

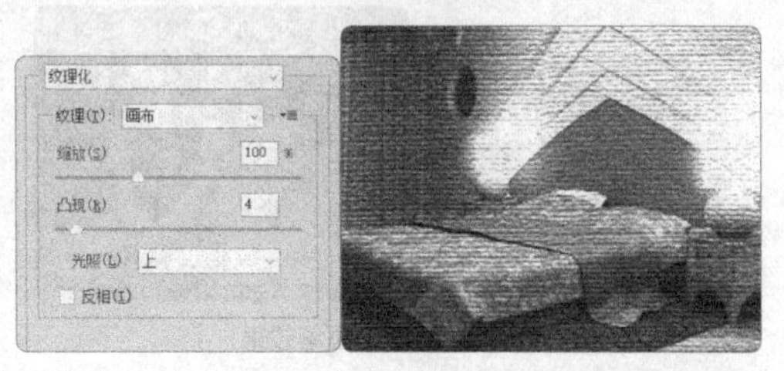

图9-32　纹理化效果

6. 艺术效果

艺术效果滤镜为用户提供了模仿传统绘画手法的途径，可以为图像添加绘画效果或艺术特效。该组滤镜提供了15种滤镜效果。

◎　壁画：使用壁画滤镜将用短而圆、粗略轻的小块颜料涂抹图像，产生风格较粗犷的效果。其参数控制区和对应的滤镜效果如图 9-33 所示。

◎　彩色铅笔：使用彩色铅笔滤镜可以模拟用彩色铅笔在纸上绘图的效果，同时保留重要边缘，外观呈粗糙阴影线。其参数控制区和对应的滤镜效果如图 9-34 所示。

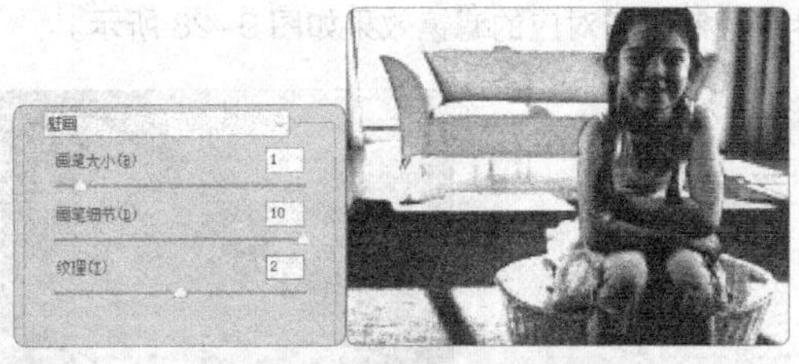

图9-33　壁画效果

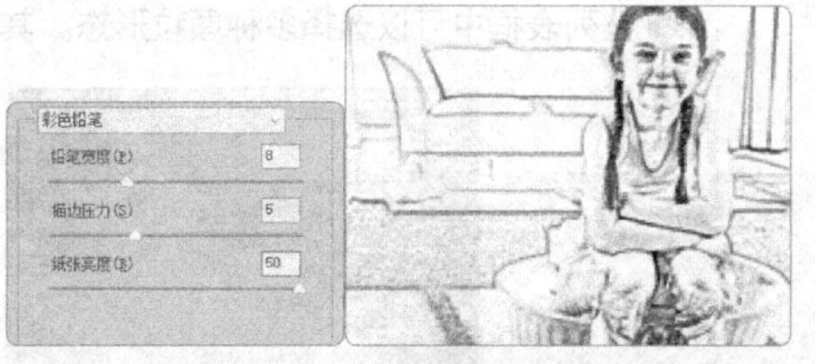

图9-34　彩色铅笔效果

◎　粗糙蜡笔：使用粗糙蜡笔滤镜可以模拟蜡笔在纹理背景上绘图，产生纹理浮雕效果。其参数控制区和对应的滤镜效果如图 9-35 所示。

◎　底纹效果：使用底纹效果滤镜可以使图像产生喷绘效果。其参数控制区和对应的滤镜效果如图 9-36 所示。

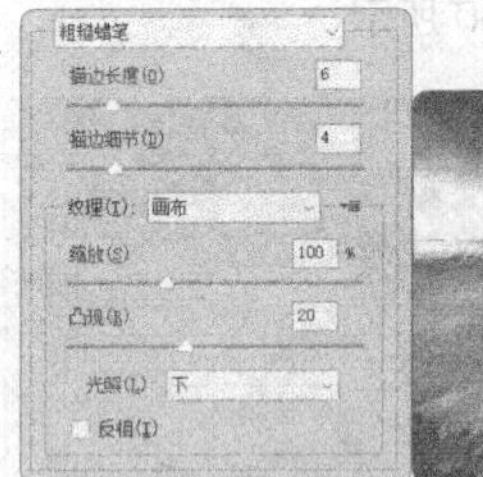

图9-35　粗糙蜡笔效果

图9-36　底纹效果效果

◎　干画笔：使用干画笔滤镜能模拟用干画笔绘制图像边缘的效果。该滤镜通过将图像的颜色范围减少为常用颜色区来简化图像。其参数控制区和对应的滤镜效果如图 9-37 所示。

◎　海报边缘：使用海报边缘滤镜可以根据设置的海报化选项，减少图像中的颜色数目，查找图像的边缘并在上面绘制黑线。其参数控制区和对应的滤镜效果如图 9-38 所示。

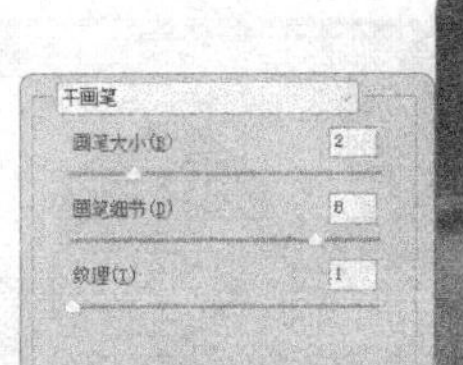

图9-37　干画笔效果

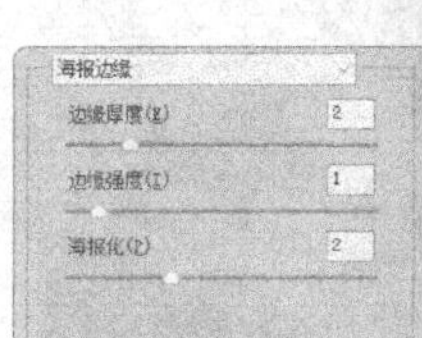

图9-38　海报边缘效果

◎　海绵：使用海绵滤镜可以模拟海绵在图像上绘画的效果，使图像带有强烈的对比色纹理。其参数控制区和对应的滤镜效果如图 9-39 所示。

◎　绘画涂抹：使用绘画涂抹滤镜可以模拟使用各种画笔涂抹的效果。其参数控制区和对应的滤镜效果如图 9-40 所示。

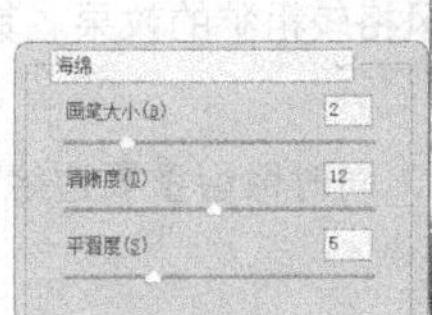

图9-39　海绵效果

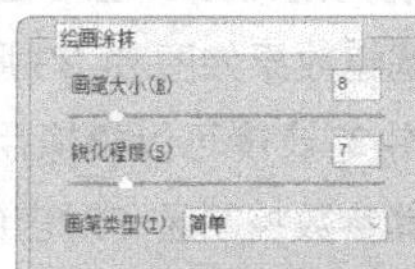

图9-40　绘画涂抹效果

◎ 胶片颗粒：使用胶片颗粒滤镜可以在图像表面产生胶片颗粒状纹理效果。其参数控制区和对应的滤镜效果如图 9-41 所示。

◎ 木刻：使用木刻滤镜可使图像产生木雕画效果。其参数控制区和对应的滤镜效果如图 9-42 所示。

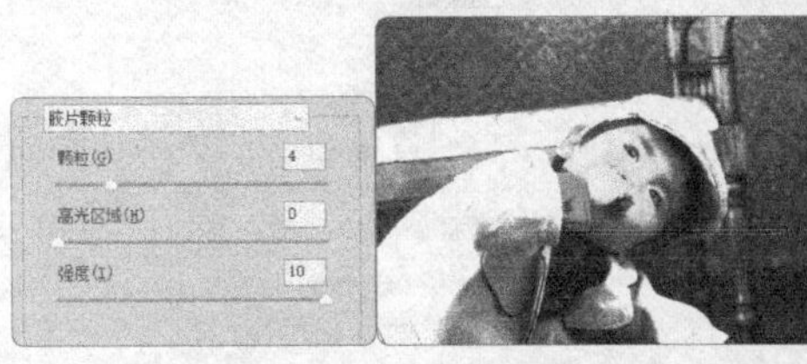

图9-41　胶片颗粒效果

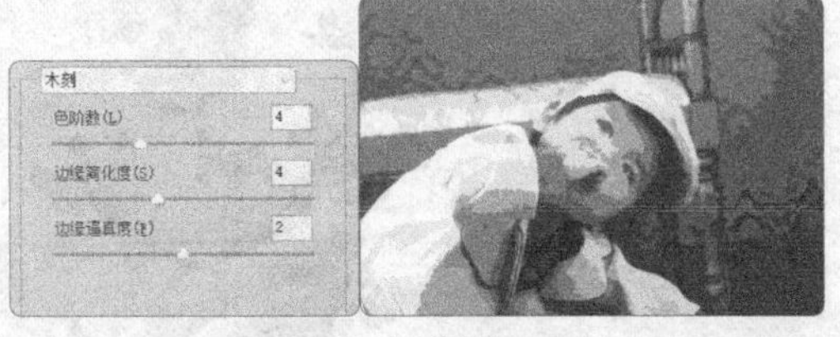

图9-42　木刻效果

◎ 霓虹灯光：使用霓虹灯光滤镜可以将各种类型的发光添加到图像中的对象上，产生彩色氛光灯照射的效果。

◎ 水彩：使用水彩滤镜可以简化图像细节，以水彩的风格绘制图像，产生一种水彩画效果。其参数控制区和对应的滤镜效果如图 9-43 所示。

◎ 塑料包装：使用塑料包装滤镜可以使图像表面产生类似透明塑料袋包裹物体时的效果。其参数控制区和对应的滤镜效果如图 9-44 所示。

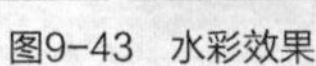

图9-43　水彩效果

图9-44　塑料包装效果

◎ 调色刀：使用调色刀滤镜可以减少图像中的细节，生成描绘得很淡的图像效果。其参数控制区和对应的滤镜效果如图 9-45 所示。

◎ 涂抹棒：使用涂抹棒滤镜可以用短的对角线涂抹图像的较暗区域来柔和图像，增大图像的对比度。其参数控制区和对应的滤镜效果如图 9-46 所示。

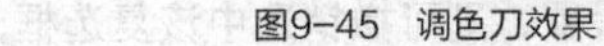

图9-45　调色刀效果

图9-46　涂抹棒效果

9.1.2 液化滤镜

使用液化滤镜可以对图像的任何部分进行各种各样类似液化效果的变形处理，如收缩、膨胀、旋转等，多用于人物修身。在液化过程中，可随意控制其各种效果程度，是修饰图像和创建艺术效果的有效方法。选择【滤镜】→【液化】菜单命令或按【Shift+Ctrl+X】组合键，打开图9-47所示的“液化”对话框，其中主要选项的含义如下。

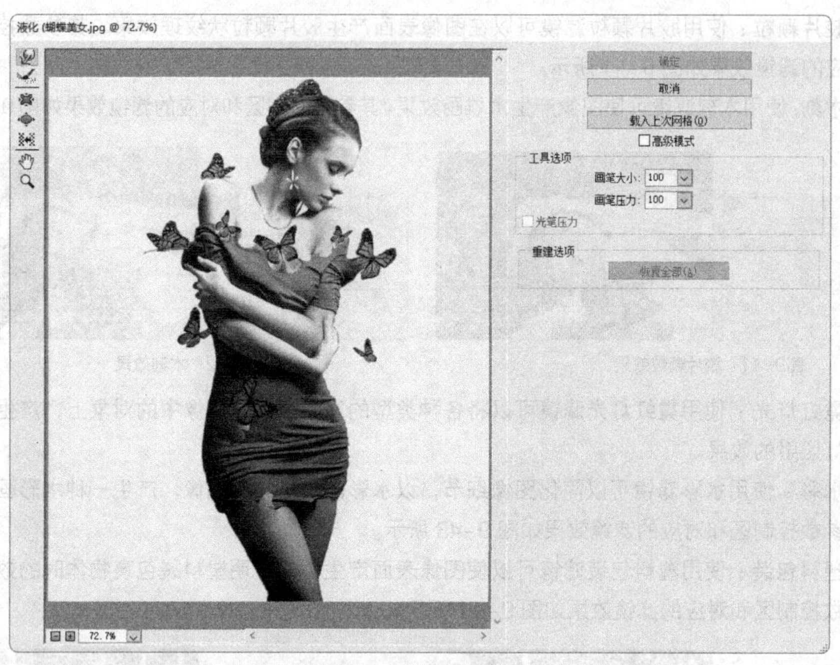

图9-47 “液化”对话框

◎ 向前变形工具 ：该工具可使被涂抹区域内的图像产生向前位移的效果。

◎ 重建工具 ：在液化变形后的图像上涂抹，可将图像中的变形效果还原为原图像。

◎ 褶皱工具 ：此工具可以使图像产生向内压缩变形的效果。

◎ 膨胀工具 ：此工具可以使图像产生向外膨胀放大的效果。

◎ 左推工具 ：此工具可以使图像中的像素发生位移的变形效果。

◎ 抓手工具 ：单击该按钮，可在预览窗口中抓取图像，以查看图像显示区域。

◎ 缩放工具 ：单击该按钮，在图像预览窗口上单击鼠标，可放大/缩小图像显示区域。

◎ “工具选项”栏：“画笔大小”数值框用于设置扭曲图像的画笔的宽度；“画笔压力”数值框用于设置画笔在图像上产生的扭曲速度，较低的压力可减慢更改速度，易于控制变形效果。

◎ 恢复全部(A) 按钮：设置效果后，单击该按钮，可恢复原图。

◎ “高级模式”复选框：单击选中该复选框，将激活更多液化选项设置，如顺时针旋转扭曲工具 、冻结蒙版工具 和解冻蒙版工具 ，以及右侧的工具选项、重建选项、显示图像、显示蒙版和显示背景等，进行更丰富的设置。若不需要这些设置，则可撤销选中该复选框，恢复到简单模式。

9.1.3 Camera Raw滤镜

使用Camera Raw滤镜可以处理复杂光线下拍摄的图片，使图片的色温、曝光、宽容度和细节等各方面更加融合。其方法为：选择【滤镜】→【Camera Raw滤镜】菜单命令或按【Shift+Ctrl+A】组合键，打开“Camera Raw”对话框，在其中设置各项参数，如图9-48所示。

图9-48 设置Camera Raw滤镜效果

9.1.4 消失点滤镜

使用消失点滤镜，可以在极短的时间内达到令人称奇的效果。使用消失点滤镜工具选择的图像区域内进行克隆、喷绘、粘贴图像等操作时，操作会自动应用透视原理，按照透视的角度和比例来自适应图像的修改，从而大大节约制作时间。选择【滤镜】→【消失点】菜单命令或按【Alt+Ctrl+V】组合键，打开“消失点”对话框。其中各工具的含义如下。

◎ 编辑平面工具 ：单击该工具按钮，可以选择、编辑网格。

◎ 创建平面工具 ：单击该工具按钮，可从现有的平面伸展出垂直的网格。

◎ 选框工具 ：单击该工具按钮，可移动刚粘贴的图像。

◎ 图章工具 ：单击该工具按钮，可产生与仿制图章工具相同的效果。

◎ 画笔工具 ：单击该工具按钮，可对图像使用画笔功能绘制图像。

◎ 变换工具 ：单击该工具按钮，可对网格区域的图像进行变换操作。

◎ 吸管工具 ：单击该工具按钮，可设置绘图的颜色。

◎ 测量工具 ：单击该工具按钮，可查看两点之间的距离。

在打开的“消失点”对话框（见图9-49）中单击 按钮。在预览图中单击照片的4个角生成网格。按【Ctrl+V】组合键粘贴之前复制的图像，按【Ctrl+T】组合键调整图像大小，将粘贴的图像拖动到网格中，效果如图9-50所示。

图9-49 “消失点”对话框

图9-50 更换图像效果

9.1.5 自适应广角滤镜

使用自适应广角滤镜能调整图像的范围，使图像得到类似使用不同镜头拍摄的视觉效果。Photoshop CC中的自适应广角滤镜能调整图像的透视、完整球面和鱼眼等，也可拉直全景图像。选择【滤镜】→【自适应广角】菜单命令或按【Alt+Shift+Ctrl+A】组合键，打开如图9-51所示的“自适应广角”对话框，其中主要选项的含义如下。

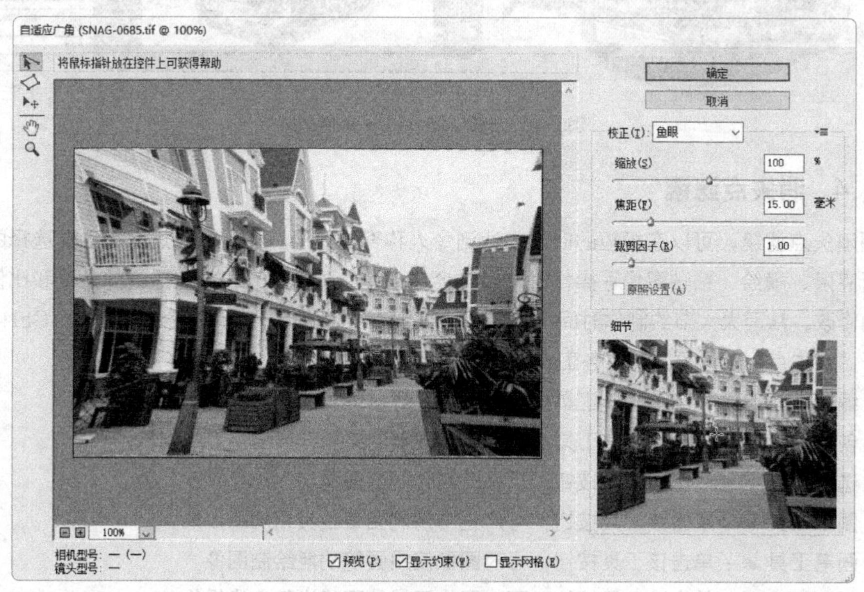

图9-51 “自适应广角”对话框

◎ 约束工具：单击图像或拖动端点，可以添加或编辑约束线。按住【Shift】键可以添加水平或垂直的约束线，按住【Alt】键单击可删除约束线。

◎ 多边形约束工具：单击图像或拖动端点，可以添加或编辑多边形约束线。

◎ 移动工具：用于移动对话框中的图像。

◎ 抓手工具：单击可放大窗口的显示比例，可以使用该工具移动画面。

◎ 缩放工具：单击可放大窗口的显示比例，按住【Alt】键单击可缩小显示比例。

◎ “校正”下拉列表框：用于选择投影模型，包括“鱼眼”“透视”“自动”和“完整球面”。

◎ “缩放”栏：校正图像后，可通过该选项缩放图像，以填满空缺。

◎ “焦距”栏：用于指定焦距。

◎ “裁剪因子”栏：用于指定裁剪因子。

◎ “原照设置”复选框：单击选中该复选框，可以使用照片元数据中的焦距和裁剪因子。

◎ “细节”栏：该栏中将显示光标指示图像下方的细节（比例为100%）。使用约束工具和多边形约束工具时，可观察图像来准确定位约束点。

按住【Shift】键在图像中单击并向下拖动，添加约束线。在“校正”下拉列表框中选择“鱼眼”选项，然后设置其具体参数，如图9-52所示。返回图像窗口中查看效果，并与原始图像进行对比。此时可发现照片中的镜头放大了，照片左侧图片的扭曲修复了，而左侧的内容变大了，如图9-53所示。

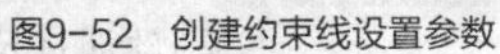

图9-52　创建约束线设置参数

图9-53　鱼眼放大效果

9.1.6 镜头校正滤镜

镜头校正滤镜主要用于修复因拍摄不当或相机自身问题，而出现的图像扭曲等问题。选择【滤镜】→【镜头校正】菜单命令或按【Shift+Ctrl+R】组合键，打开“镜头校正”对话框，在“自动校正”选项卡中设置或单击“自定”选项卡，切换到其中进行自定义校正设置。

“自动校正”与“自定”选项卡中各选项的作用相同，不同的是，用户可在“自定”选项卡中设置各选项的参数。下面介绍“自定”选项卡中的各选项。

◎ “几何扭曲”栏：用于校正镜头的失真。当其值为负值时，图像向中心扭曲；当其值为正值时，图像向外扭曲。

◎ “色差”栏：用于校正图像的色差，其值越大，色彩调整的颜色越艳丽。

◎ “晕影”栏：用于校正由于镜头缺陷而造成的图像边缘较暗的现象。其中“数量”选项用于设置沿图像边缘变亮或变暗的程度；“中点”选项用于设置受“数量”选项影响的区域宽度。

◎ “变换”栏：用于校正图像在水平或垂直方向上的偏移。其中“垂直透视”用于校正图像在垂直方向上的透视错误，当值为“100”时，可将图像设置为仰视角度，当值为“-100”时，可将图像设置为俯视角度；“水平透视”用于校正图像在水平方向上的透视效果；“比例”用于控制镜头的校正比例；“角度”用于设置图像的旋转角度。

图9-54所示的照片画面内容左高右低，此时可在“自定”选项卡的“角度”数值框中输入数值，如输入“-2”，旋转照片角度，校正角度。

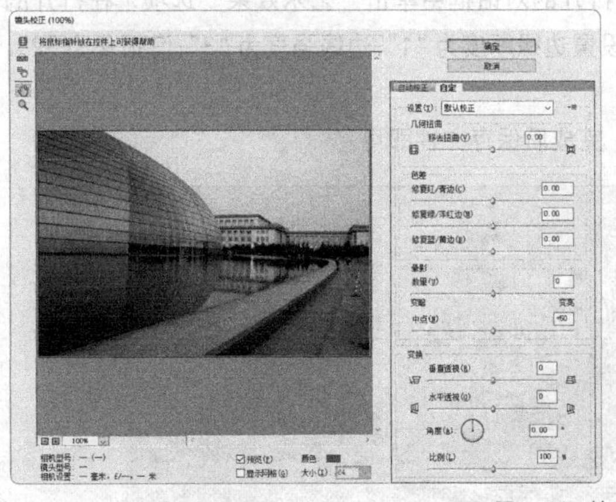

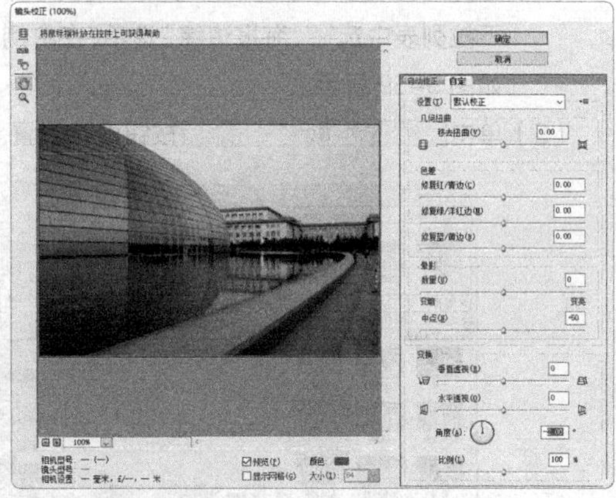

图9-54　校正倾斜的照片

9.1.7 课堂案例1——编辑欧洲风情海报

本案例将利用Camera Raw滤镜、镜头校正滤镜以及艺术效果滤镜对“欧洲风情图片.jpg”素材图像进行海报化处理，调整图片色彩和不协调因素，完成图片的编辑。本案例完成后的参考效果如图9-55所示。

图 9-55 欧洲风情海报

视频演示

素材位置 配套资源\素材文件\第9章\欧洲风情图片.jpg

效果位置 配套资源\效果文件\第9章\欧洲风情图片.psd

（1）打开“欧洲风情图片.jpg”素材文件，发现图像曝光过度，色彩不足，且有些扭曲，如图9-56 所示。

（2）选择【滤镜】→【Camera Raw 滤镜】菜单命令，打开“Camera Raw”对话框，在右侧设置色温为“30”，色调为“10”，曝光为“-1.50”，得到如图 9-57 所示的效果。

（3）选择【滤镜】→【镜头校正】菜单命令，打开“镜头校正”对话框，向图像中心拖动鼠标，使图片扭曲复原，得到如图 9-58 所示的效果。

图9-56 素材文件

图9-57 调整色彩

图9-58 调整扭曲

（4）选择【滤镜】→【滤镜库】菜单命令，在打开的对话框中单击“艺术效果”选项，在打开的下拉列表中选择“海报边缘”选项，在右侧设置边缘厚度为“1”，边缘强度为“3”，海报化为“2”，如图 9-59 所示。

（5）单击 确定 按钮确认设置。完成后保存文件即可。

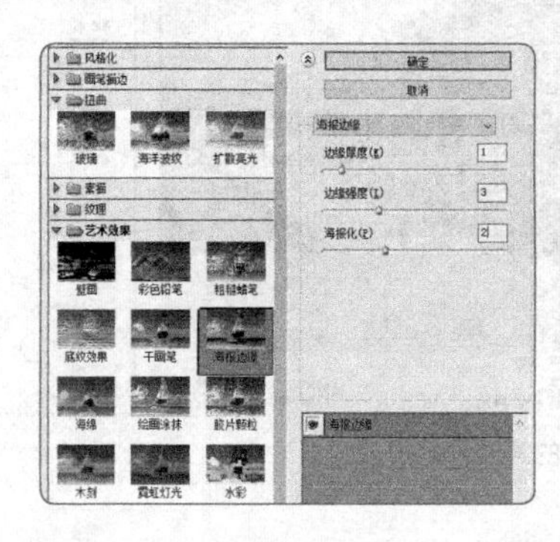

图 9-59 海报化效果

9.2 设置和应用特效滤镜

Photoshop CC的滤镜菜单中提供了多个滤镜组，单击每一个滤镜组，可在其子菜单中选择该滤镜组中相关的具体滤镜。本节主要介绍滤镜中各项命令的具体操作。用户可以应用滤镜为图像添加各种各样的特殊图像效果，从而将所有滤镜的功能应用自如，创造出具有特殊效果的图像。

9.2.1 风格化滤镜组

风格化滤镜组主要通过移动和置换图像的像素并增加图像像素的对比度，生成绘画或印象派的图像效果。选择【滤镜】→【风格化】菜单命令，在打开的子菜单中提供了8种命令。

1. 查找边缘

使用查找边缘滤镜可以突出图像边缘，无参数设置对话框。选择【滤镜】→【风格化】→【查找边缘】菜单命令，得到图9-60所示的效果。

2. 等高线

使用等高线滤镜可以沿图像的亮区和暗区的边界绘出线条比较细、颜色比较浅的线条效果。选择【滤镜】→【风格化】→【等高线】菜单命令，打开“等高线”对话框，在其中可设置滤镜参数并预览图像效果，如图9-61所示。

3. 风

使用风滤镜可在图像中添加短而细的水平线来模拟风吹效果。选择【滤镜】→【风格化】→【风】菜单命令，打开“风”对话框，在其中可设置滤镜参数并预览图像效果，如图9-62所示。

图9-60 查找边缘效果

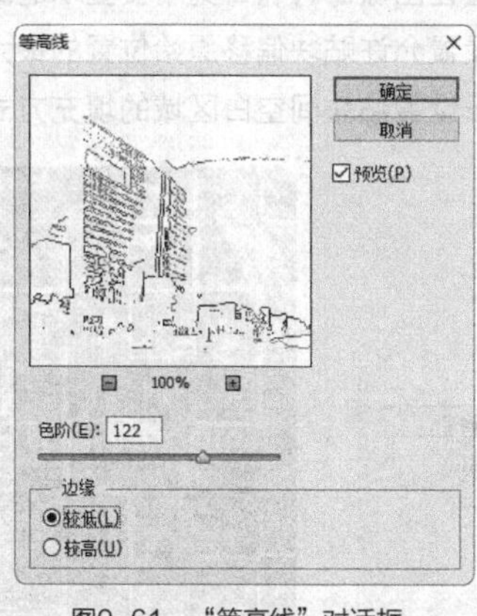

图9-61 “等高线”对话框

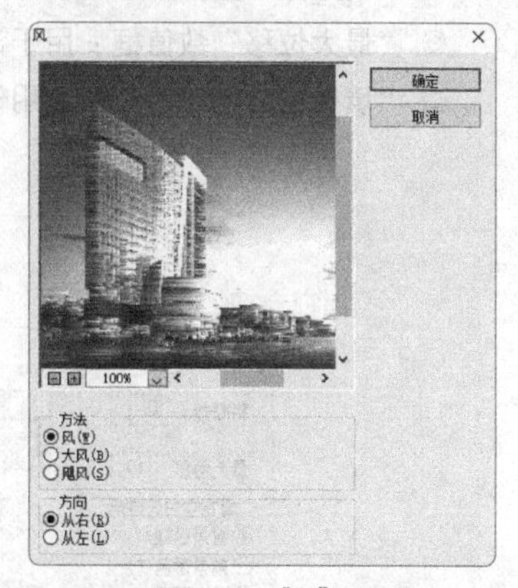

图9-62 “风”对话框

4. 浮雕效果

使用浮雕效果滤镜可以勾画选区的边界并降低周围的颜色值，使选区显得凸起或压低，生成浮雕效果。选择【滤镜】→【风格化】→【浮雕效果】菜单命令，打开“浮雕效果”对话框，在其中可设置滤镜参数并预览图像效果，如图9-63所示。

5. 扩散

使用扩散滤镜可以根据设置的扩散模式搅乱图像中的像素，使图像产生模糊的效果。选择【滤镜】→【风格化】→【扩散】菜单命令，打开“扩散”对话框，在其中可设置滤镜参数并预览图像效果，如图9-64所示。

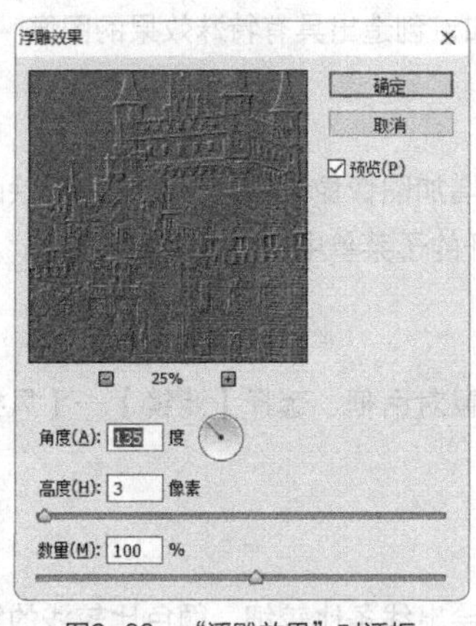

图9-63 “浮雕效果”对话框

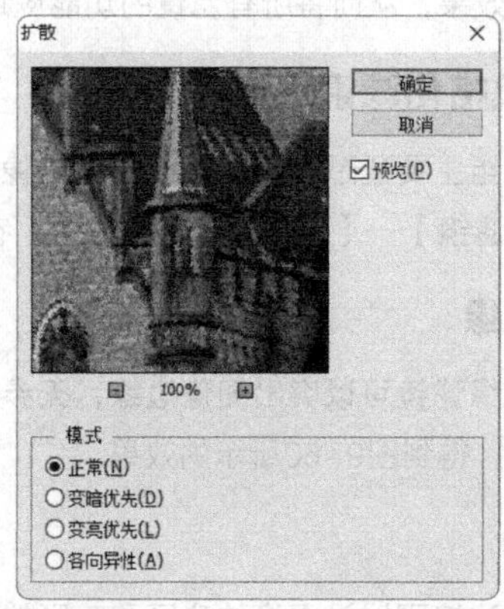

图9-64 “扩散”对话框

6. 拼贴

使用拼贴滤镜可以将图像分解成许多小方块，并使每个方块内的图像都偏移原来的位置，从而出现整幅图像画在方块瓷砖上的效果。选择【滤镜】→【风格化】→【拼贴】菜单命令，打开“拼贴”对话框，设置参数后单击 确定 按钮，效果如图9-65所示。“拼贴”对话框中各项参数的含义如下。

◎ “拼贴数”数值框：用于设置在图像每行和每列中要显示的最小贴块数。

◎ “最大位移”数值框：用于设置允许贴块偏移原始位置的最大距离。

◎ “填充空白区域用”栏：用于设置贴块间空白区域的填充方式。

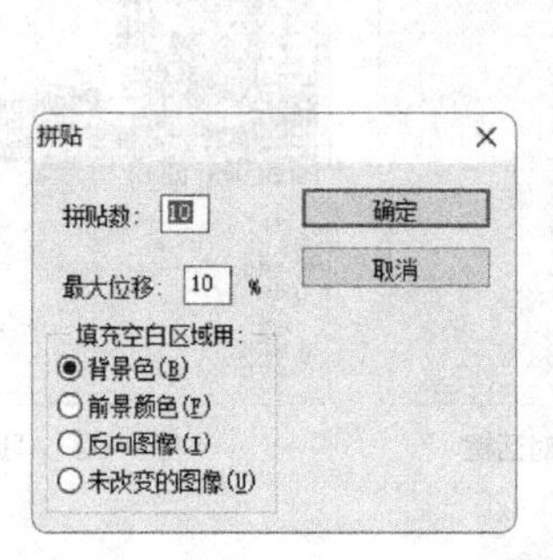

图9-65 拼贴效果

7. 曝光过度

使用曝光过度滤镜可以产生图像正片和负片混合的效果，类似于摄影过程中将摄影照片短暂曝光，该滤镜无参数设置对话框，直接为图像应用滤镜。应用“曝光过度”滤镜后的效果如图9-66所示。

8. 凸出

使用凸出滤镜可以将图像分成大小相同但有机叠放的三维块或立方体，从而生成3D纹理效果。选择【滤镜】→【风格化】→【凸出】菜单命令，打开“凸出”对话框，在其中设置参数并确认设置，可得到如图9-67所示的效果。

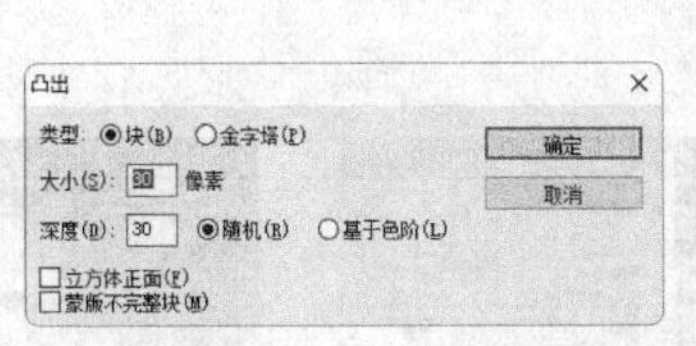

图9-66　曝光过度效果　　　　图9-67　凸出效果

9.2.2 模糊滤镜组

使用模糊滤镜组可以通过削弱相邻像素的对比度，使相邻像素间过渡平滑，从而产生边缘柔和模糊的效果。在“模糊”子菜单中提供了“动感模糊”“径向模糊”“高斯模糊”等模糊效果。

1. 场景模糊

使用场景模糊滤镜可以使画面不同区域呈现不同程度的模糊效果。选择【滤镜】→【模糊画廊】→【场景模糊】菜单命令，打开“模糊工具”和“模糊效果”面板，在图像中单击添加模糊的中心点，选择每个中心点，在面板中调整模糊参数即可，如图9-68所示。在属性栏中单击 确定 按钮可确认操作，单击 取消 按钮可取消模糊设置。

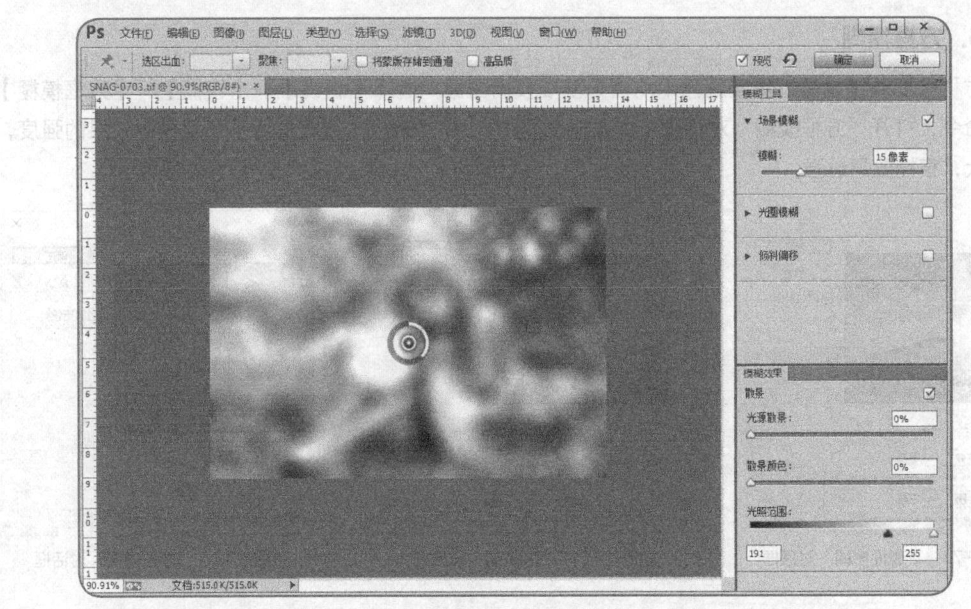

图9-68　场景模糊效果

2. 光圈模糊

使用光圈模糊滤镜可以将一个或多个焦点添加到图像中，用户可以设置焦点的大小、形状，以及焦点区域外的模糊数量和清晰度等。选择【滤镜】→【模糊】→【光圈模糊】菜单命令，打开“模糊工具”和“模糊效果”面板，设置模糊参数或焦点即可。其参数设置对话框如图9-69所示。

3. 移轴模糊

移轴模糊滤镜可用于模拟相机拍摄的移轴效果，其效果类似于微缩模型。选择【滤镜】→【模糊】→【移轴模糊】菜单命令，打开“模糊工具”和“模糊效果”面板，设置模糊参数或焦点即可。其参数设置对话框如图9-70所示。

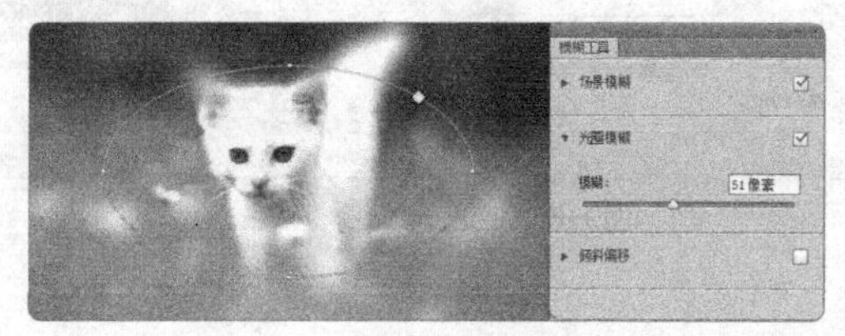

图9-69 光圈模糊效果

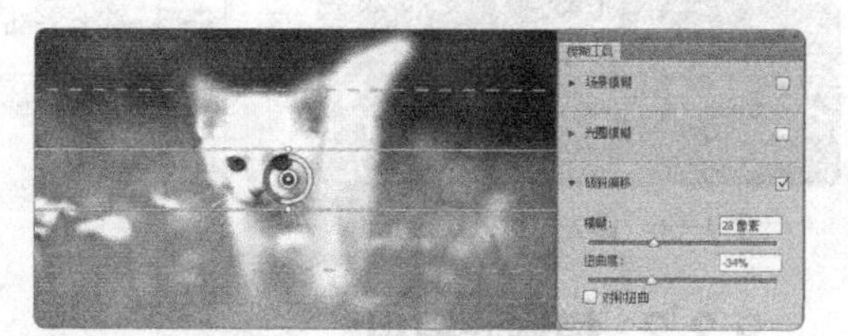

图9-70 移轴模糊效果

4. 表面模糊

使用表面模糊滤镜模糊图像时将保留图像边缘，可用于创建特殊效果，以及用于去除杂点和颗粒。选择【滤镜】→【模糊】→【表面模糊】菜单命令，其参数设置对话框如图9-71所示。

5. 动感模糊

使用动感模糊滤镜可以使静态图像产生运动的效果，原理是对某一方向上的像素进行线性位移来产生运动的模糊效果。其参数设置对话框如图9-72所示。

6. 方框模糊

方框模糊滤镜以邻近像素颜色平均值为基准模糊图像。选择【滤镜】→【模糊】→【方框模糊】菜单命令，打开“方框模糊”对话框，如图9-73所示。其“半径”数值框用于设置模糊效果的强度，值越大，模糊效果越强。

图9-71 “表面模糊”对话框

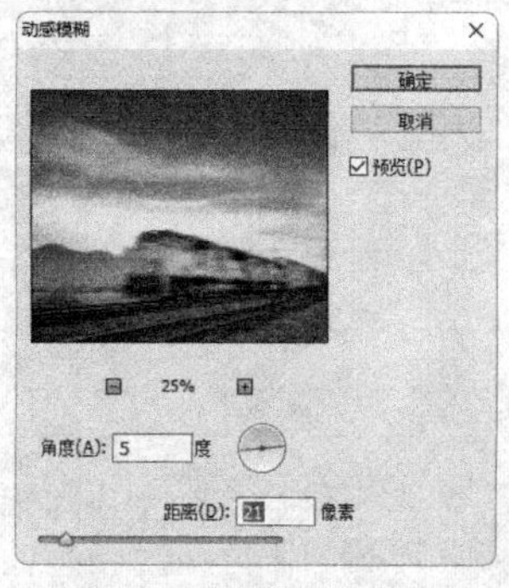

图9-72 “动感模糊”对话框

图9-73 “方框模糊”对话框

7. 高斯模糊

使用高斯模糊滤镜可对图像总体进行模糊处理。其参数设置对话框如图9-74所示。

8. 形状模糊

使用形状模糊滤镜可以使图像按照某一形状进行模糊处理。其参数设置对话框如图9-75所示。

9. 特殊模糊

使用特殊模糊滤镜可以对图像进行精确模糊，是唯一不模糊图像轮廓的模糊方式。其参数设置对话框如图9-76所示。对话框中的“模式”下拉列表框有三种模式，“正常”模式与其他模糊滤镜差别不大；选择“仅限边缘”模式，可为边缘有大量颜色变化的图像增大边缘，图像边缘将变白，其余部分将变黑；选择“叠加边缘”模式，滤镜将覆盖图像的边缘。

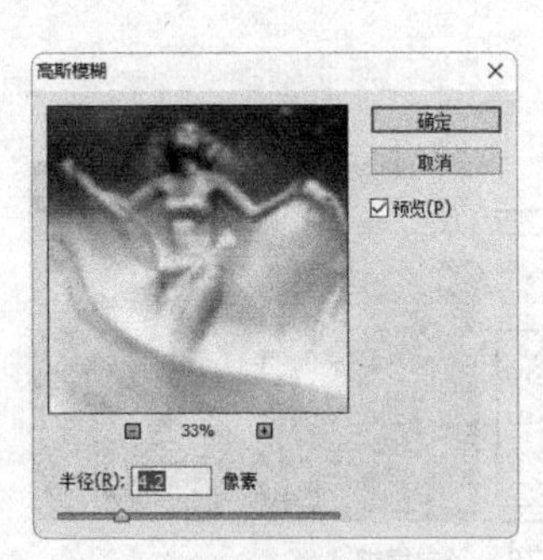

图9-74 “高斯模糊”对话框

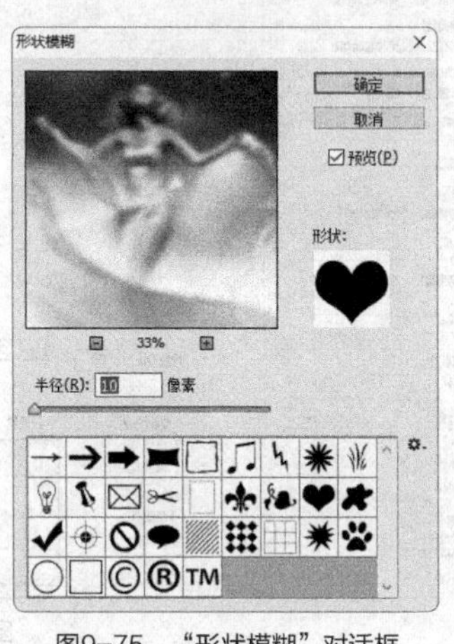

图9-75 “形状模糊”对话框

图9-76 “特殊模糊”对话框

10. 平均

使用平均滤镜可以对图像的平均颜色值进行柔化处理，从而产生模糊效果。该滤镜无参数设置对话框。

11. 模糊和进一步模糊

模糊和进一步模糊滤镜都用于消除图像中颜色明显变化处的杂色，使图像更加柔和，并隐藏图像中的缺陷，柔化图像中过于强烈的区域。进一步模糊滤镜产生的效果比模糊滤镜强。两个滤镜都没有参数设置对话框，可多次应用来加强模糊效果。

12. 镜头模糊

使用镜头模糊滤镜可以使图像模拟摄像时镜头抖动产生的模糊效果。其参数设置对话框如图9-77所示。相关参数的含义如下。

◎ “预览”复选框：单击选中该复选框后可预览滤镜效果。其下方的单选项用于设置预览方式，单击选中“更快”单选项，可以快速预览调整参数后的效果，单击选中“更加准确”单选项，可以精确计算模糊的效果，但会增加预览的时间。

◎ “深度映射”栏：用于调整镜头模糊的远近。拖动“模糊焦距”数值框下方的滑块，可改变模糊镜头的焦距。

◎ “光圈”栏：用于调整光圈的形状和模糊范围的大小。

◎ “镜面高光”栏：用于调整模糊镜面亮度的强弱程度。

◎ “杂色”栏：用于设置模糊过程中添加的杂色数量和分布方式。该栏与添加杂色滤镜的相关参数设置相同。

13. 径向模糊

使用径向模糊滤镜可以使图像产生旋转或放射状模糊效果。其参数设置对话框和模糊后的图像效果如图9-78所示。

图9-77 “镜头模糊”对话框

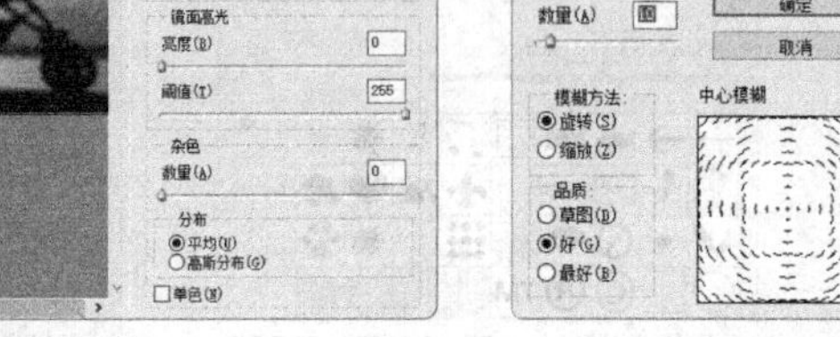

图9-78 径向模糊

9.2.3 扭曲滤镜组

扭曲滤镜组主要用于对图像进行扭曲变形，前文讲过“玻璃”“海洋波纹”和“扩散亮光”滤镜位于滤镜库中，而其他滤镜可以选择【滤镜】→【扭曲】菜单命令，然后在打开的子菜单中选择相应的命令来调用，下面讲解菜单命令中的扭曲滤镜。

1. 波浪

波浪滤镜可以在选定的范围或图像上创建波浪起伏的图像效果。选择【滤镜】→【扭曲】→【波浪】菜单命令，在打开的对话框中设置参数，如图9-79所示。其中各选项的含义如下。

◎ “生成器数”栏：用于调整波纹生成的数量。

◎ “波长”栏：用于控制波峰间距，有“最小”和“最大”两个数值框，分别表示最短波长和最长波长，最短波长不能超过最长波长。

◎ “波幅”栏：用于设置波动幅度，有“最小”和“最大”两个数值框，表示最小波幅和最大波幅，最小波幅不能超过最大波幅。

◎ “比例”栏：用于调整水平和垂直方向的波动幅度。

◎ 随机化 按钮：单击该按钮，可按指定的设置随机生成一个波浪图案。

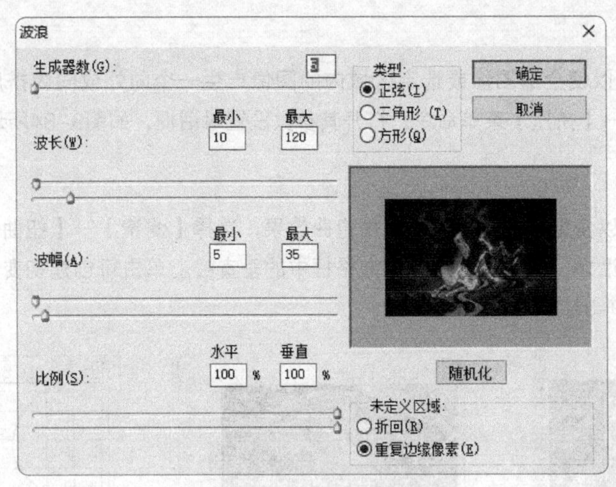

图9-79 “波浪”对话框

2. 波纹

使用波纹滤镜可以产生水波荡漾的涟漪效果。选择【滤镜】→【扭曲】→【波纹】菜单命令，打开其参数设置对话框，在预览框中可以预览图像效果，如图9-80所示。

3. 水波

使用水波滤镜可以沿径向扭曲选定的范围或图像，产生类似水面涟漪的效果。选择【滤镜】→【扭曲】→【水波】菜单命令，打开参数设置对话框，如图9-81所示。

4. 球面化

球面化滤镜模拟将图像包在球上并扭曲或伸展来适合球面，从而产生球面化效果。选择【滤镜】→【扭曲】→【球面化】菜单命令，打开其参数设置对话框，如图9-82所示。

图9-80 “波纹”对话框

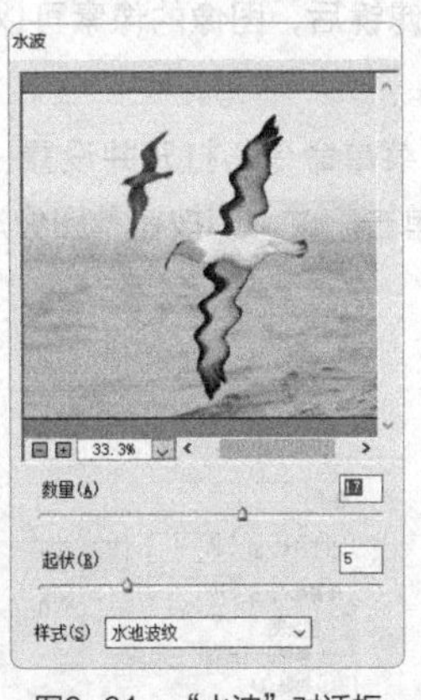

图9-81 “水波”对话框

图9-82 “球面化”对话框

5. 极坐标

使用极坐标滤镜可以将图像的坐标从直角坐标系转换到极坐标系。选择【滤镜】→【扭曲】→【极坐标】菜单命令，打开“极坐标”对话框，如图9-83所示。

6. 挤压

使用挤压滤镜可以使全部图像或选定区域内的图像产生一个向外或向内挤压的变形效果。选择【滤镜】→【扭曲】→【挤压】菜单命令，打开其参数设置对话框，如图9-84所示。

7. 切变

使用切变滤镜可以使图像在水平方向产生弯曲效果，选择【滤镜】→【扭曲】→【切变】菜单命令，打开“切变”对话框。在对话框左上侧方格框中的垂直线上单击可创建切变点，拖动切变点可实现图像的切变，如图9-85所示。

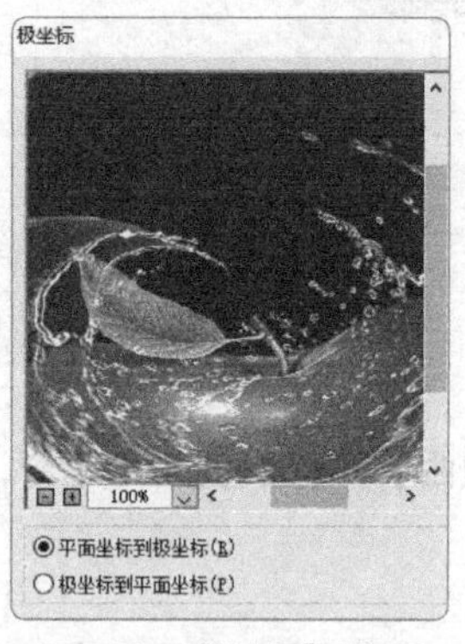

图9-83 “极坐标”对话框

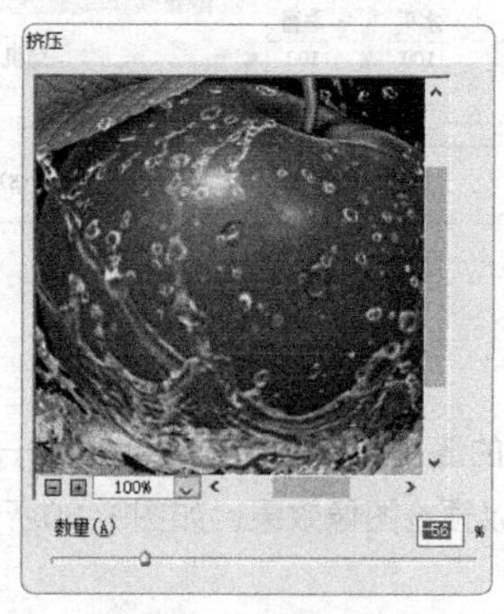

图9-84 “挤压”对话框

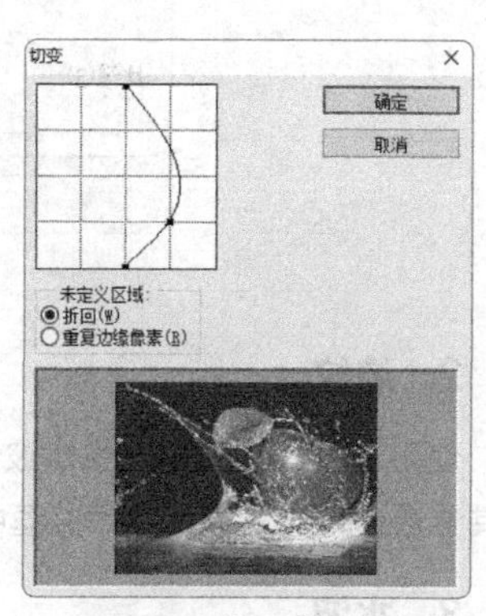

图9-85 “切变”对话框

8. 旋转扭曲

使用旋转扭曲滤镜可以对图像产生顺时针或逆时针的旋转效果，选择【滤镜】→【扭曲】→【旋转扭曲】菜单命令，打开其参数设置对话框，如图9-86所示。

9. 置换

置换滤镜的使用方法较特殊。使用该滤镜后，图像的像素可以向不同的方向移位，其效果不仅依赖于对话框，而且依赖于置换的置换图。

选择【滤镜】→【扭曲】→【置换】菜单命令，打开并设置“置换”对话框，单击 确定 按钮，在打开的对话框中选择.psd文件，单击 打开(O) 按钮，图像产生位移后的效果如图9-87所示。

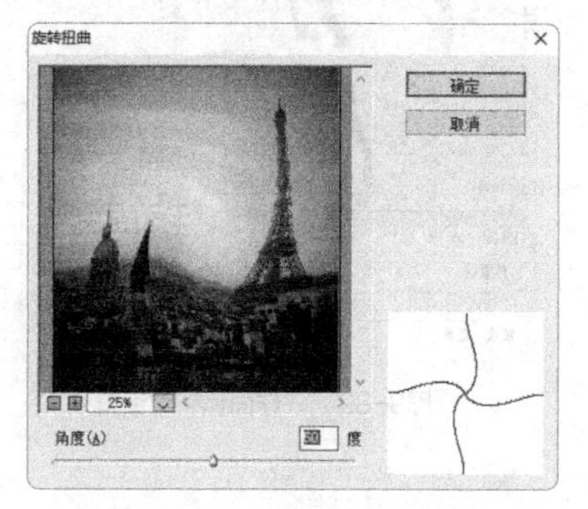

图9-86 “旋转扭曲”对话框

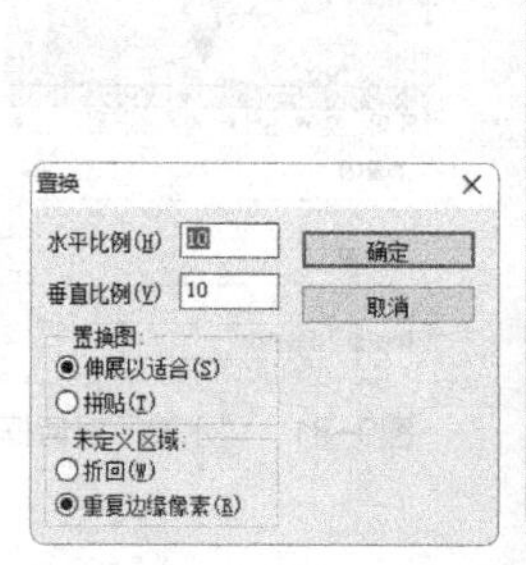

图9-87 置换效果

9.2.4 锐化滤镜组

锐化滤镜组能通过增加相邻像素的对比度来聚焦模糊的图像。该滤镜组提供了6种滤镜，选择【滤镜】→【锐化】菜单命令，在打开的子菜单中选择相应的滤镜项即可使用。

1. USM锐化

使用USM锐化滤镜可以锐化图像边缘，调整边缘细节的对比度，在边缘的每侧生成一条亮线和一条暗线。“USM锐化”对话框如图9-88所示。

2. 智能锐化

智能锐化滤镜相当于标准的USM锐化滤镜，用于改善边缘细节、阴影及高光锐化，在阴影和高光区域对锐化提供良好的控制。“智能锐化”对话框如图9-89所示。

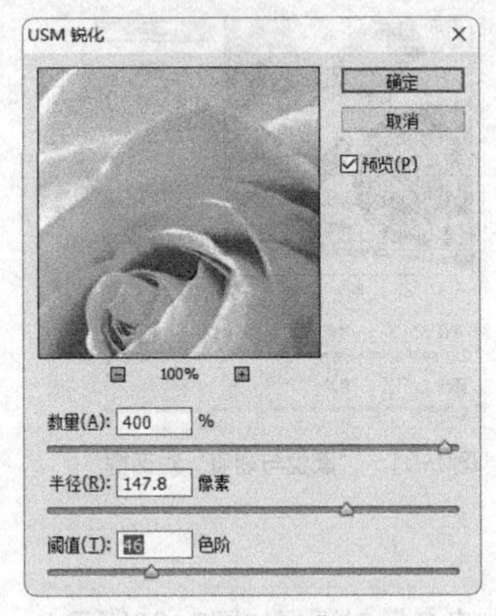

图9-88　“USM锐化”对话框

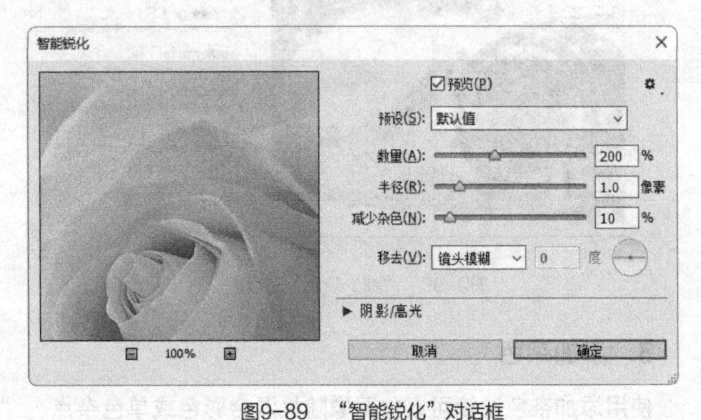

图9-89　“智能锐化”对话框

3. 锐化

使用锐化滤镜可以增加图像中相邻像素点之间的对比度，从而聚焦选区并提高其清晰度。该滤镜无参数设置对话框。

4. 进一步锐化

进一步锐化滤镜比锐化滤镜的锐化效果更强烈。该滤镜无参数设置对话框。

5. 锐化边缘

锐化边缘滤镜可锐化图像轮廓，使不同颜色之间的分界更明显。该滤镜无参数设置对话框。

6. 防抖

防抖滤镜是Photoshop CC中的新增功能，使用防抖滤镜能够将因抖动而导致模糊的照片修改成正常的清晰效果，常用于解决拍摄不稳导致的图片模糊。

9.2.5 杂色滤镜组

杂色滤镜组主要用来向图像中添加杂色或减少杂色，通过混合干扰制作出着色像素图案的纹理。此外，使用杂色滤镜还可以创建一些具有特点的纹理效果，或去掉图像中有缺陷的区域。杂色滤镜组提供了5种滤镜，选择【滤镜】→【杂色】菜单命令，在打开的子菜单中选择相应的滤镜项即可使用。

1. 减少杂色

减少杂色滤镜可以去除数码相机拍摄时，因ISO值设置不当而导致的杂色，也可以去除使用扫描仪扫描图像时，由于扫描传感器导致的图像杂色。“减少杂色”对话框如图9-90所示。

2. 蒙尘与划痕

使用蒙尘与划痕滤镜可以将图像中有缺陷的像素融入周围的像素，达到去除和隐藏瑕疵的目的。“蒙尘与划痕”对话框如图9-91所示。

图9-90 “减少杂色”对话框

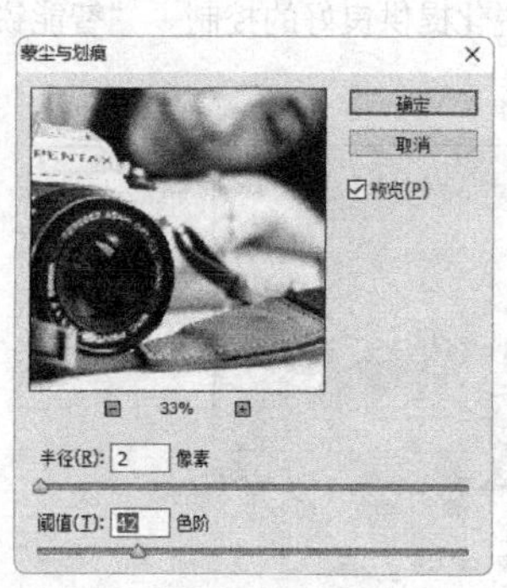

图9-91 “蒙尘与划痕”对话框

3. 添加杂色

使用添加杂色滤镜可以向图像随机混合彩色或单色杂点。“添加杂色”对话框如图9-92所示。

4. 中间值

使用中间值滤镜可以混合图像中像素的亮度来减少图像的杂色。“中间值”对话框如图9-93所示。

图9-92 “添加杂色”对话框

图9-93 “中间值”对话框

5. 去斑

使用去斑滤镜可以对图像或选择区内的图像进行轻微的模糊和柔化处理，从而在移去杂色的同时保留细节。该滤镜无参数设置对话框。

9.2.6　像素化滤镜组

大部分像素化滤镜会将图像转换成由平面色块组成的图案，并通过不同的设置达到截然不同的效果。像素化滤镜组提供了7种滤镜，选择【滤镜】→【像素化】菜单命令，在打开的子菜单中选择相应的滤镜项即可使用。

1. 彩块化

使用彩块化滤镜可使图像中纯色或相似颜色的像素结为彩色像素块，从而使图像产生类似宝石刻画的效果。该滤镜没有参数设置对话框，直接应用即可，应用后的效果图比原图像更模糊。

2. 彩色半调

使用彩色半调滤镜可以模拟在图像的每个通道上使用扩大的半调网屏效果。对于每个通道，该滤镜用小矩形将图像分割，并用圆形图像替换矩形图像，圆形的大小与矩形的亮度成正比。“彩色半调”对话框和对应的滤镜效果如图9-94所示。

3. 晶格化

使用晶格化滤镜可以将相近的像素集中到一个纯色有角多边形网格中。“晶格化”对话框如图9-95所示。

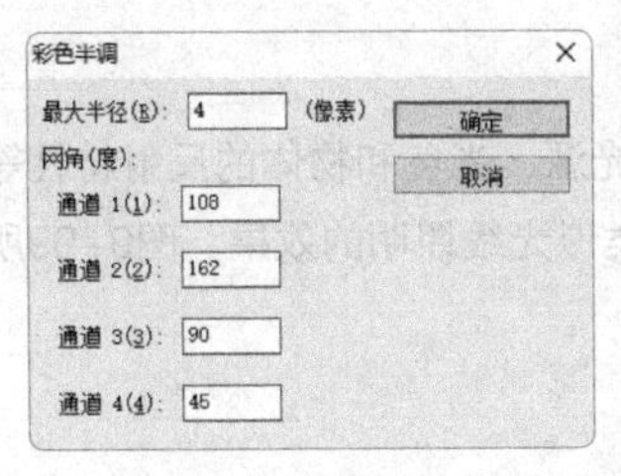

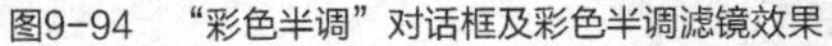

图9-94　“彩色半调”对话框及彩色半调滤镜效果

图9-95　“晶格化”对话框

4. 点状化

使用点状化滤镜可以使图像产生随机的彩色斑点效果，点与点间的空隙将用前背景色填充。“点状化”对话框如图9-96所示。

5. 铜版雕刻

使用铜版雕刻滤镜将在图像中随机分布各种不规则的线条和斑点，以产生镂刻的版画效果。“铜版雕刻”对话框如图9-97所示。

6. 马赛克

使用马赛克滤镜将把一个单元内所有相似的色彩像素统一颜色后再合成为更大的方块，从而产生马赛克效果。对话框中的“单元格大小”数值框用于输入产生的方块大小，如图9-98所示。

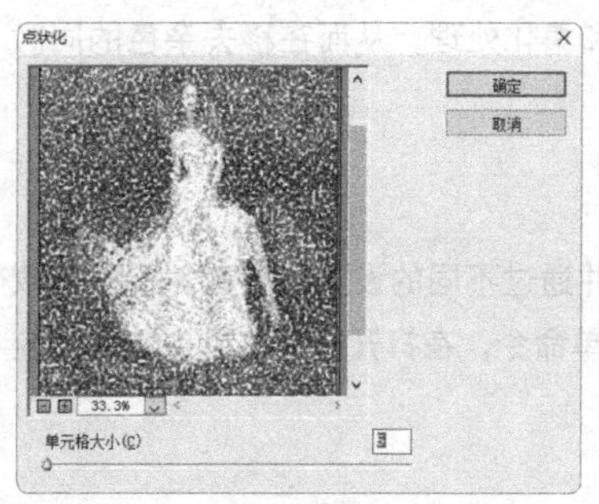
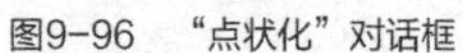

图9-96 “点状化”对话框

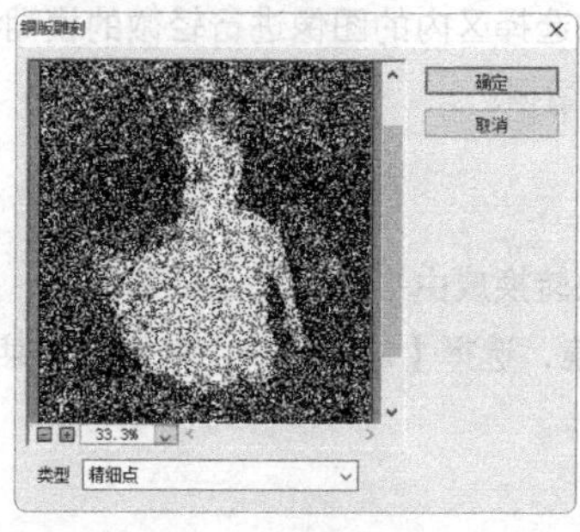

图9-97 “铜版雕刻”对话框

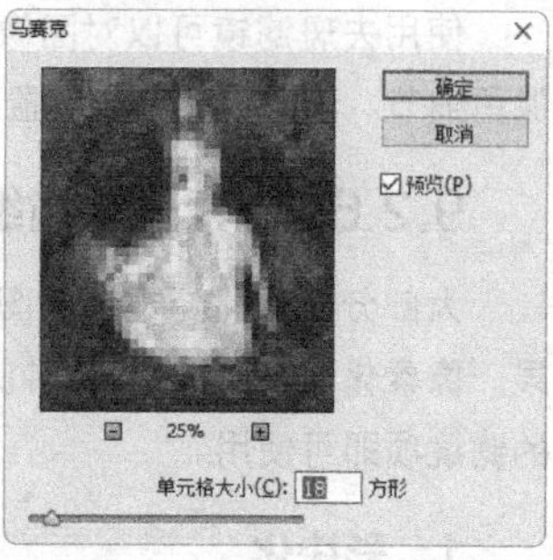

图9-98 “马赛克”对话框

7. 碎片

使用碎片滤镜可以将图像的像素复制4倍，然后将它们平均移位并降低不透明度，从而产生模糊效果。该滤镜无参数设置对话框。

9.2.7 渲染滤镜组

渲染滤镜组用于在图像中创建云彩、折射、模拟光线等效果，起到渲染图像的作用。该滤镜组提供了5种滤镜，选择【滤镜】→【渲染】菜单命令，在打开的子菜单中选择相应的滤镜项即可使用。

1. 分层云彩

使用分层云彩滤镜可以将随机生成的介于前景色与背景色之间的值，生成云彩图案效果。该滤镜无参数设置对话框。

2. 光照效果

使用光照效果滤镜可以通过不同类型的光源照射图像，如设置光源、光色和物体的反射特性等，然后根据这些设定产生光照，模拟三维光照效果，从而使图像产生类似光线照明的效果。图9-99所示为拖动白色控制点调整光照角度得到的光照效果。

图9-99 调整光照效果

3. 镜头光晕

使用镜头光晕滤镜可以模拟亮光照射到相机镜头所产生的折射效果。图9-100所示为设置图像镜头光晕的效果。

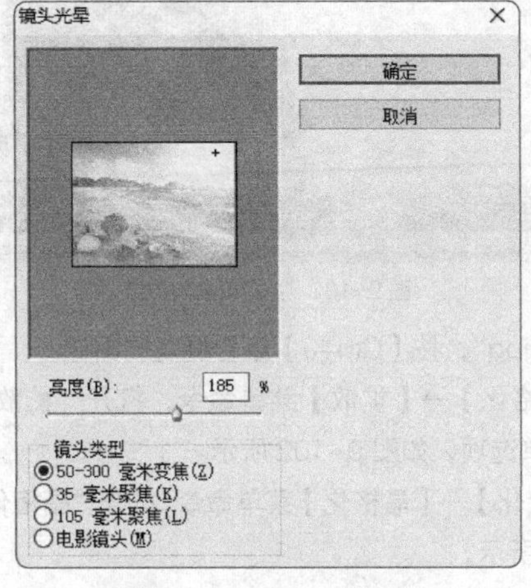

图9-100　设置镜头光晕效果

4. 纤维

使用纤维滤镜可以将前景色和背景色混合生成一种纤维效果。“纤维”对话框中各选项的作用如下。

◎ “差异”数值框：用于调整纤维的纹理形状。

◎ “强度”数值框：用于设置纤维的密度。

◎ 随机化按钮：单击该按钮可随机产生一种纤维效果。

5. 云彩

使用云彩滤镜将在当前前景色和背景色间随机抽取像素值，生成柔和的云彩图案效果。该滤镜无参数设置对话框。需要注意的是，应用此滤镜后，原图层上的图像会被替换，而云彩的颜色则为前景色当时的颜色。

9.2.8 课堂案例2——制作乡间风车画

使用Photoshop CC可以实现很多特效制作。本课堂案例要求制作一张乡间风车画，对“风车.jpg”“画框.psd”素材文件应用滤镜及执行相应的编辑，使其看起来像一幅画作。参考效果如图9-101所示。

视频演示

素材位置　配套资源\素材文件\第9章\风车.jpg、画框.psd

效果位置　配套资源\效果文件\第9章\风车画.psd

图 9-101　乡间风车画效果

（1）打开素材文件“风车 .jpg”，按【Ctrl+J】组合键复制图像。

（2）选择【滤镜】→【风格化】→【扩散】菜单命令，打开“扩散”对话框，在“模式”栏中单击选中“变暗优先”单选项，如图 9-102 所示。

（3）选择【滤镜】→【像素化】→【晶格化】菜单命令，打开“晶格化”对话框，设置“单元格大小”为“5”，如图 9-103 所示。

图9-102　扩散效果

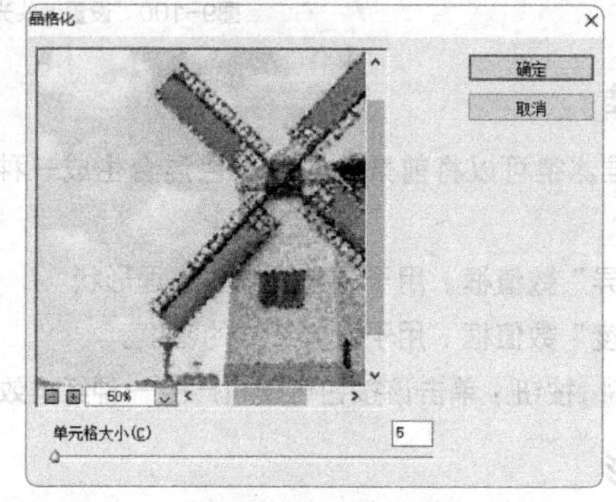

图9-103　晶格化效果

（4）选择【滤镜】→【Camera Raw 滤镜】菜单命令，打开“Camera Raw”对话框，设置“色温、色调、曝光”分别为“+15、+40、-0.50”，如图 9-104 所示。

图9-104　Camera Raw滤镜效果

（5）选择【滤镜】→【渲染】→【镜头光晕】菜单命令，打开“镜头光晕”对话框，设置“亮度”为“200”，单击选中“电影镜头”单选项，如图 9-105 所示。

（6）打开素材文件“画框 .psd”，并将画框拖动至“风车”图像中，按【Ctrl+T】组合键调整画框和图片大小，如图 9-106 所示，最后保存图像即可。

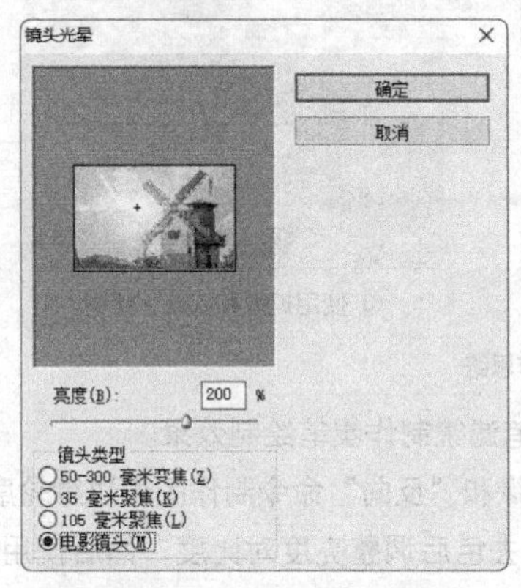

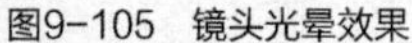

图9-105　镜头光晕效果

图9-106　图片框效果

9.3 课堂练习

本课堂练习将为某风景区制作宣传册封面景物图和为某公司制作水果宣传画，主要练习各种滤镜的综合使用方法。通过练习，读者可以熟练使用各种滤镜制作出需要的特效。

9.3.1 制作宣传册封面景物图

1. 练习目标

本练习要求为某风景区制作宣传册封面中的景物展示效果，要求景物带有国画特色。制作时可打开提供的素材文件进行操作，参考效果如图9-107所示。

图9-107　宣传册封面景物图效果

视频演示

素材位置　配套资源\素材文件\第9章\荷花.jpg

效果位置　配套资源\效果文件\第9章\封面景物图.psd

2. 操作思路

掌握滤镜的相关知识后，开始本练习的设计与制作。根据上面的练习目标，本练习的操作思路如图9-108所示。

① 使用绘画笔和炭笔滤镜

② 使用照亮边缘和影印滤镜

③ 使用扩散和纹理化滤镜

图9-108 制作宣传册封面景物图的操作思路

（1）打开提供的素材图像，复制背景图层，通过绘画笔和炭笔滤镜制作炭笔绘制效果。

（2）新建图层，通过云彩滤镜制作画布纹理，然后使用照亮边缘和“反向”命令制作图像边缘轮廓。

（3）只显示背景图层，为荷花图像创建选区，并生成图层，去色后调整亮度对比度，然后使用影印滤镜得到图像效果。

（4）使用扩散滤镜修饰荷花花朵图像，然后通过色阶调整图像颜色，将该图层移动到最上方，设置图层模式为“柔光”。

（5）为整朵荷花创建选区并生成图层，然后移动到最上方，设置图层“混合模式”为“正片叠底”，“不透明度”为“70%”。

（6）新建一个图层，将其填充为灰色，使用纹理化滤镜制作图像纹理，然后设置“混合模式”为“线性加深”，“不透明度”为“50%”。

9.3.2 制作水果宣传画

1. 练习目标

本练习为水果店制作宣传画，要求简洁明了，突出产品的特性。参考效果如图9-109所示。

图9-109 宣传画效果

视频演示

素材位置 配套资源\素材文件\第9章\背景.jpg、草莓.jpg

效果位置 配套资源\效果文件\第9章\草莓宣传图.psd

2. 操作思路

了解和掌握各个滤镜的使用方法后，开始本练习的设计与制作。根据上面的练习目标，本练习的操作思路如图9-110所示。

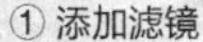
① 添加滤镜

② 扣取草莓并添加液化

③ 合并图像并输入文字

图9-110　制作宣传图的操作思路

（1）打开素材文件“背景.jpg”，按【Ctrl+J】组合键复制图像，选择【滤镜】→【滤镜库】菜单命令，在打开的“滤镜库”对话框中展开“艺术效果”滤镜组，选择“壁画”选项，设置“画笔大小、画笔细节、纹理”分别为“0、10、3”。

（2）选择【滤镜】→【风格化】→【凸出】菜单命令，打开“凸出”对话框，设置“大小、深度”分别为“30、30”。

（3）打开“草莓.jpg”图像文件，在工具箱中选择魔棒工具，在图像编辑区的白色区域单击，添加背景选区，按【Shift+Ctrl+I】组合键反选选区。

（4）将选择的草莓拖动到图像中，按【Ctrl+J】组合键，复制草莓图层，选择【滤镜】→【液化】菜单命令，打开“液化”对话框，单击按钮，选择向前变形工具；设置“画笔大小、画笔密度、画笔压力、不透明度”分别为“50、100、100、0”；在预览图中从上向下拖动鼠标，绘制草莓融化效果。

（5）查看滤镜后的效果，选择图层 2，将图层不透明度设置为“50%”，并将其移动到“图层 2 副本”图层的上方，并向下合并图层。

（6）将“草莓”移动至“背景”图像中，按【Ctrl+T】组合键调整图像的位置和大小。

（7）新建文字图层，输入文字“STRAWBERRY”，填充灰色作为背影，复制文字图层并填充白色，完成水果宣传画的制作。

9.4 拓展知识

Photoshop CC提供了一个开放的平台，用户可以将第三方滤镜安装在Photoshop CC中使用，这就是外挂滤镜。使用外挂滤镜不仅可以轻松完成各种特效，还能完成许多内置滤镜无法实现的效果，外挂滤镜需要安装。

安装外挂滤镜的方法是，将在网上下载的滤镜解压，然后复制到Photoshop CC安装文件的Plug-ins目录下，某些滤镜不仅需要复制到安装目录下，还需要双击进行安装才能使用。需要注意的是，安装的滤镜越多，软件的运行速度越慢。安装外挂滤镜后启动软件，即可在滤镜菜单中查看安装的滤镜，外挂滤镜与Photoshop自带滤镜的使用方法相同。其中，直接复制到Plug-ins目录下的滤镜的源文件不能删除。

9.5 课后习题

（1）打开提供的素材文件，制作光芒四射的山峰。

图9-111　山峰光芒四射的效果

素材位置　配套资源\素材文件\第9章\山峰.jpg

效果位置　配套资源\效果文件\第9章\山峰.psd

提示：新建一个黑白色渐变图层，通过波浪滤镜改变图像像素，运用极坐标滤镜调制出四射的光线，然后通过径向模糊滤镜适当模糊光线，最后新建一个径向渐变图层，设置其图层模式为“叠加”，效果如图 9-111 所示。

（2）打开提供的素材文件，制作雨天玻璃效果。

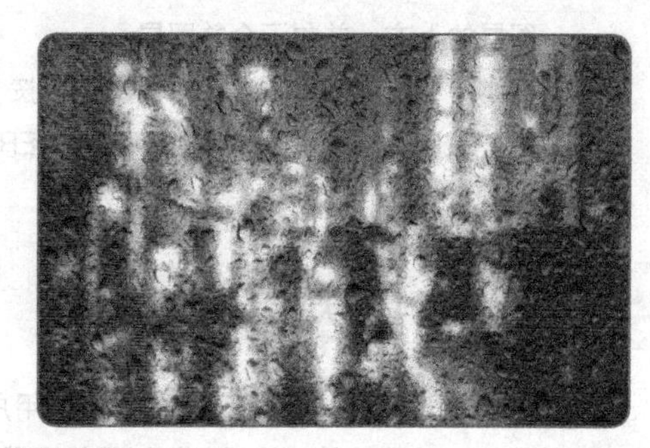

图9-112　“雨天玻璃”效果

素材位置　配套资源\素材文件\第9章\街景.jpg、雨滴.jpg

效果位置　配套资源\效果文件\第9章\雨天玻璃.psd

提示：使用Photoshop CC的模糊滤镜、滤镜库来制作雨天玻璃效果，在制作过程中可使用相关滤镜制作高斯模糊、玻璃滤镜，以及使用色阶、色相/饱和度命令调整色彩和图层叠加，得到的效果如图9-112所示。

Photoshop CC

Chapter

10

第10章

综合案例—— 制作网店首页

本章主要以一个综合的网店首页设计案例来讲解Photpshop CC在网店设计中的应用。通过学习本案例读者能够了解网店各种页面的制作流程，掌握使用Photoshop CC编辑与设计各类图像的方法。

学习要点

- 案例目标
- 专业背景
- 案例分析
- 制作过程

学习目标

- 了解网店制作流程
- 能使用Photoshop CC设计网店页面

10.1 案例目标

本章的综合案例要求为网店制作首页，需要在前期确定市场定位和宣传方式等，然后使用Photoshop CC进行平面设计。本章主要制作店铺店招、产品海报、产品展示区、定制专区、尾页，其中部分参考效果如图10-1所示。

图10-1　网店首页部分效果

10.2 专业背景

使用Photoshop CC设计店铺页面，通过不同的模块将商品特点展示给顾客，通常店铺的页面设计包括店招设计、海报设计、详情页设计和尾页设计等。

10.2.1 网店页面设计的概念

设计是有目的的策划，页面设计是这些策划将要采取的形式之一。在店铺页面设计中需要用视觉元素将商品信息传达给大众，让人们通过这些视觉元素了解店铺页面中要表达的商品信息和活动信息，以达到宣传商品的目的。

10.2.2 网店页面设计的内容

店铺页面设计包含的种类较多，以下简单介绍主要的几类。

1. 店招设计

店招从字面意思理解，即为店铺的招牌，位于店铺页面的顶端，店招主要包括店铺广告语、收藏按钮、关注按钮、促销产品、优惠券、活动信息、搜索框、店铺公告、网址、第二导航条、联系方式等。

2. 海报设计

海报又称为招贴，是指展示于公共场所的告示。海报特有的艺术效果及美感是其他媒介无法比拟的，店铺中的海报通常包括常规海报和全屏海报两种。

3. 详情页设计

商品详情页不仅能向顾客展示商品的规格、颜色、细节、材质等具体信息，还能向顾客展示宝贝的优势，顾客是否喜欢该商品，常取决于店铺详情页是否能深入人心，打动消费者。

4. 尾页设计

页尾是首页的结尾部分，该部分是对产品的总结，起到承上启下的作用。

10.3 案例分析

本案例主要是设计网店首页，因此前期还需要调查该产品的特点和性质等，以确定产品的主要消费人群及销售卖点等。其次需要认识和了解首页设计包含的店招、海报、展示区、定制专区和尾页几大模块。最后使用Photoshop CC中的文字工具、形状工具、选区工具和自由变换工具等设计作品。设计作品时需要合理运用图像的布局方式、颜色应用和文字搭配等技巧，与Photoshop CC工具合理搭配，完成首页制作。

10.4 制作过程

了解店铺页面设计之后，就可以开始店铺首页的制作，下面具体讲解制作过程。

10.4.1 制作店铺店招

作为婚纱店铺时尚与唯美是不可缺少的主题。设计店招主要是店名和Logo的制作，下面先填充底纹，然后制作店铺名称，最后制作导航条，具体操作步骤如下。

视频演示

素材位置 配套资源\素材文件\第10章\背景.jpg、星光.psd

效果位置 配套资源\效果文件\第10章\婚纱店招.psd

（1）新建大小为“1920 像素 ×150 像素”，分辨率为“72 像素 / 英寸”，名为“婚纱店招”的文件，打开“背景 .jpg”文件，将其拖动到文件中，调整图片大小及位置。在两侧分别拖动两条距离两边 485 像素的辅助线，中间预留 950 像素，如图 10-2 所示。

图10-2 新建文档、添加素材

（2）打开“星光 .psd”素材文件，将其中的白色莲花和白云拖动到文件中，调整其大小与位置。完成后在参考线的中间选择矩形工具，绘制直径为“100 像素 ×70 像素”的矩形，填充颜色“#844a73”，如图 10-3 所示。

图10-3 绘制并填充形状

（3）在工具箱中选择自定形状工具，在工具属性栏的“形状”下拉列表框中选择“邮票 2”选项，在矩形的下方绘制大小为“105 像素 ×72 像素”的邮票形状，并移动到矩形上方，如图 10-4 所示。

图10-4 绘制自定义形状

（4）在工具箱中选择横排文字工具，在矩形上输入“券”字，在“字符”面板中设置“字体、字号”分别为“幼圆、50 点”，如图 10-5 所示。

图10-5 输入文字

（5）选择横排文字工具，在左侧参考线右侧输入“Angel”“芳华”，并设置英文字体为“方正黄草简体”，中文字体为“方正隶二简体”，调整文字的大小，如图 10-6 所示。

（6）完成后在文字右侧，使用矩形工具绘制大小为“120 像素 ×20 像素”，颜色为“#844a73”的矩形，并在上方输入“婚纱礼服旗舰店”，在“字符”面板中设置“字体、字号”分别为“楷体、20 点”。完成后在工具箱中选择直线工具，在文字下方绘制一条直线，完成店铺 Logo 的制作，如图 10-7 所示。

图10-6 输入店铺名称

图10-7 完成店铺Logo制作

（7）在工具箱中选择矩形工具，绘制大小为“1920 像素 ×40 像素”，颜色为“黑色”的矩形，用作导航条。再次选择矩形工具，绘制颜色为“#d1c0a5”，大小为“70 像素 ×40 像素”的矩形，并将其移动到店标的下方，如图 10-8 所示。

图10-8 绘制导航条

（8）在导航条中输入文字“首页”“所有分类”“高级定制”“品牌故事”“店铺动态”“特价区”“联系我们”，并设置字符格式为“黑体、18 点”，如图 10-9 所示。

图10-9 添加导航选项

10.4.2 制作产品海报

婚纱海报是首页制作的亮点，因为海报不但能完美展现婚纱，还能与周围的风景与人物相结合，让穿戴的效果得到实质性地展示。本例将在唯美的背景中添加描述性的文字，让海报变得更加完美，其具体操作步骤如下。

视频演示

素材位置 配套资源\素材文件\第10章\婚纱背景.jpg、星光.psd

效果位置 配套资源\效果文件\第10章\婚纱海报.psd

（1）新建大小为“1 920 像素 ×920 像素”，分辨率为“72 像素 / 英寸”，名为“婚纱海报”的文件，将“婚纱背景 .jpg”文件拖动至此文档中，调整位置和大小，如图 10-10 所示。

（2）新建图层，在工具箱中选择矩形选区工具，在左侧绘制选区，填充颜色“#ace0eb”；打开“图层”面板，设置不透明度为“70%”，如图 10-11 所示。

图10-10 新建文档并添加图片

图10-11 绘制并填充选区

（3）打开“星光.psd”素材，将素材拖动到新建文档中，调整花瓣的位置，如图10-12所示。

（4）在矩形框的上方输入图10-13所示的文字，并设置字体为“宋体”，调整字体大小，完成后将“初夏新品”文档框设置为黑色，如图10-13所示。

图10-12 添加素材

图10-13 制作标题

（5）输入如图10-14所示的文字，设置“字体、字号”分别为“方正细圆简体、36”，如图10-14所示。

图10-14 完成封面制作

10.4.3 制作产品展示区

产品展示区主要是为了统一展示新品或热卖品，让顾客在观看完海报后，即可了解产品。本例中先在展示区的首页制作一张焦点图，并对焦点图中的产品进行简单介绍，然后在下方依次展示新产品。在制作时，主要分为婚纱和礼服两部分，具体操作步骤如下。

视频演示

素材位置 配套资源\素材文件\第10章\纹理背景.jpg、焦点图.jpg、新品展示图1~6.jpg、星光.psd

效果位置 配套资源\效果文件\第10章\产品展示区.psd

（1）新建大小为“1 920 像素 ×1 300 像素”，分辨率为“72 像素 / 英寸”，名为“产品展示区”的文件，添加参考线，添加“纹理背景 .jpg”素材文件，将其铺满画布。打开“星光 .psd”素材，将白色莲花等图形拖动到画布中，调整其位置，如图 10-15 所示。

（2）选择矩形工具，在上方沿着参考线绘制大小为“950 像素 ×420 像素”的矩形，并设置颜色为白色，如图 10-16 所示。

图10-15　新建文档并添加素材　　图10-16　绘制并填充矩形

（3）打开“焦点图 .jpg”文件，选择该图片，将其拖动到绘制的矩形上，在“图层”面板中单击鼠标右键，在弹出的快捷菜单中选择“创建剪贴蒙版”命令，将其置于图形中，调整图片位置，使其向右侧对齐，如图 10-17 所示。

（4）在矩形上方绘制大小为“950 像素 ×30 像素”的矩形，并设置颜色为“黑色”。在黑色的矩形条上分别输入“Wedding　清新田园”和“MORE”，设置“字体、字号”分别为“方正细圆简体、20 点”，选择自定形状工具，选择“箭头 7”样式，在“MORE”右侧绘制箭头，如图 10-18 所示。

图10-17　使用蒙版剪贴图片

图10-18　添加标题栏

（5）在图像左侧输入如图 10-19 所示的文字，设置字体为“宋体”，字号从上往下依次为“24、30、20”，字体颜色为“#886a38、白色”；在“秋末田园风”文本下方绘制矩形，设置填充颜色为“#886a38”，调整字体与矩形框的位置。

（6）绘制大小为“250 像素 ×5 像素”，颜色为“#886a38”的矩形，并将该矩形进行栅格化处理，完成后双击形状所在图层，如图 10-20 所示。

图10-19　制作标题和文案

图10-20　绘制分隔线

（7）打开“图层样式”对话框，单击选中“渐变叠加”复选框，设置“混合模式、不透明度、渐变、样式、角度、缩放”分别为“正常、100%、白色到 #886a38、线性、0 度、100%”，单击 确定 按钮，如图 10-21 所示。

（8）在渐变条的下方输入“促销价：￥1280”，并设置中文文本字体为“宋体”，设置数字的字体为“Fely”，完成后调整文字大小，完成焦点图的制作，如图 10-22 所示。

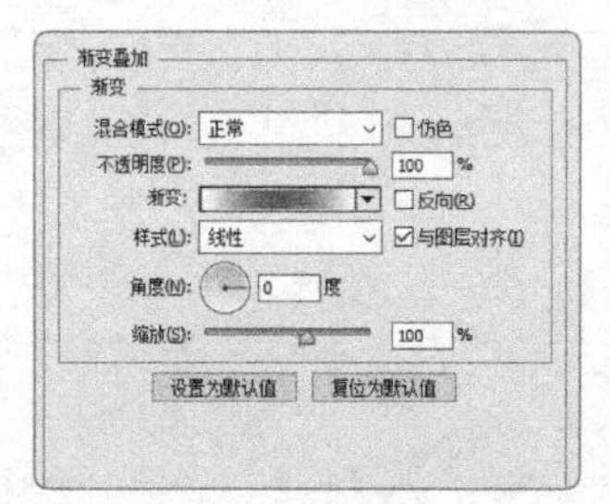

图10-21 设置渐变

图10-22 添加文字

（9）选择矩形工具，在焦点图下方绘制颜色为“#886a38”、大小为“270 像素 ×400 像素”的矩形，设置描边为“3”，复制 5 个矩形，并对这些矩形进行排列，如图 10-23 所示。

（10）打开“新品展示图 1.jpg~ 新品展示图 6.jpg”图像文件，选择第一张图片，将其移动到第一个矩形上，单击鼠标右键，在弹出的快捷菜单中选择“创建剪贴蒙版”命令，将其置于图形中，使用相同的方法为其他图片创建剪贴蒙版，如图 10-24 所示。

图10-23 绘制并排列形状

图10-24 添加图片

（11）在工具箱中选择矩形工具，在第一张图片的下方绘制大小为“270 像素 ×70 像素”的矩形，设置颜色为“#20242f”，设置不透明度为“50%”，如图 10-25 所示。

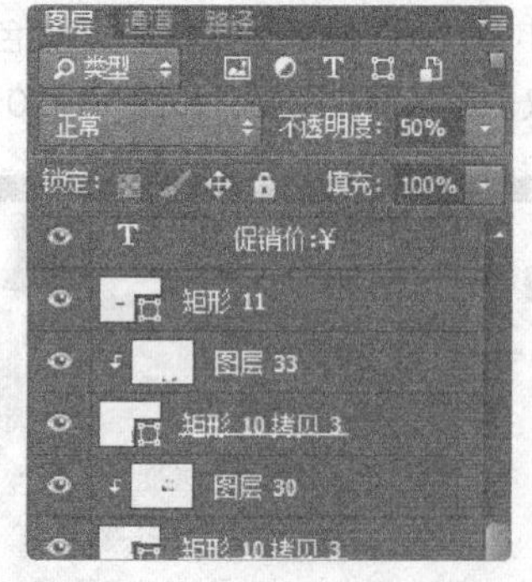

图10-25 绘制并编辑形状

（12）在矩形上方使用矩形工具绘制 3 个“5 像素 ×70 像素”的矩形，并填充对应的颜色，完成后在左侧的矩形条中输入促销文字，这里输入“促销价：￥788.00”，其字体与焦点图相同，如图 10-26 所示。

（13）按住【shift】键不放选择矩形条与矩形条上的内容，按住【Alt】键复制选择的矩形条，在展示图片的下方分别添加矩形条，并修改其中的价格，如图 10-27 所示。

图10-26　制作价格标签

图10-27　复制并应用价格标签

（14）选择直线工具，在矩形条右侧绘制粗细为“3 像素”的直线，并设置填充颜色为“#b5b5b5”，使用相同的方法继续绘制图 10-28 所示的米字框。

（15）在米字框中输入“精”并设置“字体、字号”分别为“金梅毛行書、100 号”，调整文字位置使其居中显示。完成后在其上方输入“每周精品”，设置“字体、字号”分别为“方正细圆简体、30 号”，加粗显示。完成后在其左侧输入“紧随国家潮流，引领中国婚纱时尚”，设置“字体、字号”分别为“宋体、26 点”，完成后的效果如图 10-28 所示。

图10-28　完成产品展示区制作

10.4.4 制作定制专区

每个人的体型不同导致衣服尺寸也不同，店铺需提供婚纱定制功能，以满足客户的需要。同时，也可根据用户的需要，从现有的款式或已绘制好的款式中选择婚纱款式进行定制，本例设计的定制专区，主要是展示款式，供用户选择，具体操作步骤如下。

视频演示

素材位置　配套资源\素材文件\第10章\纹理背景.jpg、定制图片1~8.jpg、星光.psd

效果位置　配套资源\效果文件\第10章\定制专区.psd

（1）新建大小为“1 920 像素 ×1 050 像素”，分辨率为“72 像素 / 英寸”，名为“定制专区”的文件，添加参考线，打开“纹理背景 .jpg”素材，将其填充满画布区域。打开“星光 .psd”素材，将其中的白色莲花等图形拖动到画布中，调整其位置，如图 10-29 所示。

图10-29　新建文档并添加素材

（2）在上方绘制“950 像素 ×30 像素”的黑色矩形，在黑色矩形框中输入“Customize 定制专区”和“MORE”，字符格式与 10.4.3 中步骤（4）一致，并在“MORE”右侧添加箭头形状。完成后复制前面绘制的米字框，并在其中输入“想与做”，其字符格式为“方正细圆简体、90”，如图 10-30 所示。

图10-30　制作标题与标题栏

（3）在文字的右侧输入图 10-31 所示的文字，设置中文文本的字体、字号分别为“汉仪火柴体简、26 点”，再设置英文的字体、字号分别为“Vivaldi、27 点”，如图 10-31 所示。

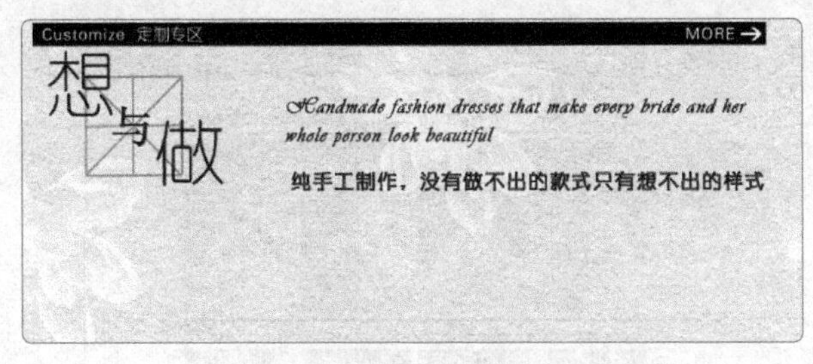

图10-31　输入文案

（4）在工具箱中选择直线工具，再在工具属性栏中设置“描边”为“10点”，设置描边样式为“虚线”，粗细为“1像素”，在文本下方绘制一条虚线，如图10-32所示。

（5）选择矩形工具，在虚线的下方绘制大小为“230像素 ×350像素”的矩形，完成后复制7个相同大小的矩形，并对这些矩形进行排列，如图10-33所示。

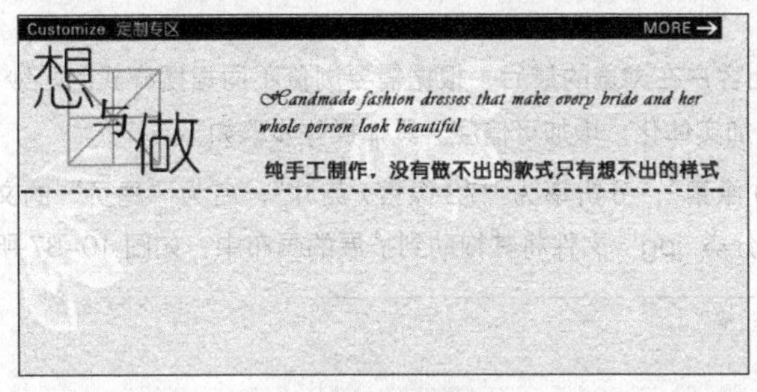

图10-32　绘制虚线

图10-33　绘制并排列矩形

（6）使用直线工具在中间部分绘制两条直线，并设置描边为“3像素”，颜色为“#59493f”，继续使用直线工具在两条直线间绘制一条竖线，按【Ctrl+T】组合键，旋转绘制的竖线，使其倾斜显示，如图10-34所示。

（7）完成后复制倾斜后的竖线，进行等距排列，然后再绘制虚线，将其放于直线的下方，如图10-35所示。

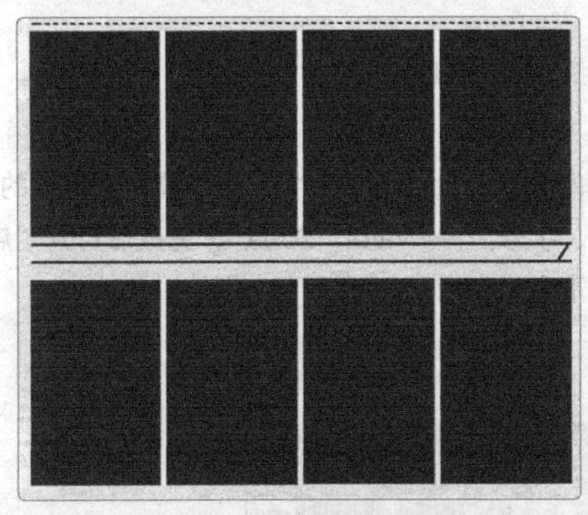

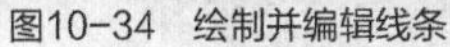

图10-34　绘制并编辑线条

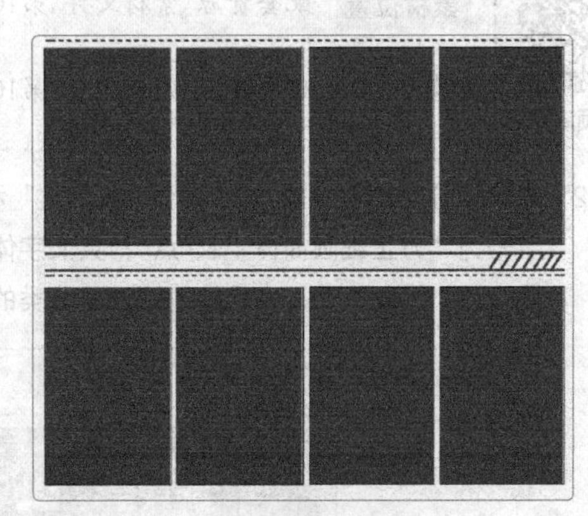

图10-35　绘制虚线

（8）打开“定制图片1.jpg~定制图片8.jpg”图像文件，选择第一张图片，将其移动到第一个矩形上，创建剪贴蒙版并调整位置。使用相同的方法，将其他图片置于矩形中。选择【视图】→【清除参考线】菜单命令，清除参考线，保存图像完成操作，如图10-36所示。

图10-36 完成定制专区制作

10.4.5 制作尾页

本例中尾页是各种裙摆的链接，可让客户在浏览的最后，根据需要浏览不同裙摆样式的婚纱；最后在页尾添加店铺的图片，让婚纱变得更加实体化，增加可信度。具体操作步骤如下。

（1）新建大小为“1 920 像素 ×410 像素”，分辨率为“72 像素 / 英寸”，名为“尾页”的文件，添加参考线和底纹，打开“款式分类 .jpg”文件将其拖动到扩展的画布中，如图 10-37 所示。

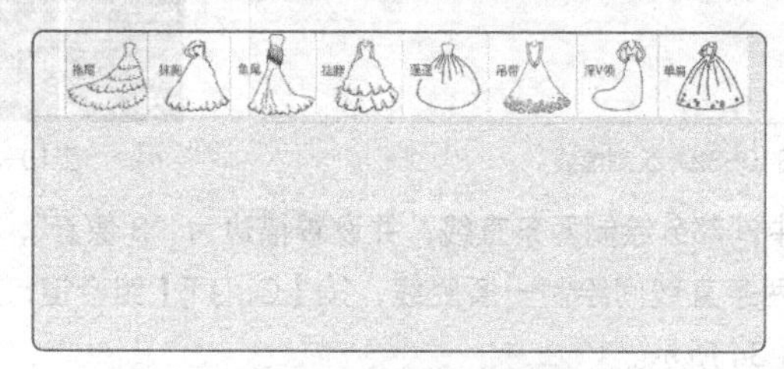

图10-37 新建文档并添加素材

视频演示

素材位置 配套资源\素材文件\第10章\款式分类.jpg、店铺背景.jpg

效果位置 配套资源\效果文件\第10章\尾页.psd

（2）在款式分类的左侧输入文字“款式分类”和“Style classification”，并设置中文文本的字体、字号为“方正细圆简体、20 点”，英文字体、字号为“Vivaldi、20 点”，完成后打开“店铺背景 .jpg”图像文件，将其拖动到款式分类的下方，如图 10-38 所示。

图10-38 制作标题并添加图片

（3）在页尾绘制大小为“1 920 像素 ×50 像素”的矩形，颜色为黑色，在黑色的矩形条上输入“首页 | 所有分类 | 婚纱 | 礼服 | 高级定制服务 | 品牌故事 | 联系我们 | 买家秀 | 返回顶部”，并设置字体为“方正细圆简体、20 点”，调整文字位置，选择【视图】→【清除参考线】菜单命令，清除参考线，保存图像查看完成后的效果，如图 10-39 所示。

图10-39 完成尾页制作

10.5 课堂练习

本课堂练习将制作汽车网店店招和房地产宣传海报，综合练习Photoshop CC中的知识点，熟练掌握店招和宣传海报的设计与制作方法。

10.5.1 制作汽车网店店招

1. 练习目标

本练习要求利用提供的“图片.jpg”素材文件，制作图10-40所示的汽车网店店招。本练习需掌握新建文档、编辑图像、设置文本等操作。

图10-40 汽车网店店招效果

视频演示

素材位置 配套资源\素材文件\第10章\图片.jpg

效果位置 配套资源\效果文件\第10章\汽车店招.psd

2. 操作思路

根据上面的操作要求，本练习的操作步骤如下。

（1）新建大小为“1 920 像素 ×150 像素”，分辨率为“72 像素 / 英寸”，名为“汽车店招”的文件，打开“图片 .jpg”文件，将其拖动到文件中，调整图片大小及位置。在两侧各绘制一条辅助线，两条辅助线之间预留 950 像素，下方再绘制一条辅助线，如图 10-41 所示。

图10-41 新建文档并添加素材

（2）选择横排文字工具，在左侧参考线右侧输入“绿咖”“LVCAR”，设置英文字体为“华文楷体”，中文字体为“黑体”，调整文字的大小，如图 10-42 所示。

（3）在文字右侧使用矩形工具绘制矩形，填充颜色“#7aa42e”，在矩形中输入“电动汽车租赁”，在“字符”面板中设置字体、字号分别为“汉仪圆叠体简、16”，完成店铺 Logo 的制作，如图 10-43 所示。

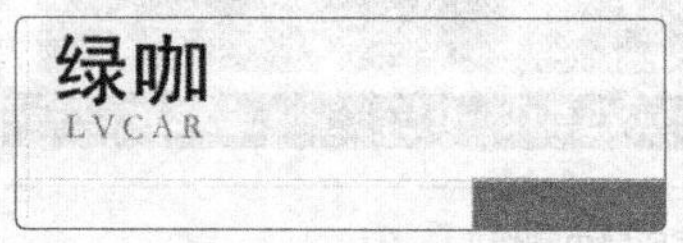

图10-42 输入店铺名称

图10-43 完成店铺Logo制作

（4）使用矩形选框工具，在下方绘制一个矩形区域，填充颜色“#7aa42e”，如图 10-44 所示。

图10-44 制作导航条

（5）在导航条中输入文字“首页”“所有车系”“新车租赁”“特价车系”“预约通道”“店铺动态”“联系我们”，并设置字符格式为“黑体、17”，如图 10-45 所示。

图10-45 添加导航选项

10.5.2 制作房地产宣传海报

1. 练习目标

本练习将设计制作一个房地产宣传海报，参考效果如图10-46所示。本练习需掌握图像绘制、图像编辑、文字设置等基本操作。

图10-46 房地产宣传海报效果

视频演示

素材位置 配套资源\素材文件\第10章\卷轴.psd

效果位置 配套资源\效果文件\第10章\房地产广告.psd

2. 操作思路

本练习的操作思路如图10-47所示。

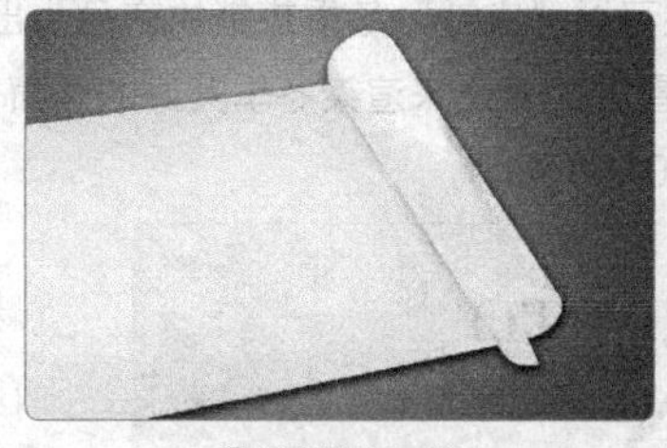

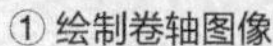

① 绘制卷轴图像　　② 添加素材图像　　③ 添加文字

图10-47　房地产宣传海报的操作思路

（1）新建图像文件，使用渐变工具为背景图像做射线渐变填充，设置颜色为“R:124,G:87,B:41”到“R:232,G:224,B:175”。

（2）新建图层，使用钢笔工具绘制出卷轴的基本外形。使用渐变工具对其做渐变填充。

（3）使用画笔工具在卷轴中添加淡黄色和深黄色，让画轴更加具有立体感。

（4）选择【图层】→【图层样式】→【投影】菜单命令，打开“图层样式”对话框，为其添加黑色投影。

（5）打开素材图像放到卷轴中，使用加深工具对部分图像做加深处理，然后设置该图层的混合模式为“正片叠底”，使用横排文字工具在画面中输入文字，完成实例的制作。

10.6 拓展知识

因为色彩是视觉与美学的组成元素之一，它与公众的生理和心理反应密切相关。所以在设计网店图片时，要注意颜色的运用及色彩搭配，下面简略介绍网店图片各种颜色的应用原则。

◎ **白色系**：白色是由全部可见色均匀混合而成的，称为全光色。在图片设计中，白色具有高级、科技的意象，通常需要和其他颜色搭配使用。因为纯白色会带给人寒冷、严峻的感觉，所以在使用白色时，都会掺杂一些其他的色彩，如象牙白、米白、乳白、苹果白等。另外，在同时运用几种色彩的页面中，白色和黑色可以说是最显眼的颜色。

◎ **黑色系**：黑色具有高贵、稳重、科技的意象，很多科技产品的用色，如电视、音响、摄影机等多采用黑色调，在其他方面，黑色具有庄严的意象，一些特殊场合的空间设计、生活用品和服饰用品设计大多利用黑色来塑造高贵的形象。

◎ **蓝色系**：高彩度的蓝色会营造出整洁轻快的印象；低彩度的蓝色会给人都市化的现代派印象。主色选择明亮的蓝色，配以白色的背景和灰色的辅助色，可以使图片干净简洁，给人明亮、充实的印象。

◎ **绿色系**：因为绿色本身具有一定的与健康相关的感觉，所以也经常用于与健康相关的网店。绿色还经常用于公司的公关站点或教育站点。绿色和白色搭配使用时，可以得到清新自然的感觉；绿色和红色搭配使用时，给人以鲜明且丰富的感觉。

◎ **红色系**：红色是强有力、喜庆的色彩，具有刺激效果，是一种雄壮的精神体现，给人热情、活力的感觉。高亮度的红色与灰色、黑色等色彩搭配使用，可以得到现代且激进的感觉。低亮度的红色给人冷静沉着的感觉，可以营造出古典的氛围。

10.7 课后习题

（1）本练习将制作女款包包的全屏海报图，以便于轮播。本练习以“店铺”冬季热销的商品为出发点，应用模特、商品的陈列、唯美的背景，通过梅花、雪花的对比来渲染冬季美好的画面，突出“寒冷冬季，与你相依的主题”，制作后的效果如图10-48所示。

图10-48　商城开业宣传广告效果

素材位置　配套资源\素材文件\第10章\包1.png、包2.png、冬景.jpg、模特.jpg、组合包.jpg、玫瑰.png、梅花.png

效果位置　配套资源\效果文件\第10章\女包海报.psd

（2）制作一个茶叶形象宣传灯箱广告，首先为背景填充淡黄色，然后使用画笔工具，调整多种笔触，绘制出背景中的河流和渔夫等图像，再绘制出茶碗和花纹图像，输入文本，最后做适当的调整即可，如图10-49所示。

图10-49　茶叶灯箱广告效果

素材位置　配套资源\素材文件\第10章\茶碗.psd

效果位置　配套资源\效果文件\第10章\茶叶广告.psd

Photoshop CC

Appendix

附录
项目实训

为了培养学生独立完成设计任务的能力，提高就业综合素质和创意思维能力，加强教学的实践性，本附录精心挑选了 4 个综合实训，分别是“产品包装设计”“UI 界面设计”“店铺详情页设置”“网店海报设计”。通过完成实训，读者可以进一步掌握和巩固 Photoshop CC 在平面设计中的使用技巧。

实训1 产品包装设计

【实训目的】

◎ 了解产品包装设计的组成和要点、产品的类型及其尺寸。

◎ 熟练掌握使用标尺和参考线确定产品的边、角和点位的位置的方法。

◎ 熟练掌握文字工具、多边形套索工具、钢笔工具和自由变换命令的使用。

【实训参考效果】

本实训产品包装设计的参考效果如下图所示，相关素材在本书配套光盘中。

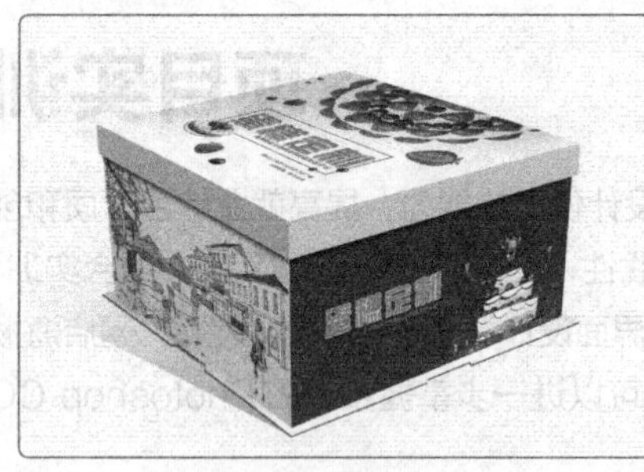

产品包装

素材位置 配套资源\素材文件\项目实训\条纹.jpg、蛋糕.psd、漫画.jpg、蛋糕盒平面图.jpg

效果位置 配套资源\效果文件\项目实训\蛋糕盒包装设计.psd

【实训参考内容】

1. 上网搜索资料：了解产品包装设计的概念、要求和各组成部分。

2. 准备素材：搜集与书籍类型相关的封面设计文字和图像等素材。

3. 制作过程：新建图像文件，将素材图像添加到图像中，用自由变换工具调整各图像的形状和位置，将其组合成盒子的形状，使用文字工具在其中输入文字，并变换形状。使用多边形套索工具绘制盒盖子侧边部分，并添加投影图层效果。新建图层并使用钢笔工具，绘制盒子底部投影外形，填充颜色并制作盒子投影，完成本例的制作。

实训2 UI界面设计

【实训目的】

◎ 为手机界面设置一个时尚简约的聊天界面，要求在简洁美观的同时功能齐全，且各项功能排版合理。

◎ 了解聊天界面的基本功能与布局原理，学习排版与色彩搭配的方法。

◎ 熟练掌握形状工具、渐变工具和文字工具等工具，以及图层样式的使用。

【实训参考效果】

本实训 UI 界面设计的参考效果如下图所示，相关素材在本书配套光盘中。

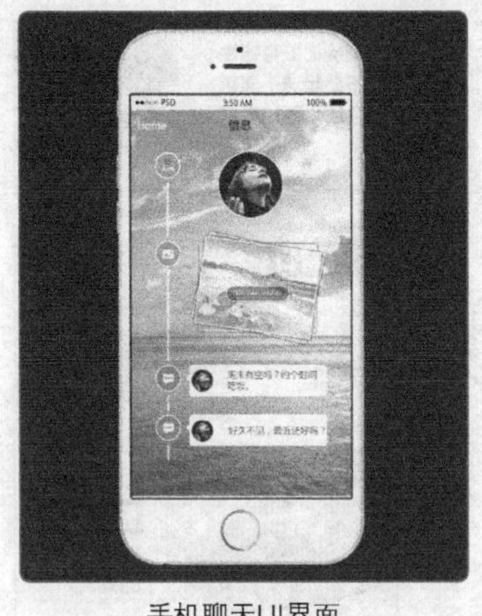

手机聊天UI界面

素材位置　配套资源\素材文件\项目实训\手机背景.psd、背景.jpg、海滩.jpg、头像.jpg

效果位置　配套资源\效果文件\项目实训\UI界面.psd

【实训参考内容】

1. 创意与构思：这是一个聊天软件的 UI 界面，设计以简洁、轻松为主，左侧采用节点式设计，最近的聊天内容始终处于上方。为了达到信息的有效区分，聊天的内容（如图片、文字、视频等）均采用不同的节点图标。版式设计以左对齐为主要对齐方式，橙色、蓝色为主要颜色，符合“简洁、轻松”的主题。

2. 制作过程：打开“手机背景 .psd”素材文件，绘制短信图标与按钮，填充相应的颜色。绘制信息矩形条，添加投影样式。添加头像图片，使用椭圆选框工具裁剪头像，添加白色边框。添加信息交流文本，设置字体为“微软雅黑”。添加风景图片，为其添加描边样式，复制与旋转图片，制作叠加效果。

实训3　网店详情页设计

【实训目的】

◎ 了解商品详情页的制作规范，掌握宝贝描述的内容分析与策划要点。

◎ 了解商品详情页核心模块的构成，以及各模块在其中的作用。

◎ 了解详情页的制作规范和要求，以及文字、形状的搭配。

【实训参考效果】

本实训网店详情页设计的参考效果如下图所示，相关素材在本书配套光盘中。

素材位置　配套资源\素材文件\项目实训\棉袜

效果位置　配套资源\效果文件\项目实训\棉袜详情页.psd

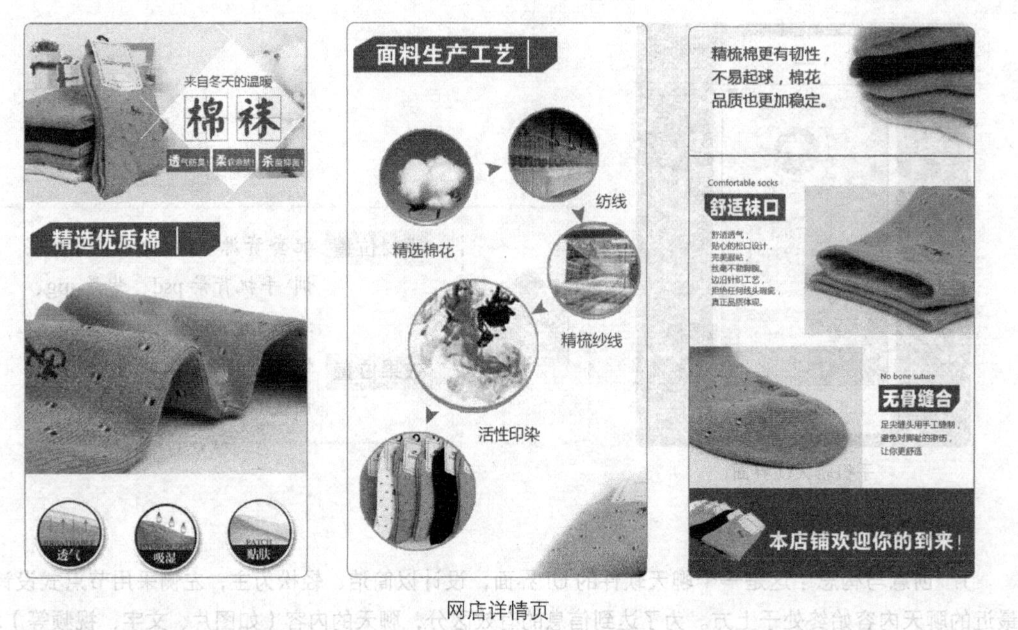

网店详情页

【实训参考内容】

1. 详情页规范：详情页的宽度和高度没有具体要求，但是宽度一般在 750 像素以内；无线端的详情页尺寸往往比较小，宽度一般为 620 像素，一屏高度不超过 960 像素。

2. 创意和构思：详情页的作用主要在于介绍事物的特点，突出其作用，从而达到宣传的作用。

3. 搜集素材：搜集构思中需要用到的图像资料，写好描述需要使用的文案。

4. 制作过程：新建图像，将搜集的素材拖动到图像中，并进行排列，根据棉袜的风格，采用白色和深绿色作为店铺的主色调，使用文字工具输入深绿色文字，使用形状工具绘制深绿色形状，对文字和图形进行排版设计，完成详情页的制作。

实训4 网店海报设计

【实训目的】

◎ 海报设计的好坏直接影响顾客对产品的第一印象。因此，在设计海报时，要抓住重点，通过简单的图片和文字表现出产品的特色。

◎ 掌握海报的基本设计方法，研究海报的类型。

◎ 学会图层和蒙版的搭配使用。

【实训参考效果】

本实训海报设计的参考效果如下图所示，相关素材在本书配套光盘中。

网店海报

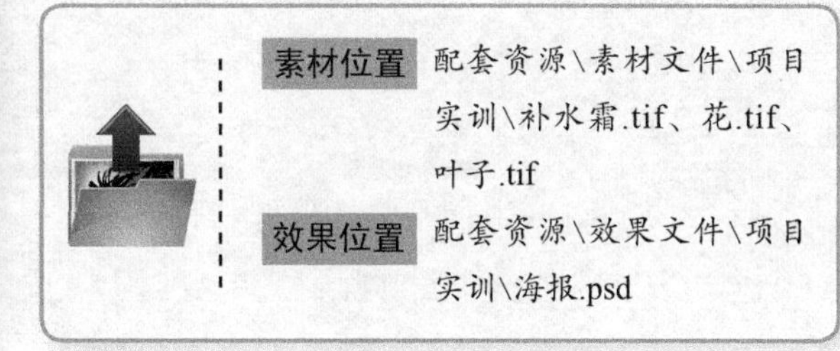

素材位置 配套资源\素材文件\项目实训\补水霜.tif、花.tif、叶子.tif

效果位置 配套资源\效果文件\项目实训\海报.psd

【实训参考内容】

1. 查看相关资料：根据提供的产品资料及其相关特性，制定设计方案。

2. 具体构思：了解商品的特性和功能，结合当下时节配以适合背景的宣传产品，着重突出商品的优惠价格。

3. 制作过程：新建图像，设置前景色为海报下方的暗色部分，使用形状工具绘制矩形，使用斜切变换形状，将素材文件拖动至图像中进行排版，为补水霜设置投影；接着键入文字和绘制边框线，设置文字字符格式和颜色，并将其栅格化，完成海报制作。

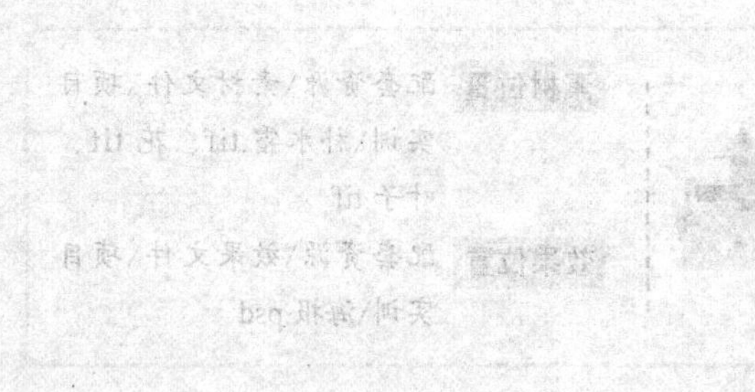